航天科工出版基金资助出版

导弹武器的隐身伪装与试验评估技术

郑旺辉　汪晓军　李幸豪　孙志岗　李　妍　编著

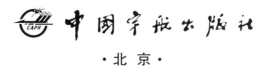

中国宇航出版社

·北京·

图书在版编目（CIP）数据

导弹武器的隐身伪装与试验评估技术 / 郑旺辉等编
著 . -- 北京 ：中国宇航出版社，2023.12
ISBN 978 - 7 - 5159 - 2323 - 9

Ⅰ.①导… Ⅱ.①郑… Ⅲ.①导弹－武器系统－隐身
技术②导弹试验－评估 Ⅳ.①TJ76

中国国家版本馆 CIP 数据核字（2023）第 251694 号

责任编辑　朱琳琳　　　封面设计　王晓武

出　版
发　行　**中国宇航出版社**

社　址　北京市阜成路 8 号　邮　编　100830
　　　　（010）68768548
网　址　www.caphbook.com
经　销　新华书店
发行部　（010）68767386　　（010）68371900
　　　　（010）68767382　　（010）88100613（传真）
零售店　读者服务部　　（010）68371105
承　印　天津画中画印刷有限公司

版　次　2023 年 12 月第 1 版
　　　　2023 年 12 月第 1 次印刷
规　格　787×1092
开　本　1/16
印　张　21.5　　彩　插　11 面
字　数　540 千字
书　号　ISBN 978 - 7 - 5159 - 2323 - 9
定　价　98.00 元

本书如有印装质量问题，可与发行部联系调换

前　言

　　隐身与伪装不是新鲜事物，是广泛存在于动植物世界中的一种常见现象，也是古往今来人类社会活动中屡见不鲜的一种主动避险行为或者该行为的结果。军事冲突或战争是人类社会最激烈的斗争形式，冲突中的双方经常将隐身伪装术运用到作战行动中，以达到隐蔽己方目标，迷惑、欺骗对手的目的，起到保护自己、克敌制胜的效果。

　　第二次世界大战之后形成的冷战对抗地缘政治环境加上航空航天、电子、通信、计算机等技术的爆发式发展，使得西方大国凭借其技术和经济优势具有了投射各种射程的精确打击武器的能力，其侦察技术及装备体系实现了跨越时空地域限制的实时探测能力，造成了战场近乎透明的态势，这给世界上广大发展中国家带来巨大军事压力。特别是20世纪90年代至21世纪初的30年时间内，西方先后对伊拉克、南联盟、阿富汗等发动战争，频繁使用隐身飞机、隐身导弹武器参战和进行军事演习，标志着空中、舰载打击武器装备已经发展到隐身化阶段。隐身伪装技术也因此得到我国的高度重视，逐渐成为军工院校和相关科研单位的研究热点之一。进入21世纪后，我国的科研人员发表了大量的侦察/探测与隐身伪装技术研究方面的成果，国产隐身飞机、隐身导弹经常亮相国内外武器展览会，表明我国的飞机和导弹隐身伪装技术已经达到较高的水平。

　　本书作者在编写隐身伪装专业培训教材的基础上，通过梳理、学习、总结国内外公开发表的相关研究成果和理论著作，最终形成了本书。本书不针对导弹及其隐身伪装技术做专门的理论公式推导，而是直接引用相关定律和工程公式、仿真或试验结果、实际装备应用范例和大量图片来阐述基本原理和工程方法。希望一方面可以在导弹武器隐身伪装专业领域起到抛砖引玉的作用，另一方面为感兴趣的大学生、研究生提供简要、全面的导弹武器隐身伪装知识的普及教育，为相关高校学者和科研院所研究人员、企业导弹武器设计师和导弹部队指战员提供技术参考。

　　为了实现上述编著目标，本书在第1章绪论部分对隐身伪装的基本概念进行了介绍，通过图文资料对导弹武器的起源、组成、原理和隐身伪装需求进行了阐述。通过阅读本章内容，读者能够在阅读后续章节时更好地理解导弹武器隐身伪装的目的、技术原理、实装运用和试验方法。

　　本书第2章系统介绍侦察与目标探测技术原理和典型装备。从人眼的构造到光学相关理论知识、光学探测基本原理，进而到光学侦察的各种军事装备，向读者展示了光学侦察的特点和最新侦察技术与装备，为第 3、4、5 章阐述导弹武器光学隐身伪装相关技术做了系统的知识铺垫。对红外、雷达等探测侦察技术也采用类似的方法进行了介绍。因此，本章从知识体系上具有一定独立性，有利于读者理解后续章节的相关技术和方法。

本书第 3 章系统介绍导弹的典型目标特征及隐身技术。先介绍弹道导弹、巡航导弹、地空导弹等在作战剖面中存在的光、电、声等暴露特征的原理、特点或特征值，然后再通过大量研究示例介绍国内外导弹的可见光、红外、雷达隐身的技术和方法。

本书第 4 章系统介绍导弹地面车辆的典型目标特征及隐身伪装技术。先简要介绍导弹地面装备面临的侦察威胁，然后详细说明导弹地面装备的光学、红外、雷达、声和活动特征等，最后介绍国内外地面装备隐身伪装技术和工程方法，并且还详细介绍了一种躲避卫星过顶侦察的技术方法。

本书第 5 章系统介绍导弹武器的隐身伪装试验评估技术。先介绍导弹武器装备隐身伪装的评价指标体系，然后依次介绍导弹武器伪装效果仿真试验技术、伪装效果检测试验与评估方法和技术，最后介绍国外的导弹或飞行器微波暗室目标特性测试方法、外场目标特性测试试验设施。

本书由郑旺辉、汪晓军、李幸豪、孙志岗、李妍合作编著。其中，郑旺辉、汪晓军主要负责前言和第 1、3 章的编撰和全书的策划、统稿、校对工作，第 2 章主要由李幸豪编撰，第 4 章主要由李妍编撰，第 5 章主要由孙志岗编撰。

本书的编写工作得到了中国航天科工出版基金和北京机械设备研究所的大力支持。此外，本书还引用了有关论文、书籍作者发表的研究成果和网文资讯（含数据、图片）。在此，一并表示诚挚的感谢！

由于我们自身知识和技术水平所限，书中难免存在不足、疏漏甚至错误之处，恳请读者批评指正。

目　录

第 1 章 绪 论

"伪装""隐身"两个词的含义在不同字典或文献中的表述有所差异。《现代汉语词典》中"隐身"的含义为：把身体隐藏起来，"隐身技术"指"隐形技术"。《朗文当代高级词典》中"伪装"（camouflage）当名词用解释为：1）一种隐藏事物特别是隐藏士兵和军事装备的方法，利用涂料、树叶等使之看起来像周围背景；2）迷彩服、伪装色；3）保护色和保护形状；4）躲藏的行为。"伪装"当动词用指"遮掩、掩饰"；作为名词，表示一种结果。国家军用标准 GJB 434A—98《伪装术语》对"伪装"的定义为：为隐蔽我方和欺骗、迷惑敌方而采取的各种隐真示假措施；"隐身（stealth）技术"的定义为：依据内在伪装的概念，显著减小目标自身的各种暴露征候，使敌方探测系统难以发现或使其探测效果降低的综合技术。综上可见，"隐身"是"伪装"的一种，"隐身"的特点是使目标的暴露特征全部或部分消失，使目标难以被发现或识别；"伪装"的特点是"以假乱真""隐真示假""躲闪规避"，作用是使对手难以发现目标。"伪装"和"隐身"的最终结果是降低目标被发现、识别的概率。

目前常用的隐身伪装技术概括起来可分为三大类型：第一类是遮蔽，利用各种自然条件（如黑夜、雨雾、高山密林）、人工措施（如人工构筑物、遮障器材、烟雾、区域电子干扰等）使目标不被"看"到。第二类是通过外貌、轮廓、材质的专门针对性设计，使目标自身的特征与所在背景的特征高度相似（包括颜色相似、纹理相似、轮廓消融、散射曲线相似），使目标与背景融合不易被发现或辨识，即使目标在被观察或探测范围内，也难以被发现或分辨出来，或者需要更高分辨率、更近距离的探测才能被分辨出来。第三类是"以假乱真""隐真示假"，用假目标欺骗、迷惑敌方，达到隐蔽真实身份或造成对手产生错觉、判断失误的目的。

今天我们看到的战场上的各种伪装和隐身技术既有传统的继承，更是科技进步、现代高科技战争需求导致的结果。纵观隐身术的发展史，可以发现隐身伪装技能或技术是地球上生物种群、团体之间（包括人类社会）既相互依存又相互斗争所产生的结果，而且还会继续进化与发展。

1.1 自然界的保护色和拟态现象

在我们的地球家园，既能看到人、动物、植物之间和谐共处的景象，也能看到弱肉强食、巧取豪夺的血腥场面。达尔文的进化论告诉我们，自然界的生物在漫长的进化过程中，一直按照适者生存、物竞天择的丛林法则生存和繁衍生息。很多动植物，大到飞禽走兽，小到花草鱼虫，为了不被其天敌或猎物发现自己而进化出了和生活环境的颜色、纹理相近的外观特征，也称为动物的保护色和植物拟态（mimicry）现象，比如白色的北极狐和体形庞大的北极熊，热带雨林中的蜥蜴和原尾蜥虎，非洲大草原上的斑马，海洋中五彩斑斓的珊瑚、蟹类和各种鱼类，外表都具有和所在生存环境高度融合的颜色或花纹。昆虫更是伪装大师，知了的颜色花纹和树皮很相似，叶螩不仅颜色与绿色树叶相似，连外形也模仿得惟妙惟肖，如图 1-1 所示。

叶螩　　　　　　　　　　　　　　　　桑尺蠖

枯叶蛱蝶　　　　　　　　　　　　　　竹节虫

图 1-1　昆虫拟态图片

很多动物的体肤颜色还能随环境动态变化。海洋中的乌贼和比目鱼的颜色能根据不同的海底背景颜色变化，如图 1-2 所示，乌贼还能在遭到攻击时释放大量墨汁样液体掩护自己逃逸。变色龙的体色能随不同的环境颜色而变化，如图 1-3 所示。叶海龙的颜色和枝杈形状与海底的海藻一样，很难分辨。

图 1-2　乌贼自动变色图

植物的拟态现象类似动物的伪装。非洲的生石花在开花之前外形像沙漠中的小石头，可以预防小鸟的啄食，如图 1-4 所示。

眼镜蛇草外形类似危险的眼镜蛇，对食草动物起到阻吓作用，眼镜蛇草外形如图 1-5 所示。

图 1-3 变色龙

图 1-4 生石花外形

蜂兰花除了能模拟雌性蜜蜂的外形，还能散发出类似雌蜂的气味吸引雄性蜜蜂从而达到授粉的目的。两种蜂兰花如图 1-6 所示。

自然界这些动植物的保护色和植物拟态现象可看作自然界存在的伪装行为，它具有以下显著特点：

1）模拟背景的颜色，并且有的还能随着背景颜色的变化而改变自身颜色。

2）模拟背景的形貌或气味，如纹理、外形等。

上述动植物进化出来的隐身伪装特征，更有利于个体的生存和种群的繁衍。

图 1-5　眼镜蛇草

图 1-6　蜂兰花

1.2　古人隐身伪装术

　　人类祖先为了生存发展也学会了各种隐身伪装术，并发扬光大至今。

　　在亚洲、非洲、美洲和大洋洲的原住民部落还保留着涂覆各色迷彩、文身、穿戴植物枝叶等习俗，这些和现代战争中战士的伪装没有本质区别。古代因科技水平低，人类发现目标的方法是利用人的感觉器官加大脑神经活动（经验知识＋推理）综合判断：通过眼睛目视观察视线范围内目标的外形轮廓与颜色，通过耳朵听目标发出的声音，用鼻子闻目标散发的气味，结合大脑积累的目标的先验知识，进而识别出目标是什么。而为了迷惑、欺骗对手的观察和判断，人类针对"五官"而发展出了各种隐身伪装术，易容、男扮女装、藏匿、示假等是古文献作品中常见的伪装手段。成书于春秋末期的中国古典军事著作《孙子兵法》中有这样的论述"兵者,诡道也。故能而示之不能,用而示之不用,近而示之远,远而示之近。"表明人类两千多年前就已经将伪装术上升到了战争理论阶段。中国历史文献中有很多将战马伪装成猛兽或制造各种假象迷惑敌方的战例:

《左传·城濮之战》记载,公元前 632 年晋楚间城濮之战,晋军佐胥臣用虎皮蒙在战马身上冲向楚右翼陈、蔡军,导致该路楚军溃败而逃。同时,晋军栾枝命令将树枝拖在战车后面奔跑撤退,造成部队溃败的假象,引诱楚左军追击佐胥臣的部队,导致楚军左翼空虚,被晋军拦腰攻击,楚军左翼溃败。

《史记·田单列传》中记载,公元前 284 年齐燕即墨之战,守城的齐将田单采取在牛身上覆盖各种有猛兽的花布进行伪装,在牛角上绑刀,在牛尾巴绑火把驱使牛冲入燕军阵地,披头散发的敢死队随之冲杀,一举击败围城的燕军。这就是中国历史上著名的火牛阵的故事。

《资治通鉴》记载,公元 817 年唐朝名将李愬进攻叛将吴元济占领的蔡州城,利用大风雪夜环境急行军,让士兵身穿白色服装埋伏城下,并让士兵驱赶城外水池中的鹅鸭鸣叫以隐蔽部队的人马声响,等到四更后守军进入梦乡,一举攻占蔡州城。

公元 756 年,安史之乱中,安禄山叛军围城雍丘三个多月久攻不下,导致城内物资匮乏,守将张巡利用雾天在城墙上束稻草人外穿黑衣诱敌射箭,获箭数十万,后派 500 勇士成功突袭叛将令狐潮的军营,张巡乘机出击打败了围城的叛军。元末明初小说家罗贯中的小说《三国演义》中草船借箭的故事也是类似的伪装战例。

明代许仲琳的《封神演义》、吴承恩的《西游记》中主人公的隐身伪装本领更是达到人类想象的高峰。

这些古老的伪装术一直沿用到现代战争中,比如战场上利用木棍支起头盔引诱敌狙击手开枪暴露其位置,利用树林、灌木丛隐蔽部队的行动,将树枝覆盖在作战车辆上方等等。

1.3 近现代战争中的侦察与隐身伪装技术

(1) 近现代的战场侦察技术概况

人眼能分辨地面或空中目标的能力受到人眼对亮度、颜色的分辨能力以及所在位置的海拔、大气能见度、目标本身的颜色和亮度及目标背景等因素的影响,古代神话中的"千里眼"突破了人眼的生理局限,直到望远镜的发明才使"千里眼"的神话变为现实。世界上首个望远镜是在 1608 年由荷兰人汉斯·利波希(Hans Lippershey)发明的,物理学家伽利略于 1609 年制造出了放大 40 倍的天文望远镜。直到 19 世纪末 20 世纪初采用普罗棱镜结构成功解决了伽利略望远镜的倍数和视场小的问题,使望远镜成为战场观察的实用化器材。

首个传入中国的望远镜是由德国传教士于明朝天启 6 年(1626 年)带来的。汤若望、李祖白翻译的《远镜说》介绍了望远镜的制作方法，汤若望于崇祯 2 年（1629 年）监制了 3 台望远镜用于观测天象。明末（17 世纪中叶）将望远镜用于军事侦察的记载有"崇祯中，流寇犯安庆，巡抚张国维令珏造铜炮，设千里镜视敌远近，所当者辄糜烂。"望远镜在清朝军队中得到更普遍的运用，我国 20 世纪 60 年代拍摄的电影《甲午风云》中清海军舰长都配备单筒望远镜，电影演示了大东沟海战（1894 年）中清军管带邓世昌用单筒望远镜观察日军舰队行动的过程。

根据人体生理学理论知识，人眼视网膜能感知的波长范围为 380～780 nm，人耳能感知的波长范围是 17～170 m（对应频率 20 Hz～20 kHz），超出上述波长范围，人类器官无法感知，人的视觉、听觉器官能感知的波段在自然界已知的电磁波段（波长 1 pm～1 000 m）范围内是很窄的，很多物体发出或散射的电磁波人类器官无法感知。望远镜增加了人眼可观察的距离，而航空照相技术、各种电子与航空航天科技的发展，为人类战场侦察技术开辟了崭新的领域，大大拓展了人类"五官"的感知能力。

法国军队于 1794 年使用气球升空进行目视侦察，开创了航空侦察的先河。1911 年的意土战争中，意大利军队首次使用飞机对土耳其军队的阵地实施目视和照相侦察。1914 年第一次世界大战（后简称一战）爆发后，飞机不但用于空战，航空侦察更加得到重视。1939 年英国皇家空军组建了人类历史上第一支担任空中侦察任务的飞行分队，当时采用的是 F-24 型空中侦察照相机代替人的目视侦察进行大范围的战场照相侦察。

现代化侦察飞机种类多、速度快、功能强大。航空侦察除了光学照相（摄像），还有雷达成像、电子监听等。美国 20 世纪 50 年代研制的 U-2 侦察机在 20 世纪 50～60 年代主要用于对苏联和中国等社会主义国家进行侦察，并于 20 世纪 60 年代研制了 SR-71 超声速侦察机。无人侦察机大量出现在战场始于 20 世纪 90 年代的科索沃战争期间，美西方出动大量无人机对南联盟进行侦察，包括美国的"捕食者""猎人""先锋"，英国的"不死鸟"等无人机，由于没有强大的防空导弹武器系统，南联盟军队完全处于被动挨打的局面。进入 21 世纪后，美国的察打一体的 RQ-4B"全球鹰""死神"和 RQ-170、RQ-180 长航时隐身无人侦察机先后在伊拉克和阿富汗战场大出风头，如图 1-7 所示。RQ-4B"全球鹰"无人机可装载光学/红外雷达、合成孔径雷达、通信情报等载荷，可获取 110 km 距离图片或视频情报，在 100 km 外监视地面/海面移动目标，聚束模式分辨率为 0.3 m，广域监视模式分辨率为 1 m，成像范围达 200 km^2。

(a) RQ-4B无人机　　　　　　　　　(b) RQ-180无人机

图 1-7　无人机

在防空导弹武器普及后，因为飞机侦察不能进入有防空能力对手的领土范围，因此卫星侦察成为第二次世界大战（后简称二战）后侦察技术大力发展的一个领域。美国是世界上最早发射侦察卫星和侦察卫星数量、种类最多的国家，1959 年 2 月发射"发现者 1 号"成像卫星，1960 年发射侦察卫星"锁眼-1"，"锁眼"系列卫星已经发展到"锁眼-12"，据报道其分辨率已经达到 0.1 m。为了消除天气因素对光学成像卫星的影响，美国还发射了大量雷达成像卫星，其"长曲棍球"雷达侦察卫星分辨率可达 0.3 m。此外还有各种电子侦察卫星进行电子信号监听和情报收集。

2011 年 5 月 1 日美国袭击本·拉登前，已经侦察到其在巴基斯坦首都的住址（本·拉登在巴基斯坦的住址的卫星照片如图 1-8 所示），美国还通过侦察卫星、通信卫星全程直播了特种部队袭击本·拉登的过程。由此可见，美国先进侦察技术及其信息链路对其他国家的安全构成巨大威胁。

图 1-8　本·拉登住址的卫星照片

除了军用侦察卫星，还有很多商业化运营的民用卫星可提供对地成像（或录像）服务，这些民用卫星在战时可成为潜在的侦察卫星，具体如图 1-9、图 1-10 所示。

图 1-9　2022 年俄乌冲突前俄罗斯军队装备集结卫星图片

图 1-10　吉林一号卫星拍摄的某国海军舰船图片

借助于强大的科技和经济实力，外加其构建的情报共享联盟，美国目前已经形成天地一体化、全天候、24 小时不间断的侦察网络和通信体系，已经实现了所谓的战场"透明化"，依靠其各种精确制导武器，理论上达到了"发现即摧毁"的作战效能。2022 年爆发的俄乌战争中察打一体无人机的大量运用，使作战前线的车辆和人员时刻处于暴露和打击的威胁中。

（2）近现代的隐身伪装技术概况

有矛必有盾，有战场侦察就有战场反侦察，侦察技术的发展也同时推动了人类隐身伪装技术的发展。

出生于 1849 年的美国画家 Abbot Thayer（有的文献称其为"伪装理论之父"）在达尔文的生物进化理论基础上进行动物保护色现象的研究，提出了动物反阴影（countershading）理论，指出很多动物的背部颜色比腹部暗的原因是为了掩饰其三维外形提升伪装水平。在 1898 年美西战争期间，他提出在美国船舶上涂保护色的建议，并将该想法在 1902 年提出专利申请，在一战期间向美国和英国军事伪装人员提出了应用建议。Abbot Thayer 指出因为动物活动空间范围有限，因此动物的伪装无须频繁变换，而士兵的战场环境是变化的，因此需要根据环境对士兵的伪装进行改变。Abbot Thayer 的这一理论到现在也是适用的，图 1-11 为一战期间英军狙击手的丛林伪装服，这种伪装目标按当时的侦察手段是很难识别出来的。

二战中航空侦察和军队的伪装已经常态化，战场上的作战装备已经出现了喷涂迷彩图案、制式伪装网。二战中狙击手和士兵的伪装服如图 1-12 所示。

图 1-13 为二战期间德国 Bf109E 战斗机及停机场坪迷彩斑点伪装效果，这种对机场和飞机的伪装措施明显是为了对抗敌方的空中侦察，只是飞机的轮廓还是较明显的，伪装效果不是很好。

图1-11　一战期间英国狙击手的丛林伪装服

图1-12　二战中狙击手和士兵的伪装服

图1-13　德国Bf109E战斗机伪装效果图

为了迷惑敌方侦察，二战中也使用了坦克假目标，如图 1 - 14 所示。

图 1 - 14　二战期间的坦克假目标

二战后伪装隐身技术开始跨入专业化、普及化的新阶段。20 世纪 50 年代成立的瑞典 Saab Barracuda 公司是著名的伪装技术公司之一，该公司的伪装产品不断经过技术迭代，针对天地一体化全频谱军事侦察和威胁，研制出了全频谱伪装方法和器材，既有单兵伪装涂料、伪装网、伪装服，也有用于军事设施和装备的伪装涂料、伪装网和伪装器材，如图 1 - 15、图 1 - 16 所示。

图 1 - 15　Saab Barracuda 公司的林地形伪装遮帐

图 1 - 16　Saab Barracuda 公司的狙击手伪装服

现代陆军地面作战车辆伪装如图 1-17、图 1-18 所示。

图 1-17　伪装后的德国造豹 2 坦克

图 1-18　具有隐身性能的作战车辆

水面舰艇也从造型和涂漆两方面实现伪装和隐身，如图 1-19 所示。

图 1-19　国外喷涂迷彩的全隐身舰艇

　　美国作为目前世界上唯一的超级大国，除了研制各种先进的侦察装备，也是最先进隐身武器的策源地和武器隐身技术的引领者，各种隐身武器在美国及其北约盟国打击伊拉克和南联盟的战争上取得了显著的战果。影响较大的隐身武器装备是美国1983年开始服役的F-117A隐身飞机、F-22"猛禽"战斗机、B-2隐身战略轰炸机、AGM-129系列巡航导弹、AGM-154联合防区外发射武器等，如图1-20、图1-21所示。这些隐身飞机和导弹的实战化标志着空基进攻性导弹武器及发射平台迈入了隐身化新阶段。

图1-20　美国的隐身飞机

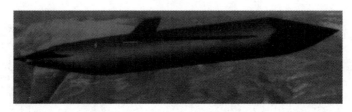

图1-21　AGM-129隐身巡航导弹

　　进入21世纪后，隐身与反隐身技术已经成为陆海空天军事装备研究的重要领域，国内外有大量机构和学者从新机理、新材料、新工艺等维度开展探索研究，并在新作战装备上进行应用，其中包括导弹武器的隐身与伪装技术研究及应用。

1.4　导弹武器的隐身伪装需求

　　导弹作为一种出现在二战后期的武器，已经发展成为改变战争样式的最重要的现代化武器之一，它既能用于进攻，也能用于防守；既能近战，也能跨洲际打击；既能用于战术打击，也能用于战略威慑，导弹战和导弹攻防对抗已经成为重要的作战样式。进入21世纪以来，体系对抗成为高技术战争对抗的特点，而导弹武器成为攻防对抗的杀手锏和保底手段。虽然导弹武器装备的完全隐身化难度很大，但是完全不考虑隐身伪装设计的导弹武器已经成为历史。

　　导弹是一种利用自身的推力和空气动力按要求轨迹飞行、能自动控制的制导武器。根据导弹的定义，导弹武器种类繁多、用途广泛，下面是三种典型分类方法：

　　按导弹发射点和打击目标所处位置可分为地对地、地对空（天）、空对空、空对地、空对舰（潜）、舰对空、舰对舰（潜）、地（岸）对舰、潜对舰（空）导弹武器。

按导弹的作用可分为防空（天）、反舰、反潜、对陆、反坦克、反导弹、反辐射导弹武器。

按导弹的发射平台可分为车（包括汽车、坦克、列车）载、舰载、机载、潜载（潜射）、便携式、地下井、其他导弹武器。

其中，每种导弹武器还有细分方法，如地地导弹武器还可分为战略（核）、战术导弹武器系统，按射程分短程、近程、中远程、洲际导弹武器系统；防空导弹按防御空域分为低空（末端）、中高空、高空导弹武器系统等。同种类的导弹武器的组成和工作原理基本相同，但是不同种类的导弹可能差异很大。

种类繁多的导弹都有各自的功能，很多导弹功能的有效发挥还依赖于作战体系和导弹武器系统的支持和协同。防空导弹没有地面雷达、指挥通信系统的支持打不下来袭的敌机。反导系统没有预警卫星、远程预警雷达的提前探测、目标识别和指挥通信系统的作战调度，也无法拦截来袭的导弹。因此，导弹武器的隐身伪装不仅包括导弹本身，还涉及导弹武器系统其他装备。导弹武器的生存或突防需求由于不同导弹及其作战环境的巨大差异，也导致其对隐身伪装的需求程度和关注点差异很大。下面将以常见的弹道导弹、巡航导弹和防空导弹为主要对象，对导弹武器的组成、特点和隐身伪装需求分别进行阐述。

1.4.1　弹道导弹及其隐身需求

弹道导弹（ballistic missile）指主动段飞行后按惯性抛物线弹道飞行的导弹（注：这是传统弹道导弹的定义）。弹道导弹的主要功能是远距离打击机场、仓库、码头、各种军用建筑物等陆地固定目标或者海上慢速移动目标如大型舰船。远程和洲际弹道导弹一般属于核武器，中近程和短程弹道导弹一般属于战术精确制导武器，弹道导弹武器通常被归为大规模杀伤性武器。其中，短程弹道导弹是现代战争中常用的战术武器。世界上第一种投入实战的弹道导弹为德国研制的 V2 导弹武器系统，其发射架和导弹如图 1-22 所示，是一种采用公路机动发射方式的液体发动机导弹武器，主要用于在欧洲大陆远程隔海打击英国的城市目标，由于英国缺乏对该导弹的有效拦截手段，给英国造成了巨大的人员和财产损失。因此英国也成为世界上第一个遭受现代导弹武器攻击的国家。

图 1-22　V2 导弹及其发射架

各种弹道导弹的组成基本相同，以美国潘兴导弹为例，其组成如图 1－23 所示，主要由动力系统、弹头（导引头、战斗部、天线罩、空气舵、控制器等）、控制系统、突防装置、导弹结构件（尾段、级间段、头体过渡段等）等组成。短程或近程战术弹道导弹动力系统只有一级发动机，中远程和洲际导弹一般有 2 级～3 级发动机。

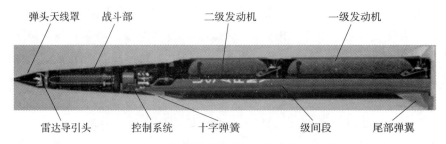

图 1－23　典型弹道导弹组成与外形示意图

以车载中远程弹道导弹武器为例说明其作战流程。导弹武器系统工作过程一般包括：导弹发射车载弹进入发射点，指挥系统向经过测试的导弹控制系统输入打击目标的坐标和有关信息后，发射车将导弹起竖至发射状态，接到发射命令后，导弹从发射架上直接点火起飞，或通过发射动力将导弹弹射到空中、发动机点火后起飞，导弹发动机内部燃烧室的高温高压燃气通过喷管后形成后向高温高压高速射流，由此产生导弹飞行推力。导弹在控制系统控制下先后完成各级发动机点火、姿态控制、一级/二级关机、级间分离、头体分离（短程导弹也可不分离）、释放诱饵和干扰机，导弹按照预设的弹道轨迹飞行到达目标区域后，通过导引头搜索打击目标并将弹头引向目标，弹头在目标上空或侵入目标内部后战斗部起爆。陆基弹道导弹发射及助推段飞行典型情景如图 1－24 所示。

图 1－24　弹道导弹发射及助推段飞行情景

弹道导弹的飞行弹道一般分为初始段（主动段）、中段（被动段）和末段（再入段），如图 1－25 所示。初始段为加速飞行段，中段为弹头再入前的惯性弹道无推动力飞行段，再入段为弹头进入大气层后飞向目标的末段。

不同射程的弹道导弹的飞行特征参数见表 1－1。

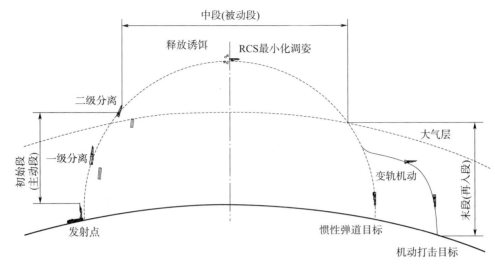

图 1-25 弹道导弹飞行过程示意图

表 1-1 不同弹道导弹飞行参数

类型	射程/km	发动机关机点高度/km	助推段工作时间/s	再入速度/(km/s)	再入角度/(°)	飞行总时间/min
近程导弹	120		16	1.0		2.7
	500		36	2.0		6.1
中程导弹	1 000	80~120	55	2.9	44.7~39.4	8.4
	2 000		85	3.9		11.8
	3 000		122	4.7		14.8
洲际导弹	10 000	200~240	230	7.5	15~35	30

在 20 世纪中叶美苏冷战期间，核洲际弹道导弹射程远来越远，核弹头的威力越来越大，核弹头的数量越来越多。为削减对手核弹道导弹的巨大威胁，美苏开展了弹道和反弹道导弹武器的军备竞赛，针对弹道导弹的飞行弹道特性，提出了主动段（助推段）、中段和末段反导方案。弹道导弹飞行主动段目标特征明显，很容易被探测，而且速度慢，因此容易被摧毁，但是由于主动段反导武器需要靠近发射点部署才能起作用，而且很难保证反导武器射前的生存，因此目前的办法是采用天基或空基高能武器（如激光或微波武器）照射主动段飞行的导弹，虽然美国一直在研究、试验天基和空基激光、微波等高能反导武器，但未见实战化部署的报道。因此目前实际装备的反导装备是中段和末段反导武器系统。

弹道导弹防御系统一般由三大分系统组成：1）目标探测、识别与跟踪系统；2）反导拦截弹及其发射与支持保障系统；3）作战指挥、控制与通信系统。其中每一个分系统都涉及复杂的技术难点，一般的国家不具有所需的技术和经济实力来构建完整的弹道导弹防御系统。美国为了追求绝对安全和跨代技术优势，经过几十年不间断建设，国会批准了一个又一个反导研究计划和项目，同时凭借其领先的科学技术和经济实力，已经实现了弹道导弹中段和末段防御技术全面突破和实战化装备服役。下面对美国反导武器发展历程进行简单介绍：

美国研制的第一代反导系统是 20 世纪 50 年代开始研制的"奈基-宙斯 B"反导系统，随着技术的进步，1963 年开始采用相控阵雷达和斯帕坦高空拦截弹、斯普林特低空拦截弹，型号改名为"奈基-X"反导系统，1967 年又更改为"哨兵"反导系统，1969 年更改为"卫兵"反导系统。以"奈基-X"反导系统为例，其主要组成包括：斯帕坦导弹（高层拦截，拦高 160 km，500 t TNT 当量）、斯普林特导弹（大气层内拦截弹，拦高 20～50 km，1 000 t TNT 当量）、目标搜索雷达/目标识别雷达、导引雷达和指挥、通信、导弹发射支持保障系统等。早期的反导系统沿用了防空导弹技术，拦截弹采用无线电指令制导，在来袭弹道导弹飞行中段对其进行拦截，拦截弹采用核弹头，利用核爆炸的强大威力（冲击波和中子流）摧毁对方导弹。

由于早期反导系统技术难度大并且耗资巨大，反导效果差，成为美苏双方难以承受的负担，因此美苏于 1972 年 5 月 26 日经过多轮谈判签订了《反弹道导弹条约》，规定各自最多部署 2 个反导基地、每个基地最多部署 100 枚反导导弹。1974 年 7 月 3 日，双方又签署补充协议，将各自反导基地减为 1 个。由于早期反导技术问题较多，反导武器本身属于核武器而且可能在美国本土领空核爆，危险性很大，因此美国于 1976 年 2 月拆除了其早期部署的拦截导弹发射场。

美苏签订的《反弹道导弹条约》并没有限制美国的导弹预警系统建设。为了达到弹道导弹防御的目标，美国早在 20 世纪 60 年代末就制定了利用卫星进行导弹预警的"国防支援计划"（DSP），DSP 卫星于 1970 年 11 月投入使用，DSP 卫星为一个星座，由 5 颗卫星组成（3 颗工作星，2 颗备用星），运行在地球同步轨道，3 颗工作星的典型分布位置（实际位置可根据需求调整）为：一颗位于印度洋上空用以监视俄罗斯和中国等国家的洲际导弹发射场，一颗在巴西上空用以监视核潜艇从美国东海岸以东海域发射的导弹，第三颗在太平洋上空用以监视核潜艇从美国西海岸以西海域发射的导弹，该系统可以对洲际导弹、潜射导弹和战术导弹分别提供 25 min、15 min 和 5 min 的预警时间。DSP 卫星的工作原理如图 1-26 所示。DSP 卫星发展了三代，先后发射了 22 颗卫星，星上安装了双色红外、可见光探测器和爆炸探测装置，每分钟对目标地区扫描 6 次，将探测信息通过卫星传递到地面的导弹预警中心，由地面中心的计算机对这些信息处理后进行目标识别和落点预测，并将信息发送给反导拦截部队。刘靖等基于 STK 仿真分析认为双星 DSP 对地观测对战略导弹的落点预警精度可达到 10～50 km。饶鹏等引用相关文献，据称自开始部署至 2000 年左右，该系统探测到了苏、法、中、印、朝等国家发射导弹的信息 1 000 多次，对两伊战争、海湾战争、阿富汗战争等各种冲突中的导弹发射活动都进行了有效的监视。由于美军保密的原因，各种文献披露的 DSP 系统的具体参数和成果略有不同，但是该系统经历几十年的持续建设，取得的成果和实战性能不应低估。

1982 年，美国国家安全顾问丹尼尔·格雷厄姆提出"高边疆"理论，建议美国建立多层战略防御体系抵消苏联的核威慑。1983 年 3 月 23 日，里根总统提出了著名的"战略防御倡议"（SDI），目标是在距离地球 100～200 km 的外太空部署各种反弹道武器及保障

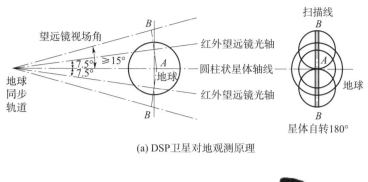

(a) DSP卫星对地观测原理

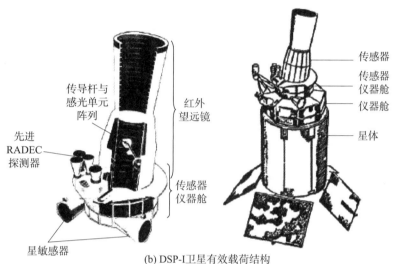

(b) DSP-I卫星有效载荷结构

图 1-26　DSP 卫星及其对地探测原理

设施以多层（助推段、末助推段、中段、末段共四层）拦截并摧毁来袭的弹道导弹，并成立了专门的导弹防御局，这就是美国著名的"星球大战"计划，该计划的六项核心技术是助推段监视与跟踪系统（BSTS）、空间监视与跟踪系统（SSTS）、地基监视与跟踪系统（GSTS）、天基拦截弹（SBI）、大气层外弹头拦截弹系统（ERIS）和指挥、控制、通信（BM/C³）。

　　随着冷战的结束，苏联的威胁几乎消失，但是美国并没有停止反导系统建设的步伐。布什总统根据海湾战争的特点对 SDI 计划进行了调整，于 20 世纪 90 年代推出"弹道导弹防御系统"（BMD）计划，BMD 计划包括"国家导弹防御计划"（NMD）、"战区导弹防御计划"（TMD）和"全球防御计划"（GD），并于 2001 年 12 月 13 日宣布退出《反弹道导弹条约》，加快反导计划的推进速度。1993 年美国克林顿总统上台后将 SDI 计划的发展优先顺序调整为 TMD、NMD 和天基拦截（"智能卵石"Brilliant Pebbles）。随着 1994 年秋美国共和党在国会中期选举中获胜，共和党国会议员指责克林顿政府"有意将美国的城市和领土暴露在导弹攻击之下的政策"，要求在 2003 年开始部署 NMD。为满足 NMD 的要求，美国空军开始研制天基红外系统。1999 年 1 月国防部长科恩宣布为对付朝鲜、伊朗等国的威胁，美国计划在 2005 年部署 NMD。美国参众两院于 1999 年 3 月通过"国家导弹防御法案"，计划分 3 阶段实施，2005 年结束的第一个 5 年阶段在阿拉斯加中部部署 150 枚拦截导弹，2010 年结束的第二个 5 年阶段计划向近地轨道发射 24 颗卫星对导弹发射情况进行 24 小时不间断监视，至 2015 年结束的第三个 5 年阶段在北达科他州部署 150 枚拦截导弹，计划在 2015 年之前为此进行 19 次弹道导弹拦截试验。

NMD 系统的基本组成包括天基红外系统（SBIRS）、地基雷达、地基拦截弹（GBI）和作战指挥与控制系统，其中"陆基中段反导系统"（GMD）是 NMD 的支柱，属于大气层外中段防御系统。

天基红外系统是 NMD 计划得以实现的前提，性能比 DSP 卫星系统更好，通过逐步建设可能替代 DSP 系统，主要用于战略和战区导弹预警、为导弹防御指引目标、态势感知和提供技术情报支持。天基红外系统计划由 24 颗低轨卫星星座（SBIRS - LEO）、2 颗大椭圆轨道卫星星座（SBIRS - HEO）和 4 颗静止轨道卫星星座（SBIRS - GEO）组成（注：信息来自公开文献，实际数量和星座位置应该是保密的），GEO 卫星用于探测和发现助推段的弹道导弹，HEO 卫星用于探测战区和覆盖到北极地区的中段飞行导弹。天基红外系统由空间和地面两部分组成：空间部分主要为红外监视卫星，GEO 卫星载荷包括高速扫描红外探测器、中红外和地面可见光波段三色红外探测器，HEO 卫星载荷也为扫描型红外传感器，具备近红外、中红外和可见光三色探测能力，可获得发射点、飞行中和落点处的红外数据，并以 100 Mbit/s 的速率下传。地面部分为主备用控制站、主备用中继站、固定式和移动式处理系统。天基红外系统的组成示意图如图 1 - 27 所示。据称天基红外高轨卫星可在地面导弹发射 10～20 s 内将预警信息传送给地面部队，定位精度小于 1 km。为加强天基红外系统的性能，美国下一代过顶持续红外系统卫星正在研发中。

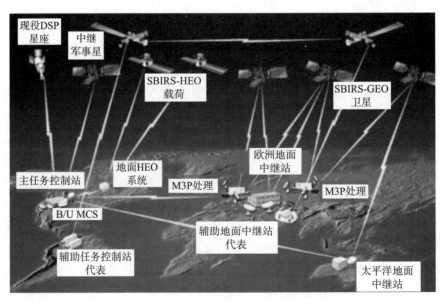

图 1 - 27　天基红外系统示意图

除天基探测和预警，美国还部署了大量地基反导预警雷达。比如部署在美国本土、格陵兰岛和英国的早期预警雷达最大探测距离可达 4 000 km 以上，可对陆基和潜射弹道导弹进行预警和中段跟踪识别。2017 年开始在阿拉斯加建设的"远程识别雷达"可对弹道导弹进行跟踪、识别和毁伤评估。此外，美军的海基 X 波段预警雷达以及在日本、韩国和中国台湾地区部署的导弹预警雷达都可对东亚地区的弹道导弹发射活动进行监视和探测。因此，北半球的弹道导弹发射和飞行活动都处于美军的监视之下，为其反导系统有效拦截对手的导弹攻击提供了强大支撑，增大了进攻方导弹的突防难度。

美国实际部署的 GMD 系统拦截弹部署基地有阿拉斯加格雷里堡基地和加利福尼亚范登堡空军基地，拦截对象是越过北极飞向美国的弹道导弹。美国布什政府时期部署的阿拉斯加格雷里堡基地 GMD 导弹发射井如图 1-28 所示，共 44 枚拦截弹。2014 年进行的一次拦截试验中击落了由"三叉戟 C4"导弹改装的靶弹。

图 1-28 美国阿拉斯加格雷里堡基地的 GMD 反导发射井

地基拦截弹由多级固体助推火箭和大气层外动能拦截器（EKV）动能杀伤弹头组成，如图 1-29 所示，EKV 利用红外导引头探测跟踪中段飞行的目标。目前 NMD 系统的地基拦截弹和动能杀伤拦截器还在不断升级改进中。

海基中段防御系统是美国弹道导弹中段防御系统的重要组成部分之一，由"宙斯盾"巡洋舰和驱逐舰发射系统、AN/SPY-1D 雷达、作战管理系统和"标准-3"导弹等组成，可完成海上防空反导任务，其作战流程如图 1-30 所示。除欧洲外，目前亚洲的日本、韩国都部署了海基"宙斯盾"防空反导系统，相当于一个移动的中段反导平台。

AN/SPY-1D 雷达对雷达散射截面（RCS）为 0.48 m² 的目标的最大拦截距离为 508 km，改进后的雷达据称可探测 1 000 km 的目标。不具备雷达隐身性能的弹道导弹，很容易被其探测到，并为反导系统提前预警和指示目标。

"标准"系列导弹是美国舰空导弹标配型号之一，据称"标准-2Ⅳ"可拦截大气层内飞行末段的中短程弹道导弹，而"标准-3"可拦截大气层外飞行中段的弹道导弹，并且改

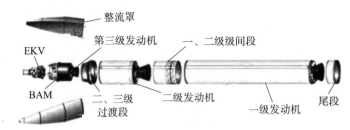

(a) 地基拦截弹的组成

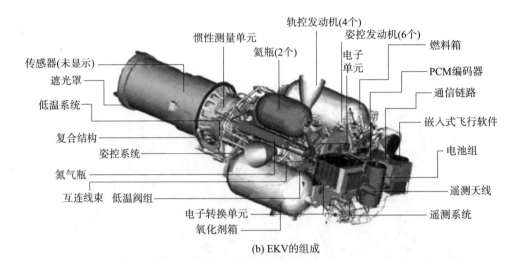

(b) EKV的组成

图 1-29 地基拦截弹的组成示意图

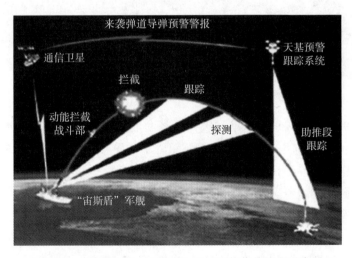

图 1-30 美军海基"宙斯盾"反导系统作战流程示意图

进的"标准-3ⅡA"导弹采用双色红外寻的导引头，可识别真假弹头和诱饵。改进的"标准-6"导弹如图 1-31 所示，该导弹具有防空反导反舰功能。

除海基"宙斯盾"系统，美国还部署了陆基"宙斯盾"系统。该系统是从海基"宙斯盾"系统移植过来的，采用了舰载 MK41 垂直发射系统和"标准-3ⅠB"导弹，既有固定

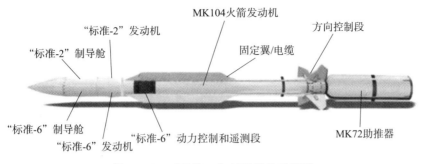

图 1 - 31　"标准-6"导弹结构示意图

阵地部署，也有 8 联装机动发射系统。美军在关岛、日本的基地部署的陆基"宙斯盾"系统可拦截第一、第二岛链的弹道导弹目标。

美军末段防御系统采用"高低"搭配模式，用于拦截中、近程弹道导弹和末段飞行的洲际导弹。"萨德"末段高空区域防御（THAAD）系统是美国战区导弹防御系统的核心之一，2008 年开始部署，拦截最大距离 200 km、最大高度 150 km、马赫数 8.24 的来袭目标，据报道在 2005—2012 年间连续 12 次成功拦截来袭靶弹，表明其技术已经成熟。THAAD 系统主要由雷达系统、火控系统、拦截弹及其发射装置组成。THAAD 系统的 AN/TPY - 2 相控阵雷达系统如图 1 - 32 所示，由相控阵雷达车和电源车组成。据称该雷达对雷达反射面积为 0.01 m² 的弹头目标具备 870 km 的追踪距离，可以同时跟踪 10 个目标，对每个目标每秒更新一次数据；对雷达反射面积为 0.094 m² 的固体推进剂导弹或雷达反射面积为 0.45 m² 的液体推进剂导弹进行追踪时，其探测距离甚至可以达到 1 800～2 000 km，弹头的 RCS 越大，则探测距离越远，可为反导系统预留更多的反应时间，可从韩国监测中国陆地发射的弹道导弹。美国有学者对部署在韩国的 THAAD 雷达的作用进行技术论证，分析其对中国弹道导弹的监测过程。

图 1 - 32　THAAD 系统配套的 AN/TPY - 2 相控阵雷达系统

THAAD 系统的拦截弹（图 1 - 33）由固体火箭助推器、杀伤飞行器、弹体结构和飞控系统等组成。

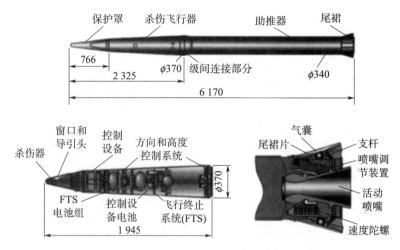

图 1-33　THAAD 拦截弹结构示意图

THAAD 导弹发射车采用四轴越野汽车底盘，可进行筒弹组合体自装载，导弹以 8 联装或 10 联装的形式部署以实现对不同目标的拦截，发射车外形如图 1-34 所示。

(a) THAAD导弹发射车8联装形式

(b) THAAD导弹发射车10联装形式

图 1-34　THAAD 导弹发射车

　　爱国者-3（PAC-3）防空导弹武器系统是一种美军经过伊拉克战争实战检验的防空和末段反导防御系统，可拦截短程和近程弹道导弹，最大拦截高度 22 km，最大拦截距离 35 km，用于战区和要地防空反导，已经装备到美国的西方盟国以及日本、韩国和中国台湾地区。爱国者-3 火力单元由地基雷达（AN/MPQ-53、AN/MPQ-65 雷达）、作战控制站（AN/MSQ-104、AN/MSQ-132 作战控制平台）、发射装置（8 套，M901、

M902、M903)、QE-349 天线车、AN/MSQ-24EPPⅢ电源车组成。发射架按本地（靠近雷达和指挥系统）和远程（不大于 35 km）两个地域部署在雷达波束扇区内，可对喷气和弹道目标进行 2 次拦截。

通过几十年的建设，美国已经建立起了实战化的弹道导弹中段和末段防御系统，助推段的导弹防御系统正在改进研制中。美国反导武器系统对抗目标示意图如图 1-35 所示。

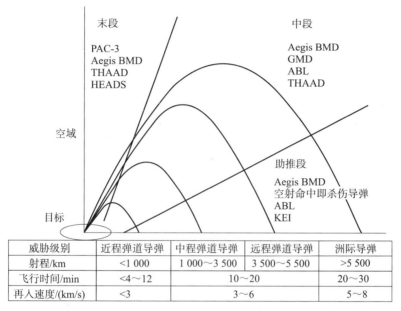

威胁级别	近程弹道导弹	中程弹道导弹	远程弹道导弹	洲际导弹
射程/km	<1 000	1 000～3 500	3 500～5 500	>5 500
飞行时间/min	<4～12	10～20		20～30
再入速度/(km/s)	<3	3～6		5～8

图 1-35　美国反导武器系统对抗目标示意图

为对抗以美国为首的北约集团的弹道导弹威胁，苏联于 20 世纪 50 年代在"萨姆-5"地空导弹基础上研制了第一代 RZ-25 中段反导系统。于 20 世纪 60 年代研制出第二代中段 A-35/A-35M 反导系统，该系统由作战指挥雷达、场地雷达（目标识别跟踪雷达、制导雷达）、拦截弹、数据处理中心组成。于 20 世纪 70 年代研制出第三代 A-135 中段反导系统，由于当时的跟踪与制导技术不能做到准确拦截，因此和美国一样，A-135 反导系统也采用核弹头拦截，使其运用受到很大限制。

苏联解体后，20 世纪 90 年代俄罗斯在 A-135 反导系统基础上研制 A-235 中段反导系统。A-235 反导系统分三层拦截：第一层由改进自 51T6 的远程拦截导弹拦截（导弹有二级发动机，地下井筒式发射，核弹头），第二层由 58R6 中程拦截弹拦截，第三层由 53T6 导弹近程拦截（带助推的单级弹，地下井筒式发射），第二、三层均采用常规战斗部。

除上述中段反导系统，俄罗斯的车载机动式 S-300VM "雷鸣"、S-400 "凯旋"、S-500 "普罗米修斯"防空导弹武器系统也具有末段反导功能，能拦截飞机、无人机、巡航导弹和弹道导弹，S-300 系统如图 1-36 所示。

以色列是末段反导反火箭弹系统实战化运用最多的国家。以色列研制的"铁穹"系统对以色列定居点的防御起到了至关重要的作用。该系统由三部分组成：探测与跟踪雷达单

图 1 - 36　俄罗斯 S - 300 防空反导系统

元、战斗管理和武器控制单元、机动或固定式导弹发射单元。其作战流程如图 1 - 37 所示，由雷达探测来袭目标并进行落点预测、拦截效果评估，雷达探测信息经战斗管理和武器控制单元计算后将目标信息发送给导弹发射架，最后由指定的发射单元发射拦截弹（中段无线电指令＋末段主动雷达制导）拦截目标。

　　日本和韩国在引进美国反导系统的同时，也在大力研制本国的反导系统。尤其是日本凭借其先进的航天技术和雄厚的经济实力不断取得技术突破，于 2022 年 11 月进行了类似"宙斯盾"系统的中段反导拦截试验并取得成功。

　　据文献 [10] 介绍，中国在 1964 年开始论证反导技术方案，当时按反弹道导弹、超级炮和激光炮三条技术路径分别研究。

　　由国防部五院二分院论证导弹反导系统（640 - 1 工程）。640 - 1 工程包括低空和高空拦截系统，1965 年由七机部二院新成立的 26 所（以从二部分出来的总体为主）承担反导武器系统总体设计任务，首先研制的是"反击一号"，由于"文革"的严重影响和技术难度大导致研究进展缓慢，直到 1970 年才在 20 基地完成第一发模型弹飞行试验。1972 年 4 月总装出两发独立回路遥测弹，5 月 15 日飞行试验失败，"反击一号"试验装置如图 1 - 38 所示。虽然后续于 1979 年在昆明完成了两发模型遥测弹飞行试验并获得成功，但是该型号最终于 1980 年 3 月 9 日正式下马，反导型号研制就此结束，研制队伍随之解散。

　　中国的超级大炮反导系统代号为 640 - 2 工程，由 1971 年成立的 210 所承担研究任务。1965—1968 年间先后开展了 85 mm、140 mm 口径滑膛炮拦截弹发射试验，其 320 mm 超级大炮"先锋号"如图 1 - 39 所示。由于该技术路径与目标要求相差太远，该项目也于 1978 年终止。

　　640 工程中的激光反导系统研究由中国科学院上海光学精密机械研究所负责，代号 640 - 3 工程。该工程的激光远距离打靶和激光反响尾蛇导弹研究取得重要成果，但是项目

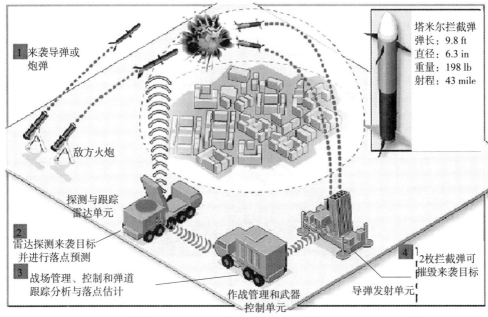

图 1-37 "铁穹"反导系统工作流程及火箭弹拦截实战效果

也于 1976 年终止。

虽然中国在开展防空导弹武器系统研制的同时也一直在跟踪研究反导技术，但是由于技术水平、国内外形势的变化（如《中导条约》、苏联解体），国家对反导技术的研究支持几乎停滞，原有的反导研制总体单位（如 26 所）解散。20 世纪 80～90 年代，国内常见的反导研究多为对美国"星球大战"等各种反导计划的跟踪分析以及尝试对现有防空导弹武器拓展反导功能，这与美国对弹道导弹防御研究持之以恒的重视和取得的成果形成了鲜明的对比。

图 1-38　中国的"反击一号"反导试验弹及发射架

图 1-39　"先锋号"超级大炮试验装置

中国在"640 工程"之后在反导领域沉寂了很长时间，直到媒体报道中国于 2013 年 1 月 27 日在中国境内首次进行了陆基中段反导拦截试验并达到试验预期，此后 2014 年、2021 年、2022 年、2023 年公开报道了中国成功实施中段反导拦截试验的视频，这表明中国的反导技术真正实现了重大突破，已经达到了世界先进水平。

虽然美国、俄罗斯、中国和日本等国家都先后开展过中段反导试验，实际战例未见报道。最早的末段反导实战战例是在美西方发动的推翻伊拉克萨达姆政府的战争中的"爱国者"大战"飞毛腿"，伊拉克在遭到美英等国的攻击后利用进口的苏联"飞毛腿"导弹打击在沙特等国家的美军目标，据报道大部分被美军的"爱国者"导弹拦截，一时间"爱国者"导弹名声大噪。"爱国者"导弹取得如此战果，一个重要原因为"飞毛腿"导弹技术已经落后（20 世纪 50 年代后期开始装备苏联军队），为单级发动机的导弹并且头体不分离、飞行速度不够快、没有有效的突防手段，因此飞行中易于被探测，容易被美国的"爱国者"防空导弹（20 世纪 80 年代后期开始装备美军）击落。进入 21 世纪后，叙利亚与以色列之间、也门胡塞武装与沙特联军之间、俄罗斯与乌克兰之间的局部战争中都出现了防空反导武器与来袭导弹过招的战例。面对先进的防空反导系统，没有突防能力的弹道导弹已经失去一招制胜的奇效。

　　综上所述，反导系统是一个技术复杂的大系统，反导作战涉及目标发现、识别、决策、发射导弹、拦截、评估、通信与指挥等诸多环节，其核心组成包括目标预警探测系统（天基光学/红外传感器和微波探测平台，地/海基探测雷达）、天地通信系统、目标跟踪与制导雷达网、拦截弹及其发射系统，其中目标预警、探测、识别与跟踪能力是反导的前提。

　　美国一方面不遗余力地构建多层次探测网和反导防御系统保护美国本土甚至盟国，另一方面又在研究利用各种技术手段突破对手的弹道导弹防御之盾，在导弹突防领域也处于世界领先地位。为了突破反导武器的拦截，技术先进的弹道导弹采用了多种突防手段：弹体和弹头隐身化、假弹头、释放诱饵和干扰装置、机动变轨、分导式多弹头，美国 20 世纪 60 年代研制的"大力神"导弹多弹头布置如图 1-40 所示，多弹头再入大气层后飞行轨迹如图 1-41 所示。美国民兵Ⅲ洲际导弹的分导式多弹头可在末助推发动机作用下分别将 3 个 MK-12 弹头推向不同的目标点，其过程如图 1-42 所示。这些措施综合运用提高了弹道导弹中段和末段的突防概率，增加了反导系统拦截的技术难度。

图 1-40　"大力神"导弹的多弹头

图 1-41　"和平卫士"导弹进行多弹头飞试打靶试验（落点为夸贾林环礁）

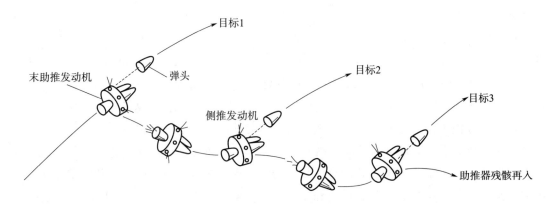

图 1-42　民兵Ⅲ分导式多弹头工作示意图

弹道导弹的突防技术种类如图 1-43 所示，其中的反探测、识别技术主要依靠伪装隐身、假弹头、诱饵技术实现，都属于导弹隐身与伪装的范畴。

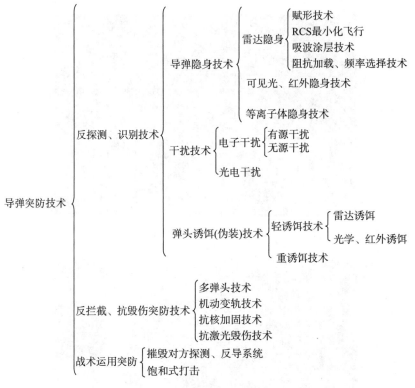

图 1-43　弹道导弹突防技术种类

除上述飞行中的导弹之间攻防对抗，导弹武器系统地（舰）面作战装备也是攻防双方关注的重点。美国正在研制的天基高超声速武器可以快速精确打击全球地面目标，为了破解"区域拒止"而发展的陆基"远程高超声速武器系统"可精确打击 2 000 km 以外的地面导弹阵地目标。早在 20 世纪 90 年代美西方北约国家针对伊拉克和南联盟的空袭作战中，固定阵地目标（包括机场、导弹阵地、油库、武器库等）和库房内的目标都很容易成为第一波次被摧毁的对象，而隐藏较好的目标大部分都能免受打击。在俄罗斯-乌克兰的军事冲突中，在卫星、高空侦察机、低空无人机等空天侦察协助下，地面车载武器装备（装甲车辆、机动火炮、导弹发射系统等）经常处于发现即被摧毁的状态，因此作战双方都充分利用当地林区、民房隐蔽待机，或将导弹发射车停放在战壕中减小被发现和被击中的概率。在目前侦察卫星和察打一体无人机广泛运用的战场上，弹道导弹发射车必须采取更加严格的隐身伪装措施降低被敌方发现的概率才能免遭打击。俄罗斯的"白杨-M"导弹发射车伪装状态如图 1-44 所示，它一方面利用高大的森林和林地地形作掩护，另一方面覆盖全波段伪装网，除非临空近距离侦察，否则很难被发现。

对于地下井类核洲际导弹阵地，为了提高武器系统射前生存能力，一般在阵地伪装基础上，大量设置假目标，进行发射井抗核加固，并在发射阵地周边区域设置防空反导系统和光电对抗系统。

导弹发射系统（地面装备）的战场生存能力一般用如下生存概率模型表示

$$P_s = 1 - P_d \cdot P_{m/d} \cdot P_{h/m} \tag{1-1}$$

式中 P_s——发射车的生存概率；

P_d——被探测到的概率（包括被发现、被识别）；

$P_{m/d}$——被探测到条件下被命中的概率；

$P_{h/m}$——被命中条件下的毁伤概率。

从式（1-1）可以看出，提高生存概率的措施是减小 P_d、$P_{m/d}$ 和 $P_{h/m}$。减小 P_d 可通过对发射系统实施隐身伪装来实现。减小 $P_{m/d}$ 通过对来袭武器进行干扰降低其命中精度或利用假目标（属于伪装的一种）实施欺骗来实现。减小 $P_{h/m}$ 通过增加装备的抗毁伤手段来实现。导弹地面作战装备的隐身伪装技术详见本书第 4 章的介绍。

图 1-44 俄罗斯"白杨-M"战略核导弹发射车伪装状态

1.4.2　巡航导弹的突防及其隐身需求

　　巡航导弹是一种大部分时间以巡航状态低空和超低空等高、等速飞行，依靠翼面产生升力，在控制系统作用下按规定航迹飞行最终命中目标的导弹。二战后期由德国研制的世界上第一款导弹（V1 导弹）就是巡航导弹（图 1－45、图 1－46）。V1 导弹对英国伦敦等大城市的打击造成了很大的破坏，但是由于其飞行速度慢、固定式发射装置容易遭受盟军空军打击，因此很快被速度快、机动发射的 V2 弹道导弹取代。

图 1－45　二战时期德国研制的 V1 导弹

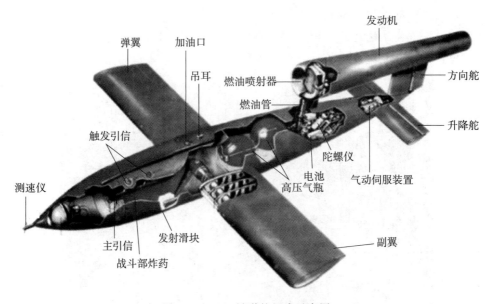

图 1－46　V1 导弹的组成示意图

　　虽然 V1 导弹的打击精度差、飞行速度慢，但是其打击威力和应用潜力得到美苏等国家的高度重视，在 V1 导弹基础上改进发展成一个飞航/巡航导弹家族。由于巡航导弹的发射平台多（陆基、舰（潜）基、空基），可实施对陆固定目标、对海机动目标远程精确打击，因此是现代战争中最常见、装备数量庞大的导弹武器之一。典型的巡航导弹（图1-47）一般由弹体、弹翼、制导系统、电气系统、推进装置和战斗部组成。

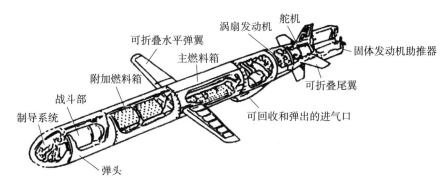

图1-47 巡航导弹的组成示意图

二战后投入实战最多的是美国的"战斧"系列巡航导弹和俄罗斯的口径导弹，如图1-48所示，其弹翼、尾翼在发射前处于收拢状态。

(a)"口径"巡航导弹   (b)"战斧"Block5巡航导弹

(c)"战斧"巡航导弹低空飞行状态

图1-48 美、俄巡航导弹

巡航导弹可在多种发射平台实施发射，如图1-49所示。

巡航导弹一般在助推发动机推动下飞离发射装置，助推发动机分离后涡扇/涡喷发动机工作，进入贴近地面（海面）保持一定高度亚声速巡航飞行状态，马赫数一般为0.72（245 m/s或882 km/h）以下，直至接近目标区域后加速，在导引头（雷达、红外、光学多种模式）指引下攻击目标，如图1-50所示。

捕鲸叉岸舰飞航导弹　　　　　　　　　捕鲸叉舰舰飞航导弹

俄罗斯的SS-N-27巡航导弹发射车　　　　潜射"战斧"巡航导弹

图 1-49　各种巡航（飞航）导弹发射方式

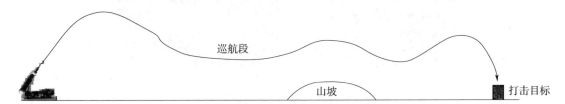

图 1-50　巡航导弹飞行轨迹示意图

　　由于巡航导弹相对弹道导弹、地空导弹的速度低很多，因此滞空时间较长，容易被探测到，为拦截巡航导弹提供了时间窗口，巡航导弹作战任务剖面及面临的威胁如图 1-51 所示。

　　如图 1-51 所示，巡航导弹武器系统面临以天基卫星与空中预警机、战斗机、无人机等平台为主的主被动雷达及光学、红外等系统的体系化侦察探测威胁，以及发射的导弹、防空火炮等的打击威胁。假设巡航导弹的射程为 600 km，则全程总的飞行时间为 2 449 s（约 41 min）。由于巡航导弹发动机尾焰特征明显、巡航速度相对低、飞行时间长、离地高度低，防守方可利用多种平台的光学、红外探测仪器和预警或防空雷达对巡航导弹进行探测和预警，然后引导超声速歼击机、高空高速无人机和地（舰）面防空武器（防空火炮、地空导弹、激光武器等）进行多层次拦截。

　　以雷达探测为例，由于地球半径的影响，雷达最大可探测目标距离计算公式为

$$R = 4.12(\sqrt{h_T} + \sqrt{h_A}) \tag{1-2}$$

式中　h_T——目标飞行高度；

　　　h_A——雷达天线的高度，单位为 m；

　　　R——雷达探测的距离，单位为 km。

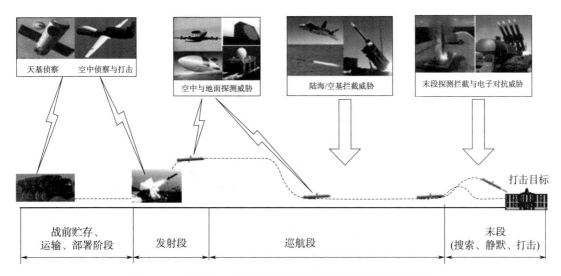

图 1-51 巡航导弹典型作战任务剖面及面临的威胁示意图

假设平原地区巡航导弹飞行高度为 50 m、速度为 245 m/s、地面雷达天线高度为 20 m，根据式（1-2）计算得该导弹被雷达探测的距离为 47.6 km，该导弹飞到雷达阵地的时间为 194 s。假设雷达部署在预警飞机或飞艇上，雷达天线高度为 2 km，则可探测 213 km 远的巡航导弹，该导弹飞到雷达所在地的时间为 869 s，这个时间足够一般的反导武器做好多层次拦截巡航导弹的准备。在海平面上飞行的巡航导弹一般采取贴近海面低飞突防，假设飞行高度为 10 m，舰船上的雷达天线高度为 15 m，则舰载雷达可探测的距离约为 30.0 km，该导弹到达舰艇的时间约 2 min，对舰队防空系统而言仍然有拦截的准备时间；如果有舰队预警机在高空探测，则更易远距离发现并采取拦截措施。

从二战期间德军的 V1 巡航导弹大规模轰炸英国本土伊始，V1 巡航导弹武器系统就面临着突防和生存的问题：从英吉利海峡对岸飞向英国本土的 V1 导弹有很多被英军的防空高炮和战斗机击落，非机动式 V1 导弹发射装置经常遭到联军飞机的打击。2022 年 2 月爆发的俄罗斯-乌克兰军事冲突中，俄乌双方都发射了大量巡航导弹打击对方的目标，其中俄罗斯向乌克兰发射了包括 Kh-22、Kh-31P、Kh-47、Kh-59、Kh-101、Kh-555、3M-54 等在内的大量巡航导弹对乌克兰目标进行打击，乌克兰官方宣称用 S-300 等防空导弹击落了大部分的巡航导弹，其中很多还是被便携式防空导弹和其他防空武器拦截的。从有关图片报道中可以看到俄罗斯巡航导弹残骸上有未发射的红外诱饵弹，估计是为了对抗红外制导的便携式防空导弹。由此可见，即使在乌克兰没有掌握制空权的条件下，依靠近程、低空防空导弹就能拦截巡航导弹。因此，在导弹攻防作战环境下，巡航导弹的突防性能关系到作战效能的高低、关系到其作战目标能否达成。

隐身导弹技术始于美国的隐身巡航导弹。为了提高巡航导弹的突防和生存能力，美国在 20 世纪 80 年代研制的空射型 AGM-129 隐身巡航导弹一改传统导弹的圆柱形结构，采用了减少弹上强散射部件、通过导弹外形隐身化设计缩减 RCS 值、进气道雷达隐身设计、尾喷管隐身设计等措施，如图 1-52 所示；AGM-139 型战略巡航导弹进一步采用了有源冷却装置、红外抑制、全自动腹部方向舵和复合材料等多种隐身设计措施技术，使该型导弹更具威慑力。此外，还对战术型通用"战斧"巡航导弹进行了隐身化改进。海基和空基隐身化巡航导弹已经成为美军威胁其他国家最主要的精确打击武器，也是美军实战化运用最多的导弹武器。从美国智库发表的报告可以看出，美军针对中国采取的反"区域拒止"手段主要是大规模发射远距离空射和潜射巡航导弹。

图 1-52　AGM-129 隐身巡航导弹

为了进一步提高巡航导弹的突防能力，美国、日本等很多国家都在研制超声速和高超声速巡航导弹，并且都取得了很大进展。日本在引进美国的 F35 隐身飞机和 JSM 隐身导弹的基础上，同时在研制日本版超声速和高超声速反舰导弹（图 1-53），并且想要突破日本和平宪法的限制先发制人打击对手所谓"威胁"目标。虽然高超声速导弹的出现增加了防空反导的难度，但是如果有导弹预警系统对其发射和飞行过程进行预警和跟踪，一样也是可被拦截的，当然更好的办法是在其发射前就予以摧毁。再先进的导弹系统，都有其暴露特征和薄弱环节，因此隐身化仍然是其不可或缺的一项性能。

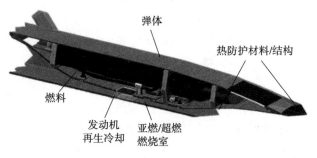

图 1-53　日本双模超燃冲压巡航导弹方案示意图

在 20 世纪 90 年代美国发动的伊拉克战争和大规模空袭南联盟的战争中，美国的隐身飞机和隐身巡航导弹大显身手，隐身武器所取得的战果引起了各国的高度重视。黄培康院士在《隐身飞机和隐身导弹》一文中指出"隐身与反隐身技术是新一代兵器所必须具备的一项重要性能指标，它将引入到 21 世纪的所有武器之中。"从此，隐身和反隐身技术成为国内外研究的热点。

在 2022—2023 年俄罗斯-乌克兰军事冲突中，英国援助乌克兰的"暴风阴影"隐身巡航导弹对俄罗斯发动多次打击，都精确命中俄罗斯的重要军事目标、军队集结点和民用桥梁，俄罗斯的强大防空武器没有有效拦截"暴风阴影"隐身巡航导弹，说明英国提供的隐身巡航导弹比俄罗斯的非隐身巡航导弹的突防能力强。

在现代高技术战争中，巡航导弹的特点决定了其重要性及其隐身化的必然需求，为此美西方国家一直在不断提升其巡航导弹的隐身技术水平。

巡航导弹的发射平台属于武器系统的一个重要组成部分，从其出现在二战战场伊始就成为被探测和被打击的重要目标。因此，也需要采取各种隐身伪装措施确保巡航导弹武器发射平台的战场生存能力。

1.4.3　防空（地空）导弹武器及其隐身需求

防空（地空）导弹武器系统是最复杂的导弹武器之一，是现代防空体系的核心武器，也是世界上装备数量最多的导弹武器之一，专门用于空天防御，摧毁来袭的飞机、导弹甚至大气层外目标。二战期间的德国是防空导弹研制的先行者，其目的是对抗美英联军的作战飞机，其中两种亚声速防空导弹命名为"龙胆草"和"蝴蝶"，两种超声速防空导弹命名为"莱茵女儿"和"瀑布"。美苏两国在继承战败国德国导弹技术基础上迅速开展各自的防空导弹武器研制，美国首先于 20 世纪 50 年代研制出第一代固定阵地防空导弹"波马克""奈基"和第二代机动式"霍克""小榭树"防空导弹。而苏联则在同期研制出第一代单联装固定/机动式 SA-1、SA-2 防空导弹和全机动式第二代多联装的 SA-3、SA-6 等防空导弹。

防空导弹武器系统由作战装备和支援装备组成，其中作战装备是直接参与战场作战行动的装备，至少包括目标搜索装备、跟踪制导装备、导弹及发射装备。完成作战任务需要多台作战装备的协同工作，缺一不可。以陆基车载机动防空导弹武器为例，野战型防空导弹的作战装备一般由指挥车、战车（即发射车，装载有雷达、导弹）组成，中近程防空导弹武器最小单元作战装备一般由搜索指挥车、跟踪照射车和导弹发射车组成，而中远程防空导弹武器系统作战装备配套数量可能更多。

防空导弹武器目前已经成为各国国土防御的首选武器，防空导弹武器作战过程示意图如图 1-54 所示。各种先进防空导弹武器的组合运用，可以对抗轰炸机、战术攻击机、直升机、无人机以及巡航导弹、弹道导弹等。

首次防空导弹击落敌机的战例是 1959 年 10 月 5 日中国人民解放军地导部队用 3 枚 SA-2 地空导弹击落中国台湾国民党空军的 1 架深入北京地区侦察的美国造 RB-57D 高空侦察机。苏联军队在 1960 年 5 月 1 日首次用 14 枚萨姆-2 导弹击落了一架美军的 U-2 侦察机，U-2 侦察机及 SA-2 导弹如图 1-55 所示。中国人民解放军地导部队在 1962—1968 年间先后共击落国民党空军的 5 架美制 U-2 高空侦察机。U-2 飞机被击落后，美国后续在卖给中国台湾的 U-2 飞机上安装了电子预警系统，一旦飞机被地导部队的制导雷达照射就告警，飞行员可以采取规避措施。解放军地导部队总结经验后逐步掌握了 U-2

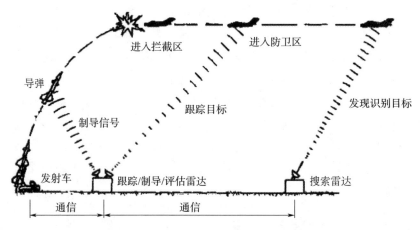

图 1 - 54　防空导弹武器作战过程示意图

飞机的逃避规律，采取"近快"战法待敌机接近后突然雷达开机，又先后击落多架 U - 2 飞机。随着新中国研制的 HQ - 2 地空导弹大量装备部队，1968 年后盘踞中国台湾的国民党空军才停止 U - 2 飞机对大陆地区的侦察活动。

图 1 - 55　U - 2 侦察机和 SA - 2 导弹

美国的"爱国者"防空导弹在西方媒体的宣传下成为 20 世纪 90 年代伊拉克战争中的明星武器，成为拦截伊拉克"飞毛腿"弹道导弹的利器。"爱国者"防空导弹的前身是美国 20 世纪 70 年代研制的 SAM - D 防空导弹系统，1982 年开始装备美国陆军部队，该导弹系统经过升级后可以拦截战术弹道导弹，因此改名为 PAC - 1（Patriot Anti - tactical Missile Capability - 1），经过多次软硬件升级后改名 PAC - 2 导弹，并参加 1990 年海湾战争的"沙漠之盾"行动。1994 年技术升级，采用 ERINT 导弹和 AN/MPQ - 65 雷达等，改名为爱国者 - 3（PAC - 3）末段导弹防御系统，并参加伊拉克战争。爱国者导弹系统如图 1 - 56 所示，其最小系统由 6 辆装备车组成。

据有关资料介绍，PAC - 3 系统的 M901 发射装置可装载 4 枚 PAC - 2GEM 导弹；M902 发射装置装载 4 枚 GEM，也可以搭载 4 个 4 联装的 PAC - 3 导弹发射筒，也就是 16 枚 PAC - 3 导弹；M903 发射装置可以装载 16 枚 PAC - 3 导弹，也可以装载 12 枚 PAC - 3MSE 导弹，还可以混装 8 枚 PAC - 3 导弹和 6 枚 PAC - 3MSE 导弹，发射平台的三化水平很高，各种组合如图 1 - 57 所示，通过不同导弹搭配可以实现对不同来袭目标的拦截。

图 1 - 56　爱国者导弹武器系统

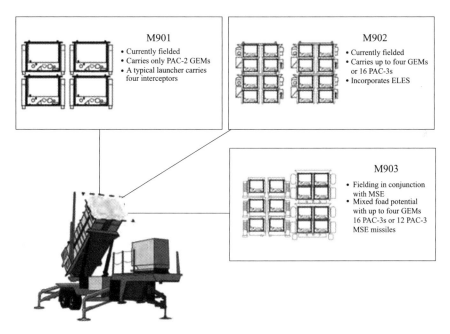

图 1 - 57　PAC - 3 导弹发射平台组合化应用示意图

　　PAC - 3 系统的导弹首创碰撞杀伤的拦截模式，可以拦截战术弹道导弹、巡航导弹、飞机等目标，该弹长 4.8 m/4.63 m、直径 0.255 m，发射质量 324 kg/304 kg。该导弹（图 1 - 58）由雷达天线罩、毫米波导引头、姿态控制发动机、制导电子组合、杀伤增强装置、固体火箭发动机、固定翼（4 个）、活动空气舵（4 个）等组成。根据公开发布的信息 PAC - 3 导弹一直在优化改进中。

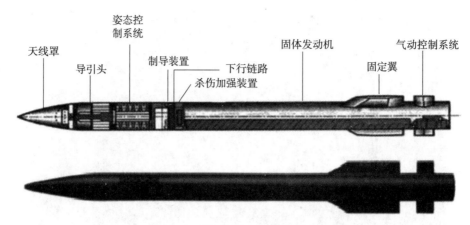

图 1-58　PAC-3 系统的 ERINT 导弹结构组成示意图

　　防空导弹武器与其他导弹武器作战装备的最大差异就是存在大功率的雷达装备（目标搜索雷达、跟踪制导雷达），因此只要雷达装备开机对空搜索目标，就存在暴露目标的风险，容易被敌方预警机、侦察机发现目标，成为战机和巡飞弹的打击目标。为此，有的现代先进的防空导弹系统还配备红外探测系统，一方面可提高目标搜索、跟踪能力（尤其是低空目标），另一方面可以避免雷达过早开机暴露自身目标。

　　为了压制或摧毁防空导弹武器系统，美国等先后研发出了多种反辐射导弹用于攻击敌方雷达，主要有"百舌鸟""标准""哈姆""响尾蛇""佩剑"等系列反辐射导弹，装备很多国家的空军，反辐射导弹已成为空袭作战中的敲门砖之一，在美越战争、第四次中东战争、英阿马岛战争、叙以黎巴嫩战争、美军打击利比亚战争、美伊战争、阿富汗战争中都发挥了重要作用，反辐射导弹和空地导弹对防空导弹作战装备造成了致命的威胁。因此，虽然美伊战争中伊拉克也有苏制防空导弹武器，但是在美军电子战飞机的压制下和精确制导武器的打击下基本没起到防空作用。

　　对防空导弹武器的威胁除反辐射导弹和空地导弹外还有各种电子侦察机和电子战飞机。美国空军的 RC-135 系列侦察机可以侦搜各种通信、雷达和导弹制导信号并进行分析、定位和引导攻击，经常从驻日基地起飞后进入中国沿海和南海地区进行抵近侦察。此外，美军还有 E-8、E-8A 雷达成像侦察机，P-8A 海上监视侦察机、E-2D 预警机等各种有人、无人侦察机和电子战飞机。这些特种飞机能对防空导弹武器系统的通信信号、雷达电磁信号进行搜索和分析，在空袭时对防空导弹武器系统进行预警，对通信系统、雷达系统进行电磁干扰和压制，如果没有相应对抗措施，就会使防空导弹作战装备丧失作战能力。因此，必须为防空导弹武器配置电子对抗设备、采取电磁频谱隐身和保密措施，例如设置欺骗性假目标辐射源，对雷达作战用频率进行保密处理等。为对抗反辐射导弹，防空雷达系统可采用关机或改变雷达波束方向等规避措施，但是这种措施也可能导致其同时丧失作战时机，而防空导弹武器的搜索和制导雷达的隐身化设计，使反辐射导弹武器无法探测到正在工作的目标，可能是最有效的应对措施。

　　随着新型防空导弹射程（几百千米）和空中飞行时间的增加，飞行中的防空导弹很容易被作战飞机和预警机的雷达探测到，理论上能被机载激光反导武器拦截，或者采取其他规避措施逃避防空导弹的攻击。如果这些大射程防空导弹采用结构与频谱隐身设计、发动机尾焰隐身设计、RCS 最小化飞行，将减少导弹的暴露特征，缩短被飞机探测到的距离，对飞机等目标将是更致命的威胁。

巡飞弹和低成本载弹无人机对阵地上的防空导弹武器构成了严重的威胁。巡飞弹和低成本载弹无人机可在战场低空巡视飞行，不容易被雷达探测到，用防空导弹对其进行拦截的费效比低，很难对抗蜂群目标，因此防空导弹作战装备一旦暴露目标，很容易成为被攻击的对象。

综上，当今防空导弹武器面临的战场环境和 20 世纪相比已经发生了翻天覆地的变化，战场态势透明化，攻防对抗武器体系化、太空化。面对强敌的各种隐身飞机、隐身空地导弹、隐身反辐射导弹的威胁和天地一体化的侦察手段，只有提高防空导弹武器系统自身的生存能力才能发挥其威慑和实战效能。必须综合运用导弹和地（舰）面作战装备的隐身设计（光学、红外、雷达隐身）、光电对抗措施，配合战法灵活运用如假目标（伴动发射车、雷达特征假目标等）、通信静默、雷达关机/雷达频率捷变/提高信噪比、隐蔽部署、机动作战等，才能在体系对抗、高强度与隐身化对抗环境中取得防空反导作战的胜利。防空反导武器的拦截弹、雷达和发射设备等都有很现实的隐身需求。

参 考 文 献

［1］ 刘绍球 . 针尖对麦芒：导弹与反导弹 ［M］. 长沙：国防科技大学出版社，2000.

［2］ 闻丞，程斌，范毅 . 动物伪装：上演亿万年的隐蔽"战争"［J］. 森林与人类，2020（9）：8 - 43.

［3］ 唐志远 . 和虫虫玩捉迷藏 ［J］. 生命世界，2005（3）：104 - 105.

［4］ 宋俊祎 . 用于构建自适应变色伪装体系的相关生物机理和仿生模型研究 ［D］. 长沙：国防科技大学，2018.

［5］ 朱学林 . 动物复合变色机理及仿生变色模型 ［D］. 长沙：国防科技大学，2018.

［6］ 汤元平 . 世界防空反导武器系统发展综述 ［J］. 航天制造技术，2010（1）：2 - 6.

［7］ 李瑜，于荣 . 巡航导弹的预警探测与反突防总体设计 ［J］. 指挥信息系统与技术，2014，5（3）：28 - 32.

［8］ 陆伟宁 . 弹道导弹攻防对抗技术 ［M］. 北京：中国宇航出版社，2007.

［9］ 王虎 . 美国天基红外系统发展研究 ［J］. 战术导弹技术，2018（3）：19 - 23.

［10］ 姬文波 .640 工程：中国第一代反导系统的研制 ［J］. 党史博采，2019（5）：6

［11］ 刘靖，潘晓刚，等 . 基于 DSP 导弹预警系统的导弹弹道确定及落点预报精度分析 ［C］//新型导航技术及应用研讨会摘要集，2015.11.

［12］ 饶鹏，王成良 . 美国国防支援计划预警卫星红外有效载荷的光学仿真 ［J］. 光学与光电技术，2014，12（5）：83 - 86.

第 2 章　侦察与目标探测技术原理和典型装备

2.1　人眼识别目标的生理机理

目前的各种侦察与目标探测装置可以看作对人类五官功能的扩展，并由人来进行最终裁定（人工智能技术的发展可辅助甚至可能替代人的决策功能），其中，眼睛作为人体的一种重要器官，在认知和识别外界实物中发挥了主要作用，因此这里从人眼生理构造、视觉特性等方面简述人类识别目标的原理。

2.1.1　人眼视觉系统理论

人眼视觉系统作为接收外界图像信息的主体，是一个复杂的信息数据处理系统，且具有强大的信息处理能力。人眼视觉系统（图 2-1），主要包括三部分：人眼光学系统、视网膜、视觉通路。视觉处理机制大致可分为：外界目标的光信号经过瞳孔和晶状体到达视网膜；视网膜上的神经细胞接收到光信号刺激，将其转换为生物电信号，经传递细胞到达大脑视觉中枢，再根据人的经验、记忆、分析、判断、识别等复杂处理过程形成外界目标主观感知图像。

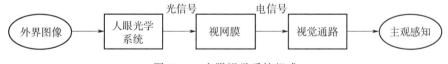

图 2-1　人眼视觉系统组成

人眼作为感知外部环境的重要器官，其构造近似于球状，如图 2-2 所示。它由三层透明膜体包覆组成，外层是角膜、巩膜，中层是睫状体、脉络膜、虹膜，内层是视网膜。人眼识别物体的基本过程如下：目标表面反射的光线首先穿过角膜进入虹膜，到达瞳孔，然后穿过瞳孔进入晶状体，通过睫状肌来调整晶状体曲率，使入射光线在视网膜上聚焦形成物体的彩色"倒像"图像，成像部位的视神经受刺激产生生物电信号，经神经传递到视觉中枢进行融合处理，并形成物体的正像。

2.1.2　人眼视觉特性

人眼视觉特性涉及视觉心理学、视觉生理学等多个学科领域，研究表明人眼灰度分辨能力、亮度敏感特性、灵敏度特性、视觉显著性及掩盖效应等，构成了人员对目标识别的基础。

人眼的视网膜上分布着大量的感光细胞：杆状细胞和锥体细胞。杆状细胞的灵敏度

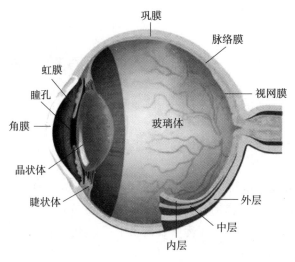

图 2-2 人眼构造

高，能感受极微弱的光，但不能辨别颜色和分清视场中的细节；锥体细胞灵敏度较低，只能感受较亮的物体，但能很好地区分颜色。一般而言，人眼可识别的可见光波长大约为400～800 nm，波长由长至短对应光色分别为红橙黄绿青蓝紫。人眼对不同颜色可见光的灵敏程度不同，对红、蓝、紫光最不灵敏，对黄、绿光最灵敏，对白光较灵敏，白光同时含有 400～800 nm 各色可见光；而在较亮环境中对黄光最灵敏，在较暗环境中对绿光最灵敏。

人眼空间分辨率一般不超过 12LP/mm（线对每毫米），灰度分辨能力为 64 级。当活动图像的帧率至少为 15 fps（帧每秒）时，人眼才有图像连续的感觉；当帧率为 25 fps时，人眼才感受不到闪烁，例如普通的监控视频帧率为 15 fps，电视为 25 fps，电脑屏幕为 60 fps。人眼能区分两个发光点的最小角距离为极限分辨角 q，该值越小，代表分辨率越高。由于人眼焦距只有 20 mm 左右，瞳孔基本为圆形且直径为 2～8 mm，在白天较好的照明条件下，人眼的极限分辨角的平均值在 1′左右，最小可达 0.7′；当照度减小时，极限分辨角会增大，例如在无月的晴朗夜晚，人眼的极限分辨角约为 17′，分辨能力约为白天的 1/25。

视觉同时具有心理学特性，即视觉过程除了包括基于生理基础的一些物理过程之外，还有许多先验知识在起作用。人眼在进行目标判断和识别的过程中，往往是客观与主观同时发挥作用。

人眼的观察距离和分辨率有限，并受环境、夜晚等条件限制，但是也基本能够满足冷兵器时代的侦察需要。

2.2　军用侦察与目标探测技术原理

为了看得更远、更清、更久，人类不断开发出新型侦察探测手段，大大扩展了自身的五官感知能力，其中军事上的侦察探测技术更是实现了千里之外、穿云透雨、不分时段地探测目标。军事上的重要工程建筑、高价值战略目标、"杀手锏"武器等，更是现代战场博弈中对手侦察探测的主要对象。从探测原理上讲，目前主要包括可见光探测、红外探测、雷达探测、高光谱探测，以及其他新型探测手段。

2.2.1　可见光探测技术与装备

可见光是电磁波谱中人眼可以感知的部分，可见光波长范围一般在 400～760 nm（有书籍中定义为 380～760 nm）。可见光探测就是在 400～760 nm 波段范围内进行目标探察和检测的过程，从中获取目标的图案、纹理、颜色、外形等特征。

2.2.1.1　目标与背景的光学辐射特征

1. 光的基本概念

麦克斯韦理论指出，光是一种电磁波，但它在整个电磁波谱中只占很窄的范围。电磁波的重要特征参数是波长或频率。波长从 0.01～1 000 μm 或频率从 3×10^{12}～3×10^{7} Hz 范围属于光学波段，它包括紫外辐射、可见光和红外辐射三部分。通常，波长小于 0.38 μm 的是紫外辐射，波长为 0.38～0.78 μm 的是可见光，波长为 0.78～1 000 μm 的是红外辐射。人眼能感觉出光有不同的颜色，实质上就是波长不同的光在人眼中所引起的感觉不同导致。不同波长的电磁波在真空中的速度 c 相同，$c\approx3\times10^{8}$ m/s。光波的频率 ν、波长 λ 和速度 c 之间的关系为：$\nu=\dfrac{c}{\lambda}$。光有很多特性：例如直线传播、折射、反射、衍射等，详细介绍可参考相关资料，这里不再赘述。

2. 光谱视觉效应

从光的来源看，物体可以分成两类：一类是能向周围空间辐射光能量的自发光体，即光源，自然界中最常见的光源就是太阳，太阳源源不断地向外辐射各种光，而我们见到的日光灯灯光也是白光，但光谱没有太阳光全，蓝光和紫光偏多，节日的彩灯发出五颜六色的光，这些光源的颜色取决于它所发出光的光谱成分。另一类是不发光体，其本身不能辐射光能量，但能不同程度地吸收、反射或透射照射其上的光能量而呈现颜色。

不发光体分为透明体和不透明体，透明体的颜色主要由透过的光谱组成决定；不透明体的颜色则由它的反射光谱组成决定。透明体具有透过光线的性质，只有一小部分光在表面反射，如从镜面反射的方向看物体时，所看到物体的颜色是入射光的颜色。如果是不透明体，这样观察就看不到物体的颜色。不透明体受光照射后，入射光只能透过着色粒子，在规则水平面进行镜面反射，在不规则的平面进行漫反射，还有部分光进入着色粒子层，碰到另一着色粒子的表面就进行折射，经折射后的光从着色粒子中反射出来，与物体表面最初的反射光一起从表面射出，这就是人们看到的物体的颜色。因此，不透明体包含表面反射光，所以同透明体相比，不透明体彩度低。测定不透明体的扩散反射光，透明体的透过光以及选择性吸收的程度，就可了解这些物体的颜色特性。

对人眼的视觉生理和视觉心理的研究表明：颜色是由于各种波段的光谱能量对人的视

觉系统的刺激而引起的感觉。人们之所以看到红、绿、蓝各种不同的颜色，是由于光照射物体时，物体对光进行选择性的吸收、反射或透射，而反射光进入人的眼睛形成此物体的颜色。颜色是光作用于人眼引起除形象以外的视觉特性，根据这一定义，颜色是一种物理刺激作用于人眼的视觉特性，而人的视觉特性受大脑支配，受个人的经历、记忆力、看法和视觉灵敏度等各种因素影响。

日光中包含有不同波长的辐射能，在它们分别刺激人眼时，会产生不同的色光视觉，而它们混合在一起刺激人眼时，则是白光。日光由多种不同颜色的光合成，最早英国科学家牛顿在 1666 年发现，日光经过三棱镜折射，依次显出红、橙、黄、绿、青、蓝、紫 7种颜色。光映射到我们的眼睛时，波长不同决定了光的颜色不同。波长相同但能量不同，则决定了色彩明暗的不同。在电磁波辐射范围内，只有波长在 380～780 nm 的辐射能引起人们的颜色感觉，白光通过三棱镜便分解为 7 种不同的颜色，这种现象称为色散。色散所产生的各种色光的波长见表 2－1。

表 2－1　各种颜色对应波长

光色	波长 λ/nm	代表波长/nm	光色	波长 λ/nm	代表波长/nm
红色	780～630	700	青色	500～470	500
橙色	630～600	620	蓝色	470～420	470
黄色	600～570	580	紫色	420～380	420
绿色	570～500	550			

作为个体的人对颜色和亮度的分辨和判定有差异，存在着同色异谱现象。为了采用统一的标准描述物体的颜色，国际上普遍采用 CIE1931《标准色度观测者色匹配函数》和 CIE1964《补充标准色度观测者色匹配函数》标准（对应的中国国家标准为 GB/T 20147—2006《CIE 标准色度观测者》），CIE1931 分别用三个色匹配函数 $\bar{x}(\lambda)$、$\bar{y}(\lambda)$、$\bar{z}(\lambda)$ 和一组参照色刺激值 $[X]$、$[Y]$、$[Z]$，CIE1964 用 $\bar{x}_{10}(\lambda)$、$\bar{y}_{10}(\lambda)$、$\bar{z}_{10}(\lambda)$ 和一组参照色刺激值 $[X_{10}]$、$[Y_{10}]$、$[Z_{10}]$ 定义色彩。CIE1931 的色匹配函数值来自 Guild 和 Wright 通过 17 名观测者在 2°视场角用红、绿、蓝三种光匹配出 400～700 nm 的光谱色能量刺激值。CIE1964 匹配函数值来自 Stiles、Burch 和 Speranskaya 所测得的试验值，试验中共有 67名观测者，视场角为 10°，光谱范围为 390～830 nm。上述色匹配函数都有数值表供使用，在伪装应用专业实际应用的三刺激值 X、Y、Z 的计算公式为

$$\left. \begin{aligned} X &= K \sum_{\lambda=380}^{780} S(\lambda)\bar{x}(\lambda)R_{(\lambda)}\Delta\lambda \\ Y &= K \sum_{\lambda=380}^{780} S(\lambda)\bar{y}(\lambda)R_{(\lambda)}\Delta\lambda \\ Z &= K \sum_{\lambda=380}^{780} S(\lambda)\bar{z}(\lambda)R_{(\lambda)}\Delta\lambda \end{aligned} \right\} \qquad (2-1)$$

式中 K —— 归化系数，且 $K = \dfrac{100}{\sum\limits_{\lambda=380}^{780} S(\lambda)\bar{y}(\lambda)\Delta\lambda}$ ；

$S(\lambda)$ —— CIE 标准照明体 D_{65} 的相对光谱功率分布；

$\bar{x}(\lambda)$ 、$\bar{y}(\lambda)$ 、$\bar{z}(\lambda)$ —— XYZ 色度系统中的色匹配函数；

$R_{(\lambda)}$ —— 物体的光谱反射因数；

$\Delta\lambda$ —— 波长间隔（10 nm）。

加权系数 $S(\lambda)\bar{x}(\lambda)$ 、$S(\lambda)\bar{y}(\lambda)$ 、$S(\lambda)\bar{z}(\lambda)$ 的值见表 2 - 2。

表 2 - 2 CIE 标准照明体 D_{65} 和 CIE1931 标准色度观察者色匹配函数的加权系数

波长 λ/nm	$S(\lambda)\bar{x}(\lambda)$	$S(\lambda)\bar{y}(\lambda)$	$S(\lambda)\bar{z}(\lambda)$	波长 λ/nm	$S(\lambda)\bar{x}(\lambda)$	$S(\lambda)\bar{y}(\lambda)$	$S(\lambda)\bar{z}(\lambda)$
380	0.007	0.000	0.031	590	8.613	6.353	0.009
390	0.022	0.001	0.104	600	9.047	5.374	0.007
400	0.112	0.003	0.532	610	8.500	4.265	0.003
410	0.377	0.010	1.795	620	7.090	3.162	0.002
420	1.188	0.035	5.708	630	5.063	2.088	0.000
430	2.329	0.095	11.365	640	3.547	1.386	0.000
440	3.456	0.228	17.335	650	2.147	0.810	0.000
450	3.722	0.421	19.621	660	1.252	0.463	0.000
460	3.242	0.669	18.608	670	0.681	0.249	0.000
470	2.124	0.989	13.994	680	0.347	0.126	0.000
480	1.049	1.525	8.918	690	0.150	0.054	0.000
490	0.329	2.142	4.790	700	0.077	0.028	0.000
500	0.051	3.342	2.814	710	0.041	0.015	0.000
510	0.095	5.131	1.614	720	0.017	0.006	0.000
520	0.628	7.040	0.776	730	0.009	0.003	0.000
530	1.686	8.784	0.430	740	0.005	0.001	0.000
540	2.869	9.425	0.201	750	0.002	0.001	0.000
550	4.267	9.797	0.086	760	0.001	0.000	0.000
560	5.625	9.415	0.037	770	0.001	0.000	0.000
570	6.947	8.678	0.019	780	0.000	0.000	0.000
580	8.305	7.886	0.015				

按 10 nm 间隔求和：

$$\sum S(\lambda)\bar{x}(\lambda) = 95.020$$

$$\sum S(\lambda)\bar{y}(\lambda) = 100.000$$

$$\sum S(\lambda)\bar{z}(\lambda) = 108.814$$

三刺激值 X、Y、Z 中只有 Y 值既代表色品又代表亮度，而 X、Z 只代表色品，通常所指的可见光亮度即为 Y 值。

三刺激值 X_{10}、Y_{10}、Z_{10} 计算公式形式同式（2-1），其中 K_{10}、$\bar{x}_{10}(\lambda)$、$\bar{y}_{10}(\lambda)$、$\bar{z}_{10}(\lambda)$ 根据 CIE1964 色匹配函数求得。色品坐标以 x_{10}、y_{10} 表示，计算公式见式（2-2），对应的色品图如图 2-3 所示。

$$x_{10} = \frac{X_{10}}{X_{10} + Y_{10} + Z_{10}}$$

$$y_{10} = \frac{Y_{10}}{X_{10} + Y_{10} + Z_{10}} \tag{2-2}$$

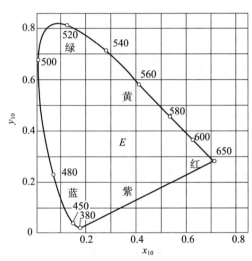

图 2-3　色品图

另一种便于实际应用的颜色标准是 CIE1976 三维色空间坐标 $L^*a^*b^*$，其中 a^*、b^* 轴构成的平面内的点对应颜色的色调，L^* 表示颜色的明度，如图 2-4 所示。通过上述标准，可实现物体颜色的定量描述。

CIE1976$L^*a^*b^*$ 匀色空间的坐标值 L^*、a^*、b^* 按下式计算

$$\begin{cases} L^* = 116\,(Y/Y_0)^{\frac{1}{3}} - 16, & Y/Y_0 > 0.01 \\ a^* = 500\big[(X/X_0)^{\frac{1}{3}} - (Y/Y_0)^{\frac{1}{3}}\big], & X/X_0 > 0.01 \\ b^* = 200\big[(Y/Y_0)^{\frac{1}{3}} - (Z/Z_0)^{\frac{1}{3}}\big], & Z/Z_0 > 0.01 \end{cases} \tag{2-3}$$

式中　L^*、a^*、b^* —— 三维直角坐标系的坐标值；

X、Y、Z ——XYZ 色度系统中的三刺激值；

X_0、Y_0、Z_0 —— XYZ 色度系统中，在 CIE 标准照明体 D_{65} 照射下，完全漫反射体的三刺激值。

颜色的差别可以用色差表示，颜色的色差一般采用 CIE1976$L^*a^*b^*$（简写为 CIELAB）色差公式表示

$$\Delta E_{ab}^* = \big[(\Delta L^*)^2 + (\Delta a^*)^2 + (\Delta b^*)^2\big]^{\frac{1}{2}} \tag{2-4}$$

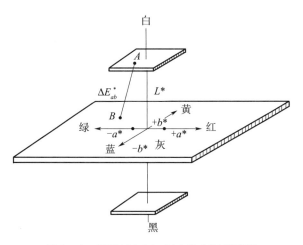

图 2-4　CIE1976 $L^*a^*b^*$ 色空间示意图

其中

$$
\begin{cases}
L^* = 116\,(Y/Y_0)^{\frac{1}{3}} - 16, & Y/Y_0 > 0.008\,856 \\
a^* = 500\big[(X/X_0)^{\frac{1}{3}} - (Y/Y_0)^{\frac{1}{3}}\big], & X/X_0 > 0.008\,856 \\
b^* = 200\big[(Y/Y_0)^{\frac{1}{3}} - (Z/Z_0)^{\frac{1}{3}}\big], & Z/Z_0 > 0.008\,856
\end{cases}
$$

式中　X、Y、Z ——CIE1931 标准色度观察者光谱三刺激值；

　　　　X_0、Y_0、Z_0 ——CIE 标准照明体 D_{65} 照射下，完全漫反射体的三刺激值，10 nm 间隔时有 $X_0 = 95.020$、$Y_0 = 100.000$、$Z_0 = 108.814$；

　　　　ΔL^*、Δa^*、Δb^* ——样品色与其所对应标准色坐标 L^*、a^*、b^* 之差。

对于极深颜色，X/X_0、Y/Y_0、Z/Z_0 小于 0.008 856，使用上述色差公式会引起色空间的畸变，导致很大误差，此时 CIELAB 深色修正公式如下

$$
\begin{aligned}
&L^* = 903.3(Y/Y_0) \\
&a^* = 500\big[f(X/X_0) - f(Y/Y_0)\big] \\
&b^* = 200\big[f(Y/Y_0) - f(Z/Z_0)\big] \\
&f(X/X_0) = 7.787(X/X_0) + 16/116 \\
&f(Y/Y_0) = 7.787(Y/Y_0) + 16/116 \\
&f(Z/Z_0) = 7.787(Z/Z_0) + 16/116
\end{aligned}
\tag{2-5}
$$

3. 典型背景光学辐射特性

目标所处的主要背景分为天空背景、地物背景和海洋背景，光学隐身伪装与背景密切相关，下面分别说明这三种背景的光学辐射特点。

(1) 天空背景的光学辐射特性

观测地平线、海平面以上的目标时，天空会构成观测背景。来自太阳的辐射穿过地球大气层时，会与大气中的气态分子和粒子（水滴、尘埃、气溶胶）相互作用，然后会出现两种基本现象：吸收和散射。当辐射被完全或部分吸收时，辐射的能量转移给吸收的分

子，从而导致光线衰减，这就是吸收现象；而当辐射不被吸收时，它可以向各个方向偏转，这就是大气散射现象，其性质取决于辐射的波长、粒子和气态分子的密度和颗粒大小以及要穿过的大气层厚度。散射一般分为三种类型：瑞利散射、米氏散射和非选择性散射。三种散射类型同时存在，而到底何种散射占据主导地位取决于地球大气的状态，同时不同的散射结果导致了天空背景呈现不同的颜色，如图 2-5 所示。

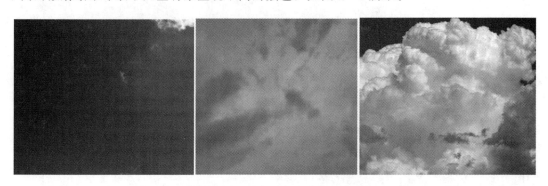

图 2-5　天空背景不同的颜色（蓝色、灰色、白色）（见彩插）

天空背景为蓝色：当大气中的颗粒远小于太阳辐射波长时，主要发生瑞利散射。瑞利散射是由于大气中存在气态分子（O_2、N_2、CO_2、水蒸气等）和非常小的尘埃颗粒。通常，满足瑞利散射需要这些颗粒物的尺寸小于纳米级别。由于瑞利散射的强度与波长的 4 次方成反比，即波长越短（如紫光、蓝光），散射越强，由于蓝紫光波长比红光短两倍，故波长较长的红光穿过大气到达地表而较短的蓝紫光被大气分子散射至天空各处，使得天空成蔚蓝色。

天空背景为灰色：当大气中存在的粒子尺寸比太阳辐射波长略大或处于同一数量级时，如大气中的水滴、冰晶、气溶胶（灰尘、烟雾、花粉），此时瑞利散射让位于米氏散射。尽管米氏散射与入射辐射的波长也成反比，使其散射光偏向于蓝色，但相较于瑞利散射的 4 次方的幂级增强，其蓝色的主导地位并不突出，因而使天空呈现褪色的蓝色甚至灰色；而且米氏散射的发生一般在大气的低层，因为这里气溶胶含量最高，灰尘、烟雾等大的颗粒较多，所以呈现出灰色，因而许多空中的飞行器目标，往往表面涂装成灰色，以降低可见光暴露特征。

天空背景为白色（云朵）：当大气中的颗粒的大小远大于太阳辐射波长时，就会发生非选择性散射。尤其是对于雾气水滴达到上百微米大小的颗粒，也即天空中的云朵。所谓非选择性散射，即无差别地散射所有波长的光，而所有光的复合色是白色，这就解释了云朵的白色。

（2）地物的辐射和光谱特性

①植被的光谱特性

地面植被对光的反射率既有差异，也有共同特点。绿色植被的光谱反射率具有如图 2-6 所示的特点。

在可见光波段，对于健康的绿色植被，在中心波长为 $0.45\ \mu m$ 的蓝色区域和 $0.65\ \mu m$

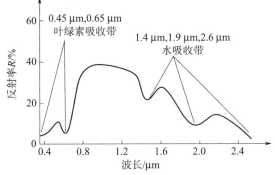

图 2-6　绿色植被和光谱反射率曲线

的红色区域，其反射率都非常低。这两个低反射率区就是通常所说的叶绿素吸收带。在上述两个叶绿素吸收带之间，即在 0.54 μm 附近形成一个反射峰，这个反射峰正好位于可见光的绿色波长区域，形成的植被人眼看见是绿色的。

当植被患病或成熟时，叶绿素含量减少，导致两个叶绿素吸收带的吸收减弱，反射率增大，尤其在上述可见光的红色吸收区，反射率增大更明显，所以患病植被或成熟庄稼呈黄色或红色。

从波长 0.7 μm 附近开始，植被反射率迅速增大，形成近红外反射峰。植被在近红外波段的光谱特征是：反射率很高，透射率也很高，但吸收率很低。大多数植被在近红外波段的反射率为 45%～50%，透射率为 45%～50%，但吸收率小于 5%。

在波长大于 1.3 μm 的近红外区域，植被的光谱反射率主要受 1.4 μm 和 1.9 μm 附近的水吸收带支配，植被的含水量控制着这个区域的反射率，在这两个吸收带之间的 1.6 μm 处有一反射峰。

不同的绿色植被在不同季节的光谱反射率曲线有所差异，可根据反射率曲线进行植物分布统计、粮食作物估产、植物病虫害预报等。同时，光谱反射率不符合植物反射率曲线特点的同色物体，可以作为可疑目标重点探测。

②水的光谱特性

水的光谱反射率如图 2-7 所示。清洁海水和湖泊水的光学特性基本与纯水相同。纯水除蓝绿波段有 10% 的稍强反射外，其他波段的反射率都很低，特别是在近红外波段。水中的悬浮泥沙能提高水在各波段的反射率，尤其在红黄波段的反射率随泥沙含量增加而有较大的提高，因而泥沙量大的水呈红黄色。由于藻类浮游生物含有叶绿素，因此它会降低水在蓝光波段的反射率，而绿色部分却有所增大，尤其在近红外波段。应当注意，当太阳的天顶角很大时（大于70°），水的反射率会大大提高，甚至会出现全反射现象。

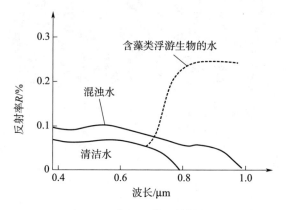

图 2-7　水的光谱反射率曲线

③冰雪的光谱反射特性

冰和雪的光谱反射特性基本相同。雪的光谱反射率如图 2-8 所示。在可见光波段，随着积雪的老化，雪的反射率普遍下降，但降低程度随波长而异，一般在可见光波段下降不大，但在大于 0.8 μm 的红外波段，反射率明显降低。

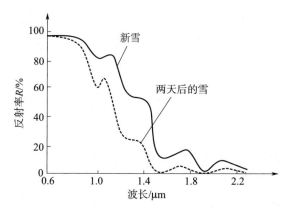

图 2-8　雪的光谱反射率曲线

④其他地面背景

除上述外，目标所处的地面背景环境可以是荒漠、戈壁、城市等。以荒漠背景为例，沙土的黄色为主要颜色；戈壁主要是由沙土、风化的石头以及一些绿色植物构成主要的背景；城市背景环境主要是指柏油马路的沥青色。土地和道路如图 2-9 所示。

（3）海洋的光学辐射特性

海洋的光辐射由海洋本身的热辐射和它对环境辐射（如太阳和天空）的反射组成。海洋的辐射还与海面的状况有关。波长在 3 μm 以下时，白天海洋的光辐射主要是对太阳和

图 2 - 9　典型背景

天空辐射的反射。在 4 μm 以上时，无论是白天还是晚上，海洋的光谱辐射主要来自海洋的热辐射。海面背景如图 2 - 10 所示。

图 2 - 10　海面背景

①海洋的光谱辐射亮度

海洋的光辐射与海面的状态和温度有关，只有当海面出现波浪时，海面才会成为比较好的辐射体。海洋的光谱辐射亮度如图 2 - 11 所示。

②平静海面的光谱反射率

在不同入射角下平静海面（粗糙度 $\sigma=0$）的光谱反射率与波长的关系如图 2 - 12 所示。从图中可以看到，随着入射角增大，平静海面的光谱反射率会增大。

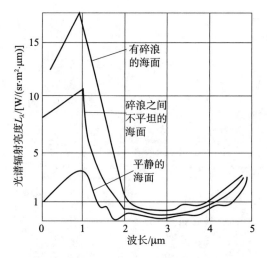

图 2-11　海洋的光谱辐射亮度

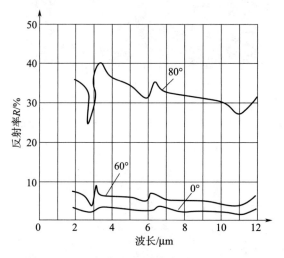

图 2-12　平静海面的光谱反射率与波长的关系

③海平面的反射率和发射率

海平面的反射率和发射率如图 2-13 所示。从图中可以看到，随着入射角增大，海平面的反射率会增大，当入射角大于 70°时，反射率会急剧增大；而随着入射角的增大，海平面的发射率会减小，当入射角大于 70°时，发射率会急剧减小。

④不同粗糙度下的反射率

海水的反射率和发射率，与海面粗糙度有关，尤其是靠近水平方向。海水的反射率与海面粗糙度的关系曲线如图 2-14 所示。

测量海背景的光辐射时，探测器接收到的背景光辐射中包括：海面的热辐射、海面反射的太阳和天空的辐射，以及海面至探测器间路径上的大气辐射。由于存在海面的镜面反射现象，因此波长小于 5 μm 时，当探测器指向太阳反射而形成的海面亮带区，或探测器

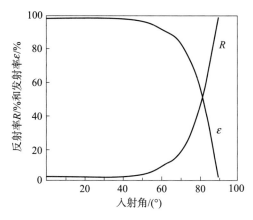

图 2 - 13　海平面的反射率和发射率与入射角的关系

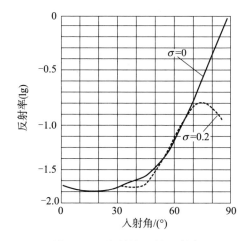

图 2 - 14　粗糙海面的反射率

对应低空方向存在云层时，海背景光谱辐射亮度因太阳和云层的强烈反射而增大。实验表明，在红外 3～5 μm 波段内亮带区海面平均辐射温度达 44.2 ℃，非亮带区海面平均辐射温度只有 27 ℃，但在波长 8～14 μm 波段内，海背景的光谱辐射亮度基本上不受太阳和云层的影响。所以利用红外 8～14 μm 成像系统，可以有效地抑制海背景杂波干扰来探测和识别海面舰船。

（4）光线大气传输影响因素分析

光线在大气中传输时，大气分子、雾、尘埃对光产生散射和吸收，从而影响对目标的观察。

①大气透射率

目标和背景反射的光线在大气中传输时发生衰减，大气的衰减程度以大气的透射率表示，单位厚度大气层的透射率可定义为

$$\tau = \frac{I_1}{I_0} \qquad\qquad (2-6)$$

式中　τ——单位厚度大气定向透射率，在 $0\sim1$ 间取值；

　　　I_1——定向透过单位厚度大气的光强；

　　　I_0——入射光强。

②气幕亮度

大气的散射不仅衰减来自目标和背景的反射光，还散射来自太阳等光源的照明光，这些来自光源的散射光给目标和背景都附加了一个额外的亮度，即气幕亮度。

在地面水平观察时，气幕亮度可表示为

$$L_a = L_{sky}(1 - \tau^R) \tag{2-7}$$

式中　L_a——气幕亮度；

　　　L_{sky}——地平线处的天空亮度；

　　　R——观察距离，单位为 km。

③视亮度

经过大气传输后，观察到的目标与背景的亮度称为视亮度，目标与背景的视亮度可以表示为

$$L_t' = L_t \tau^R + L_{sky}(1 - \tau^R)$$
$$L_b' = L_b \tau^R + L_{sky}(1 - \tau^R) \tag{2-8}$$

式中　L_t——目标的真实亮度；

　　　L_b——背景的真实亮度。

不管目标与背景的真实亮度如何，随观察距离 R 的增加或透射率 τ 的减小，其视亮度都会逐渐接近于地平线处的天空亮度，τ 越小变化越快。当目标的真实亮度小于天空亮度时，其视亮度随距离的增加而增大，比如青山或森林远看比近看亮；当目标的真实亮度大于天空亮度时，其视亮度随距离的增加而减小，比如雪山和白色建筑远看比近看暗。观察距离 R 增加或透射率 τ 减小都可使目标与背景的视亮度对比减小，有利于目标的伪装。对于望远系统的侦察，大气使目标与背景的视亮度对比减小限制了观察距离的增大，当视亮度对比减小到一定程度时，无论望远系统的放大倍率多大，都不能分辨目标。

2.2.1.2　光学探测技术原理与典型装备

1. 光电检测器件的基本原理

(1) 光电探测技术的基本原理

光电探测技术是一种通过检测、放大目标的反射光能量及其分布特征，进而获取目标外形轮廓、尺寸、颜色甚至运动等特征信息的技术，其基本原理是光电转换效应或光化学反应（如照相胶片的曝光）。例如，当光入射到某些半导体上时，光子（或者说电磁波）与物质中的微粒产生相互作用，引起物质的光电效应和光热效应，发生能量转换，把光辐射的能量变成了其他形式的能量，光辐射所携带的信息也变成了其他能量形式（电、热等）的信息；通过对这些接收到的信息（如电信息、热信息等）进行检测分析，也就实现了对目标光辐射的探测。

光电转换器件种类很多，这里主要介绍光电成像探测器件。光电成像探测器件与一般

的探测器件不同，一般探测器件的作用是将光信号转变为电信号并进行处理，其性能主要取决于响应速度和噪声等参量；而成像器件的目标是要在荧光屏上实现二维成像，因而它的工作过程由两部分构成，首先是将光信号转变为电信号，然后将电信号作用于荧光幕上显示图像。因此成像器件除了要求灵敏度高、噪声低等条件外，还要有高空间信息分辨能力。成像器件一般可分为像管和摄像器两大类型。像管集光电转换与成像于一体，其输入输出皆为光信号，把各种不可见图像转换为可见图像的器件称为显像管，把微弱的辐射图像增强到可以用眼睛观察的器件称为像增强器。摄像器是一种光信号转换为电信号的器件，带有图像信息的电信号可传送到异处的接收系统（例如电视接收机），经转换后，在荧光屏上显示出目标图像。

（2）固体成像器件

现在普遍应用的摄像器件都是固体摄像器件，分别基于 CCD（电荷耦合器件）、CMOS（互补金属氧化物半导体）和 CID（电荷注入器件）图像传感器，尤其前两类目前使用较多。

①CCD 图像传感器

常见 CCD 相机成像步骤如下（原理如图 2 - 15 所示）：

1）CCD 相机镜头对准景物，景物反射的光线通过相机的镜头透射到 CCD 传感器上。

2）当 CCD 曝光后，光电二极管受到光线的激发释放出电荷，感光元件产生电流信号。

3）CCD 控制芯片通过感光元件中的控制信号线路控制光电二极管产生的电流，由电流传输电路输出到放大器。

4）经过放大和滤波后的电信号被送到 A/D，由 A/D 将电信号（此时为模拟信号）转换为数字信号，数值大小和电压成正比，而这些数值就是成像的基础数据。

5）数字信号输出到数字信号处理器（DSP），对图像数据进行色彩校正、白平衡处理等后期处理，编码形成相机所支持的图像格式，然后才会被存储为图像文件。

6）图像文件写入到存储器（内置或外置存储器）供显示器显示或保存。

CCD 器件由大量独立的光敏元件组成，这些光敏元件通常是按矩阵排列的，通常以百万像素（megapixel）为单位。相机规格中的多少百万像素，指的就是 CCD 的分辨率，即这台相机的 CCD 上有多少感光组件。光线透过镜头照射到 CCD 上，并被转换成电荷，每个元件上的电荷量取决于它所受到的光照强度。

CCD 是一种半导体器件，在 P 型或 N 型硅衬底上生长一层很薄（约 120 nm）的 SiO_2，再在 SiO_2 薄层上依次序沉积金属或掺杂多晶硅电极（栅极），形成规则的 MOS 电容器阵列，再加上两端的输入及输出二极管就构成了 CCD 芯片。基本工作过程主要是信号电荷的产生、存储、传输和检测。

a. 信号电荷的注入（产生）

在 CCD 中，电荷注入的方式可分为光注入和电注入两类。当光照射到 CCD 硅片上时，在栅极附近的半导体内产生电子-空穴对，多数载流子被栅极电压排斥，少数载流子

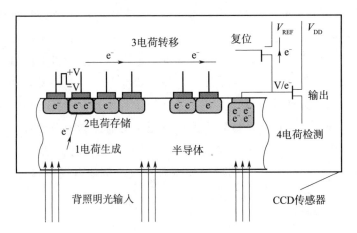

图 2-15　CCD 工作过程示意图

则被收集在势阱中形成信号电荷，如图 2-16 所示。

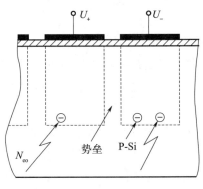

图 2-16　光注入示意图

电注入就是 CCD 通过输入结构对信号电压或电流进行采样，然后将信号电压或电流转换为信号电荷注入相应的势阱中，如图 2-17 所示。电注入常用的有电流注入和电压注入两种方式。

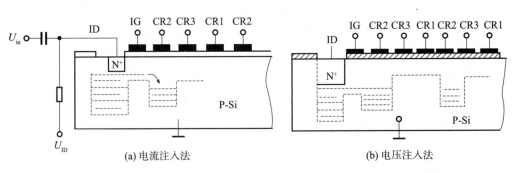

(a) 电流注入法　　　　　　　　　　(b) 电压注入法

图 2-17　电注入方式

b. 信号电荷的存储（收集）

信号电荷的收集就是将入射光子激励出的电荷收集起来成为信号电荷包的过程，如图 2 - 18 所示。

当向 SiO_2 表面的电极加正偏压时，P 型硅衬底中形成耗尽区（势阱），耗尽区的深度随正偏压升高而加大。其中的少数载流子（电子）被吸收到最高正偏压电极下的区域内，形成电荷包（势阱）。对于 N 型硅衬底的 CCD 器件，电极加正偏压时，少数载流子为空穴。

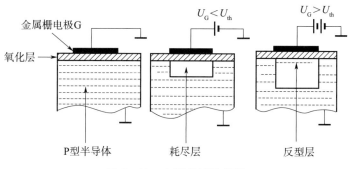

图 2 - 18 电荷存储示意图

c. 信号电荷的传输（耦合）

CCD 工作过程的第三步是信号电荷包的转移，就是将所收集起来的电荷包从一个像元转移到下一个像元，直到全部电荷包输出完成的过程，如图 2 - 19 所示。图（a）为初始状态；图（b）表示电荷由①电极向②电极转移；图（c）为电荷在①、②电极下均匀分布；图（d）表示电荷继续由①电极向②电极转移；图（e）表示电荷完全转移到②电极；图（f）为三相交叠脉冲。

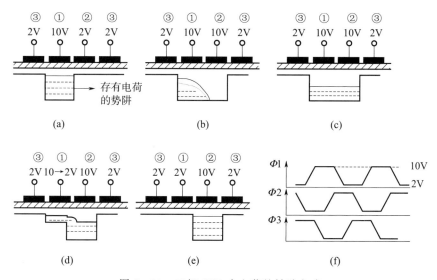

图 2 - 19 三相 CCD 中电荷的转移方式

d. 信号电荷的检测

CCD 工作过程的第四步是电荷的检测，图 2 - 20 为电荷检测电路示意图，该电路将转移到输出极的电荷转化为电流或者电压。电荷输出类型主要有三种：1）电流输出；2）浮置栅放大器输出；3）浮置扩散放大器输出。

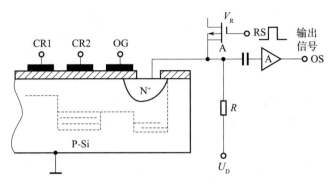

图 2 - 20　电荷检测电路

②CMOS 图像传感器

CMOS 图像传感器也是一种典型的固体成像传感器，与 CCD 有着共同的历史渊源。CMOS 图像传感器通常由像敏单元阵列、行驱动器、列驱动器、时序控制逻辑、A/D 转换器、数据总线输出接口、控制接口等部分组成，通常被集成在同一块硅片上。其工作过程一般可分为复位、光电转换、积分、读出等部分。

在 CMOS 图像传感器芯片上还可以集成其他数字信号处理电路，如自动曝光量控制、非均匀补偿、白平衡处理、黑电平控制、伽马校正等，为了进行快速计算甚至可以将具有可编程功能的 DSP 器件与 CMOS 器件集成在一起，从而组成单片数字相机及图像处理系统。因此，CMOS 图像传感器就是一个图像系统。与传统的 CCD 图像系统相比，把整个图像系统集成在一块芯片上不仅降低了功耗，而且具有重量轻，占用空间小以及总体价格低的优点。

CMOS 图像传感器基本工作原理如下：外界光照射像素阵列，发生光电效应，在像素单元内产生相应的电荷；行选择逻辑单元根据需要，选通相应的行像素单元；行像素单元内的图像信号通过各自所在列的信号总线传输到对应的模拟信号处理单元以及 A/D 转换器，转换成数字图像信号输出。行选择逻辑单元可以对像素阵列逐行扫描也可隔行扫描，行选择逻辑单元与列选择逻辑单元配合使用可以实现图像的窗口提取功能。模拟信号处理单元的主要功能是对信号进行放大处理，并且提高信噪比。为了提高图像质量，芯片中包含各种控制电路，如曝光时间控制、自动增益控制等。为了使芯片中各部分电路按规定的节拍动作，必须使用多个时序控制信号。为了便于摄像头的应用，还要求该芯片能输出一些时序信号，如同步信号、行起始信号等。

CMOS 图像传感器的光电转换原理与 CCD 基本相同，都利用了硅的光电效应原理，其光敏单元受到光照后产生光生电子，而信号的读出方法却与 CCD 不同，每个 CMOS 源像素传感单元都有自己的缓冲放大器，而且可以被单独选址和读出。典型的 CMOS 像素阵列是一个二维可编址传感器阵列，传感器的每一列与一个位线相连，位线末端是多路选择器，按照各列独立的列编址进行选择，如图 2-21 所示。

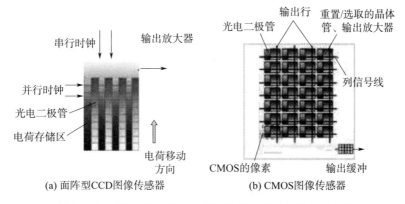

(a) 面阵型CCD图像传感器　　　(b) CMOS图像传感器

图 2-21　CCD 型和 CMOS 型固体图像传感器结构示意图

图 2-22 中给出了 CMOS 图像传感器信号流程图，首先景物通过成像透镜聚焦到图像传感器阵列上，而图像传感器阵列是一个二维的像素阵列，每一个像素上都包括一个光敏二极管，每个像素中的光敏二极管将其阵列表面的光信号转换为电信号，然后通过行选择电路和列选择电路选取希望操作的像素，并将像素上的电信号读取出来，放大后送相关双采样 CDS 电路处理，然后信号输出到模拟/数字转换器上变换成数字信号输出。

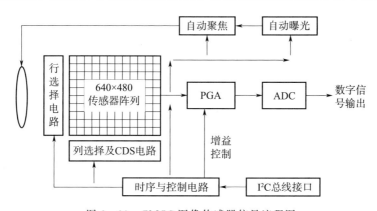

图 2-22　CMOS 图像传感器信号流程图

图 2-23 上部给出了 MOS 三极管和光敏二极管组成的像元的结构剖面示意图，在光积分期间，MOS 三极管截止，光敏二极管随入射光的强弱产生对应的载流子并存储在源极的 P-N 结部位上。当积分期结束时，扫描脉冲加在 MOS 三极管的栅极上使其导通，光敏二极管复位到参考电位，并引起视频电流在负载上流过，其大小与入射光强对应。图 2-23 下部给出了具体的像元结构，MOS 三极管源极 P-N 结起光电变换和载流子存储作用，当栅极加有脉冲信号时，视频信号被读出。

根据像素的不同结构，CMOS 图像传感器可以分为无源像素被动式传感器（PPS）和有源像素主动式传感器（APS）。根据光生电荷的不同产生方式，APS 又分为光敏二极管

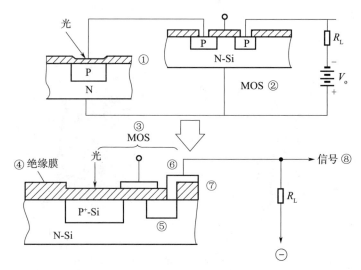

图 2-23　MOS 三极管和光敏二极管组成的相当于一个像元的结构

型、光栅型和对数响应型。具体这里不再赘述。

（3）光电倍增管

光电倍增管的工作机理同样是外光电效应：当外界入射光照射到物体表面时，物体会吸收光子的能量然后激发出电子，被激发出的光电子从物体中逸出，进而聚集在倍增管的腔体内，然后伴随着二次电子放大效应进一步放大。所以光电倍增管的增益通常情况下非常大，而且表现出来的噪声相对很低，非常适合用于微弱信号的探测。光电倍增管根据腔内结构设计的不同，可以进行多次倍增，倍增次数越多则光电倍增管的增益越大。最终，倍增得到的光电流被电极所收集，器件经过倍增的过程后，可以实现对微弱光信号的灵敏探测。

2. 光学探测的典型装备

光学探测技术的基础是利用物体之间辐射、反射光谱的差别、辐射偏振特性的差异及物体空间特性如形状、大小等，采用相机、辐射计、多光谱扫描计等仪器把物体的上述特征加以记录、分析、处理并复原，从而探知所需的信息。具体说，是从高空（飞机或卫星上）根据物体发射和反射电磁波的差异来探知感兴趣的目标。军事上可用来探测和识别地面军事目标，这里重点介绍美军的一些光学探测的典型装备。

（1）图像增强器

图像增强技术帮助狙击手在夜间或恶劣天气条件下依然能够看清目标和周围环境情况。图像增强器使夜晚变成白昼，其与热成像仪相结合，已经为夜视技术提供了多种军事应用，例如监视、目标获取、瞄准器、战斗力评估和情报收集等，适用于从步兵到火炮、坦克、空中和海上平台。图 2-24 所示为 AN/PSQ-20 增强型夜视仪，它结合了图像增强和热成像技术，让佩戴者可以在光线非常弱的环境下依然能够看清战场的环境。

图像增强是夜视技术的基础，图像增强器是一种用于增加环境中现有光强度的设备，以使光学系统能够在夜晚等弱光条件下工作。图像增强器是一种真空管，通过能量粒子的

图 2 - 24　AN/PSQ - 20 增强型夜视仪

复杂光电转换来实现图像增强。该系统通过物镜收集来自目标的光子，通过光阴极将其转换为电子；然后通过称为微通道板（MCP）的设备增加其电能，将其通过磷光屏转换回光子（这就是图像显示为绿色的原因），并且可以通过目镜观察最终图像。MCP 包含数百万个密集通道，当电子通过这些通道时，能量倍增并撞击磷光体，因而能够在少/无光条件下呈现高亮度，获得的图像比原始图像要亮数千倍，能够大幅提升作战人员的夜战能力，如图 2 - 25 所示。

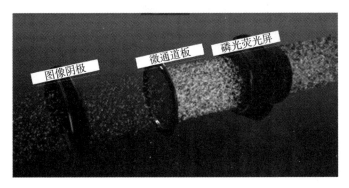

图 2 - 25　图像增强器原理图

陆用全景夜视镜 GPNVG - 18 是目前美军最先进的单兵夜视仪之一，是由 L - 3 勇士系统（今 L3Harris 公司）下属的子公司 EOTEH 研制及生产的 4 筒式全景夜视仪。与一般单兵夜视仪相比，GPNVG 克服了视角狭窄的问题，能够在 97°±0.2°的水平视角及 40°±0.2°的垂直视角范围内观察目标，大幅扩大了作战人员的目标观测范围。GPNVG 夜视仪单装重约 0.77 kg，通过可拆卸电池驱动，可持续使用 30 h。实物图如图 2 - 26 所示。

此外，据美国军事网站上《美国海军空地特遣部队侦察》一文中介绍，美国海军陆战队侦察部队配备了一系列多光谱侦察设备，Kowa TSN - 822 和 DRS Technologies "Nightstar"用于远距离光学观察和成像，如图 2 - 27 所示。根据美国国防承包商 Leonardo DRS 公司与美国特种作战部队（U. S. Special Operations）的一个公开合同显示的部分信息可知，

图 2-26　陆用全景夜视镜

DRS 公司的"夜星"双筒望远镜将第三代图像增强器、激光测距仪和数字罗盘结合在一个轻便的手持夜视设备中。这些系统可立即向指挥系统提供目镜显示器上的目标距离和 RS-232 数字接口，以传输距离、方位角和仰角数据，可为远程精确打击武器提供目标定位信息。

图 2-27　Kowa TSN-822 观测镜实物图

除此之外，相关资料显示美军近几年在夜视成像方面采购了许多先进装备，其中一款名为增强夜视镜-双目望远镜（ENVG-B），如图 2-28 所示。ENVG-B 是第一个网络化的夜间可视系统，将战场图像和数据直接送到士兵的眼睛，提供态势感知能力。美国陆军计划购买总计 10 万多套系统用于装备整个步兵和未指定的近距离作战单位。ENVG-B 为美国陆军近距离作战部队提供了在所有天气条件下，模糊、有限能见度条件下和所有照明条件下进行观察和机动的能力。ENVG-B 的双目设计赋予士兵更强的深度感知能力，热成像传感器允许在夜间和白天通过战场上的烟、雾和其他黑暗环境看到敌人的热信号。该系统可以与安装在武器上的热成像目标设备无线结合，并将产生的目标图像直接传输到目镜中。在 150～300 m 处的识别概率为 80%，在 300～550 m 处的识别概率为 50%，续航能力不小于 7.5 h。在 2019 年，ENVG-B 与 FLIR 黑蜂无人机互联的功能得到验证，由无人机生成的侦察图像可以直接以图像-图像的形式传输到附近士兵的视野中。

（2）弱光电视

弱光电视（LLTV）是一种电子传感设备，核心元件是 CCD 摄像机，它对大于正常可见光波长（0.4～0.7 μm）和短波红外（0.1～1.1 μm）的波长范围内的光线敏感，因而能够以极低的光线水平观看物体，尤其那些肉眼看不到的物体。LLTV 往往比红外摄像

图 2 - 28　增强夜视镜-双目望远镜（ENVG - B）

机便宜，红外摄像机通常覆盖 $3\sim5\ \mu m$（MWIR）或 $8\sim12\ \mu m$（LWIR）。

图 2 - 29 所示为安装在 AC - 130 武装直升机上的微光电视传感器，使机组人员在夜间行动中可以暗中照亮目标。微光电视传感器可以将现有的光放大 6 万倍，以产生清晰的电视图像。同时机组人员还可以使用肉眼看不见但在微光电视传感器上清晰可见的激光，来导引武器精确瞄准。

图 2 - 29　通用电气 AN／ASQ - 145 微光电视传感器系统

（3）空天基侦察、遥感

常见的空中光学侦察按照侦察平台不同，可分为航空拍照侦察和卫星成像侦察。航空侦察通过侦察飞机挂载光学侦察载荷进行侦察和监视活动，方式灵活、不受时间限制且分辨率高，但是受领空界限和飞机航程限制，一般应用于局部热点地区的高密集、多维度、高分辨侦察。而卫星侦察主要利用卫星搭载光学侦察载荷，通过过境临空实现侦察，理论上单颗卫星两次过境最短间隔约为 90 min，卫星侦察不受国界和航程限制，可短时间内获得大范围地区的侦察图像，可用于对热点地区、目标地区的广泛侦察、持续侦察和监视，尤其是组网以后可实现全天候无死角侦察。

在天基卫星侦察方面，典型平台为美国的"锁眼"系列（Keyhole - class）卫星，其由洛克希德·马丁公司设计研制，自 1976 年以来共发射了 17 颗；该类型卫星由美国国家侦察办公室操作，数据由国家地理空间情报局处理和分析。其中较为先进的"锁眼 - 11"（KH - 11）卫星大小和哈勃太空望远镜近似，长约 20 m、宽约 3 m、重约 18 t，分辨率最高达到 0.1 m。美国在 2019 年发布了一张伊朗"蓝宝石"火箭发射失败的照片，如图 2 - 30 所示，通过照片细节反推分析，分辨率达到了 0.1 m 甚至更高，发射塔细节一目了然。据报道，美国在 1990 年发射了 KH - 12 光学侦察卫星，改进后的传感器在可见光和近红外光以及热红外光下工作以检测热源，并结合了弱光图像增强器以提供夜间图像。KH - 12 具有较强的红外夜视能力，主要用于伪装检测，观察目标区域的热惯性差，试图确定人工设施的活动情况。经过改进 KH - 12 可提供比 KH - 11 更为清晰的图像。国内外还有很多商用光学遥感卫星，甚至可提供光学视频图像，能拍摄火箭、飞机起飞的过程。中国高分辨率遥感卫星性能进展如图 2 - 31 所示。

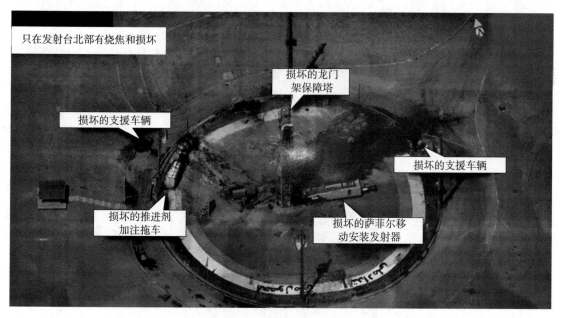

图 2 - 30　美国拍摄的伊朗"蓝宝石"火箭发射失败的照片

航空侦察的主要平台包括固定翼飞机、无人机（UAV）、飞艇等。美军无人侦察机挂载的光学/红外成像侦察监视设备，体积小、重量轻，可在多种气候条件下完成监视、目标捕获等任务，例如"全球鹰"、MQ - 9 系列无人机、"影子"无人机等。其最大的优点是

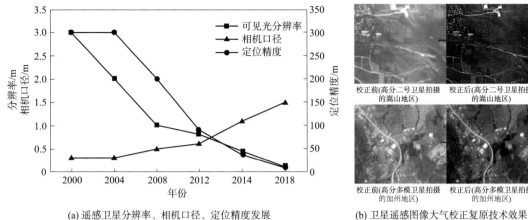

(a) 遥感卫星分辨率、相机口径、定位精度发展　　　　(b) 卫星遥感图像大气校正复原技术效果

图 2-31　中国高分辨率遥感卫星性能

不会将己方人员置于危险之中，而且它们有相对较长的滞空时间，光学侦察分辨率可达 0.1 m 甚至更高，探测距离可达 250 km 以上。

有人驾驶飞机可担负更为复杂的侦察任务，美军的有人驾驶侦察飞机分为两类：

1）专用型侦察飞机，如 U-2、SR-7 战略侦察机，TR-3A 战术侦察机和 RC-135 战术与战略两用侦察机等；

2）战斗机、攻击机或轰炸机，如 F-16、F/A-18D 和"旋风"战斗机，通过加装吊舱兼具侦察功能。

（4）电视制导

图像探测技术的一个重要军事应用是用于导弹制导。电视制导技术是利用电视图像来控制和指引导弹飞向目标的技术，电视制导方式主要分为两种：一种是电视指令制导，另一种是电视寻的制导。

电视制导属于被动式制导，是光电制导的一种。由弹上电视导引头利用目标反射的可见光信息实现对目标捕获跟踪。电视制导的优点是：分辨率高，可提供清晰的目标景象，便于鉴别真假目标，工作可靠；通过成像锁定目标，制导精度高；攻击隐蔽性好，采用被动方式工作，制导系统本身不主动辐射电磁波。电视制导的缺点是：受气象条件影响较大，只能在白天作战；在有烟、尘、雾等能见度较低的情况下，作战效能降低；能成像但不能测距；弹上设备比较复杂，系统成本较高。

①电视指令制导

电视指令制导系统是早期的电视制导系统。它由装在导弹上的电视摄像机、发射机、发射天线、指令接收天线、指令接收机、自动驾驶仪以及装在载机上的电视接收天线、电视接收机、计算机、指令发射机、发射天线等组成。导弹上的电视摄像机将所摄取的目标图像用无线电波发送到载机，飞机上的操纵人员得到目标的直观图像，从多个目标中选取需要攻击的目标，然后以无线电指令形式发送给导弹，通过导弹上的自动驾驶仪控制导弹，使它跟踪并飞向所选定的目标。

在电视跟踪无线电指令制导系统中，电视跟踪器安装在制导站，导弹尾部装有曳光管。当目标和导弹均在电视跟踪器视场内出现时，电视跟踪器探测曳光管的闪光，自动测量导弹飞行方向与电视跟踪器瞄准轴的偏离情况，并把这些测量值发送给计算机，计算机经计算形成制导指令，由无线电指令发射机向导弹发出控制信号；同时电视自动跟踪电路根据目标与背景的对比度对目标信号进行处理，实现自动跟踪。

②电视寻的制导

电视寻的制导系统是近期发展的电视制导系统，它与红外自动寻的制导系统相似。导弹从载机上发射后完全依靠导弹上的电子光学系统（电视自动寻的头）自动跟踪目标，并通过导弹自动驾驶仪控制导弹飞向目标。电视寻的制导系统全部装在导弹上，由电视自动寻的导引头和自动驾驶仪等组成。电视自动寻的导引头是系统的核心部件，它由电视摄像机、图像信息处理装置、跟踪伺服机构等组成。在外界可见光照射下，目标区景物经过光学系统和电视摄像管变为视频电信号，信息处理装置按视频信号的特点判定视场内是否存在目标。无目标时，摄像机中的光学系统反复扫描；有目标时，停止扫描并给出目标方位与光学系统轴线之间的偏差信号；跟踪伺服机构根据这个信号调整光学系统，使光轴对准并跟踪目标。与此同时这个偏差信号被送入自动驾驶仪，按一定的导引规律控制导弹飞向目标，如图 2-32 所示。20 世纪 80 年代以电荷耦合器件代替摄像管，使图像灵敏度和清晰度大为提高。以图像识别系统代替原有的简单图像信息处理装置，在背景比较复杂和目标形成的电平无显著特征的情况下，也能识别目标。

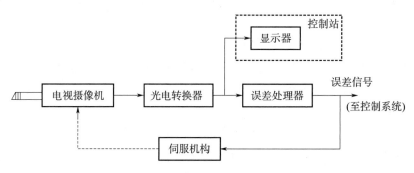

图 2-32　电视自寻的制导流程示意图

电视自寻的制导是以导弹头部的电视摄像机拍摄目标和周围环境的图像，从有一定反差的背景中选出目标并借助跟踪波门对目标进行跟踪，当目标偏离波门中心时，产生偏差信号，形成导引指令，控制导弹飞向目标。波门就是在摄像机所接收的整个景物图像中围绕目标所划定的范围。电视制导图像及波门示意图如图 2-33、图 2-34 所示。

③实战应用

电视导引系统的出现可以追溯到二战时期，最早使用的电视制导体制武器是在二战中德国使用的 Hs294D 型空地制导弹。二战后，美俄等国都推出了其自成体系的电视制导武器系统。在越南战场上，美国使用的电视制导武器是 AGM-62 白眼星（Walleye）型电视制导滑行炸弹，以极高的命中精度摧毁了越南众多军事目标。在 1973 年第四次中东战争

图 2-33 电视制导导引头实物图和拍摄的图像

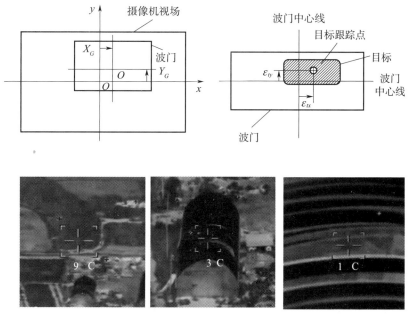

图 2-34 波门工作的几何示意图和电视制导炸弹的实景图

（从左到右图像由远及近）

中，以色列使用美制电视制导的 AGM - 65 "小牛" 空地导弹和有线制导 "陶" 式反坦克导弹，作战效果引人注目。其后，又有 GBU - 15 人在回路型电视制导无动力炸弹，于 1975 年测试通过并一直沿用至今，可以换装红外图像制导头以供夜间使用。该制导炸弹在沙漠风暴行动中共投放 71 发，全部命中目标。AGM - 130 是 GBU - 15 光电制导炸弹装有动力装置的变型，采用了 GPS/INS 作为其中段的制导手段，而在末端采用电视作为精确制导手段，实物如图 2 - 35 所示。

AGM-62白眼星炸弹

AGM-65"小牛"空地导弹

"陶"式反坦克导弹

AGM-130空地制导炸弹

图 2 - 35　导弹/炸弹及头部的光学导引头实物照片

2.2.2　热红外探测技术与装备

2.2.2.1　红外探测技术

1. 红外辐射理论

（1）基本概念

1800 年，英国天文学家赫谢耳（Herschel）在研究太阳七色光的热效应时发现了一种有趣的现象。他利用分光棱镜将太阳光分解成从红到紫的单色光，依次测量不同光的热效应，发现当水银温度计移到红光区域外、人眼看不见任何光线的黑暗区时，温度反而比红光区的温度更高。后经反复实验发现，在红光外侧确实存在一种人眼睛看不见的 "热线"，后来称为红外线，也称红外辐射。根据现代物理学基本定律，物质是由原子、分子组成，它们按一定的规律不停地运动着，其运动状态也不断地变化，热力学温度高于 0 K 的物体都会以电磁波的形式向外辐射能量，这就是热辐射现象。热辐射的强度及光谱成分取决于辐射体的温度，温度对热辐射现象起着决定性的作用。根据维恩位移定律，常温下这种辐射能量大部分处于红外波段。自然界中，太阳是红外线的巨大辐射源，整个星空都是红外线源；而地球表面也在日夜不断地辐射红外线。军事活动中，地面、水面和空中的军事装备，如坦克、车辆、军舰、飞机等，由于它们都有高温部位，往往会形成很强的红外辐射源。

红外线是一种波长在 $0.76\sim1\,000\,\mu m$ 之间的电磁波。它具有与可见光相似的特性，即红外光也是按直线前进，也服从反射和折射定律，也有干涉、衍射和偏振等现象，同时，它又具有粒子性，即它能以光量子的形式发射和吸收，这已经在电子对产生、康普顿散射、光电效应等实验中得到充分证明。此外，红外线还有一些与可见光不一样的独有特性：例如人的眼睛对红外线不敏感，所以必须用专业的红外探测器才能接收到红外辐射信息；红外线的光量子能量比可见光的小，$10\,\mu m$ 波长的红外光子的能量大约是可见光光子能量的 1/20；红外线的热效应比可见光强很多，且更易被物质吸收。

电磁波谱包括 20 个数量级的频率范围，可见光谱的波长范围（$0.38\sim0.75\,\mu m$）只跨过一个倍频程，而红外波段（$0.75\sim1\,000\,\mu m$）却跨过大约 10 个倍频程。在红外技术领域中，把红外线通过大气时几乎不被大气吸收或吸收很小的波段称为红外大气窗口，根据红外辐射在地球大气层中的传播特性通常把整个红外波段按波长分为 4 个波段，前 3 个波段中，其每一个波段都至少包含一个大气窗口，见表 2 - 3，地面大气透射率如图 2 - 36所示。大多数红外传感器接收的是通过 $3\sim5\,\mu m$ 和 $8\sim14\,\mu m$ 这两个大气窗口传输的红外信号。

表 2 - 3　红外辐射波段划分

名称	波长范围 / μm	简称
近红外	0.75～3	NIR
中红外	3～6	MIR
远红外	6～15	FIR
极远红外	15～1 000	XIR

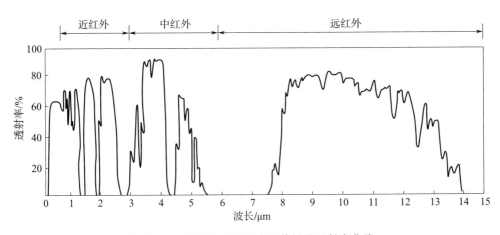

图 2 - 36　红外线在地面水平传播的透射率曲线

（2）红外辐射度学基础

在光度学中，标志一个光源发射性能的重要参量是光通量、发光强度、照度等。光度学是以人眼对入射辐射刺激所产生的视觉为基础，因此光度学的方法不是客观的物理学描述方法，它只适用于整个电磁波谱中很窄的可见光区域。对于电磁波谱中其他广阔的区域，如红外辐射、紫外辐射、X 射线等波段，就必须采用辐射度学的概念和度量方法，它建立在物理测量的客观量——辐射能的基础上，不受人的主观视觉的限制。因此，辐射度学的概念和方法，适用于整个电磁波谱范围。

辐射度学主要遵从几何光学的假设，认为辐射的波动性不会使辐射能的空间分布偏离几何光线的光路，不需考虑衍射效应。同时，辐射度学还认为，辐射能是不相干的，即不需考虑干涉效应。辐射度学的另一个特征是测量误差大，即使采用较好的测量技术，一般误差也在 3% 左右。误差大的原因有很多，其一是辐射能具有扩散性，它与位置、方向、波长、时间、偏振态等有关；其次，辐射与物质的相互作用（发射、吸收、散射、反射、折射等）也影响辐射参量；此外，仪器参量和环境参量也都影响测量结果。

我们通常把以电磁波形式发射、传输或接收的能量称为辐射能，用 Q 表示，其单位为 J。辐射场中单位体积中的辐射能称为辐射能密度（$J \cdot m^{-3}$），用 μ 表示，即

$$\mu = \frac{\partial Q}{\partial V}$$

根据辐射能的定义，为了研究辐射能的传递情况，必须规定一些基本辐射量用于量度。由于红外探测器的响应不是传递的总能量，而是辐射能传递的速率，因此辐射度学中规定这个速率为最基本的物理量，即辐射能通量或辐射功率。而辐射能通量以及由它派生出来的几个物理量就作为辐射度学的基本辐射量。

①辐射能通量

辐射能通量是单位时间内通过某一面积的辐射能，由 ϕ 表示，单位为 W，即

$$\phi = \frac{\partial Q}{\partial t}$$

辐射能通量就是通过某一面积的辐射功率 P（单位时间内发射、传输或接收的辐射能）。辐射能通量和辐射功率两者含义相同，可以混用。

②辐射强度

辐射强度用来描述点辐射源发射的辐射能通量的空间分布特性。定义：点辐射源在某方向上单位立体角内所发射的辐射能通量，称为辐射强度，用 I 表示，单位为 W/sr，即

$$I = \lim_{\Delta\Omega \to 0} \frac{\Delta\phi}{\Delta\Omega} = \frac{\partial\phi}{\partial\Omega}$$

辐射强度对整个发射立体角的积分，就是辐射源发射的总辐射能通量，即

$$\phi = \int_{\Omega} I \, d\Omega$$

对于各向同性的辐射源，I 为常数，$\Omega = 4\pi I$。

在实际中真正的点辐射源是不存在的。能否把辐射源看作点源，主要由测试精度要求决定，主要考虑的不是辐射源的真实尺寸，而是它对探测器（或观测者）的张角。因此，对于同一个辐射源，在不同的场合，既可以是点源，也可以是扩展源。例如，喷气式飞机

的尾喷口，在 1 km 以外的距离观测，可认为是一个点源；但在 3 m 的距离观测，则表现为一个扩展源。一般说来，只要在比源本身尺度大 30 倍的距离上观测，就可把辐射源视作点源。

③辐亮度

用辐亮度来描述扩展源发射的辐射能通量的空间分布特性。对于扩展源，无法确定探测器对辐射源所张的立体角，此时，不能用辐射强度描述源的辐射特性。辐亮度的定义：扩展源在某方向上单位投影面积 A 向单位立体角 θ 发射的辐射能通量，用 L 表示，单位为 $W \cdot m^{-2} \cdot sr^{-1}$，即

$$L = \lim_{\substack{\Delta A_\theta \to 0 \\ \Delta \Omega \to 0}} \left(\frac{\Delta^2 \phi}{\Delta A_\theta \Delta \Omega} \right) = \frac{\partial^2 \phi}{\partial A_\theta \partial \Omega} = \frac{\partial^2 \phi}{\partial A \partial \Omega \cos\theta}$$

④辐出度

对于扩展源来说，在单位时间内向整个半球空间发射的辐射能显然与源的面积有关。因此，为了描述扩展源表面所发射的辐射能通量沿表面位置的分布特性，还必须引入一个描述面源辐射特性的量，这就是辐出度。辐出度的定义：扩展源在单位面积上向半球空间发射的辐射能通量，用 M 表示，单位是 $W \cdot m^{-2}$，即

$$M = \lim_{\Delta A \to 0} \frac{\Delta \phi}{\Delta A} = \frac{\partial \phi}{\partial A}$$

显然，辐出度对源发射表面的积分就是辐射源发射的总辐射能通量，即

$$\phi = \int_A M \mathrm{d}A$$

⑤辐照度

上述的辐射强度、辐亮度和辐出度都是用来描述源的辐射特性。为了描述一个物体被辐照的情况，引入另一个物理量，即辐照度。辐照度的定义：被照物体表面单位面积上接收到的辐射能通量，用 E 表示，单位是 $W \cdot m^{-2}$，即

$$E = \lim_{\Delta A \to 0} \frac{\Delta \phi}{\Delta A} = \frac{\partial \phi}{\partial A}$$

辐照度和辐出度的单位相同，它们的定义式形式也相同，但它们却具有完全不同的物理意义。辐出度是离开辐射源表面的辐射能通量分布，它包括源向 2π 空间发射的辐射能通量；而辐照度则是入射到被照射表面上的辐射能通量分布，它可以是一个或多个辐射源投射的辐射能通量，也可以是来自指定方向的一个立体角中投射来的辐射能通量。

下面介绍几个经常用到的定律。

a. 基尔霍夫（Kirchhoff）定律

当一束射线透射到物体表面时，一般地，其中一部分辐射能被物体吸收，一部分由物体表面反射出去，另一部分则穿透物体。如果单位时间透射到物体单位表面积上的辐射能（即透射辐射）为 H（$W \cdot m^{-2}$），被物体吸收的部分为 α_H，被反射的部分为 ρ_H，穿透的部分为 τ_H。根据能量平衡关系，可以得出：

$$H = \alpha_H + \rho_H + \tau_H$$

　　或　　　　　　　　　　　　　　　　　$\alpha + \rho + \tau = 1$

式中　α_H——物体的吸收辐射，即单位时间物体单位面积所吸收的辐射能（W·m^{-2}）；

　　　　ρ_H——物体的反射辐射，即单位时间物体单位面积所反射的辐射能（W·m^{-2}）；

　　　　τ_H——物体的穿透辐射，即单位时间物体单位面积所穿透的辐射能（W·m^{-2}）；

　　　　α——物体的吸收率，即物体的吸收辐射与透射辐射之比；

　　　　ρ——物体的反射率，即物体的反射辐射与透射辐射之比；

　　　　τ——物体的穿透率，即物体的穿透辐射与透射辐射之比。

　　如果物体对于外界透射来的辐射能可以完全吸收，即 $\alpha = 1$ 和 $\rho = \tau = 0$，这种物体叫作黑体；如果透射到物体上的射线全部由表面反射出去，而没有吸收或穿透，即 $\rho = 1$ 和 $\alpha = \tau = 0$，这种物体叫作白体。如果透射到物体上的射线全部穿透物体，而不被吸收和反射，即 $\tau = 1$ 和 $\alpha = \rho = 0$，这类物体叫作透体。如果物体定向光谱发射率与波长无关，其光谱分布正比于从各个角度黑体辐射功率的光谱，则称为灰体。在自然界中并没有绝对的黑体、白体、灰体或透体，炭黑、粗糙的钢板、黑白油漆等对于红外线的吸收率在 0.9～0.95 以上，十分接近于黑体。纯净的空气对于热射线基本上不能吸收也不产生反射，可视为透体。正是由于各种物体的光谱发射率有差异性，才能通过多光谱遥感技术进行各种资源普查。

　　1859 年基尔霍夫根据热平衡原理推导出了关于物体热转换的基尔霍夫定律：在热平衡条件下，所有物体在给定温度下，对某一波长来说，其热辐射本领和吸收本领的比值与物体自身的性质无关，它对于一切物体都是恒量，即使辐照度 $M(\lambda, T)$ 和吸收率 $\alpha(\lambda, T)$ 两者随物体而不同且都变化很大，但 $M(\lambda, T)/\alpha(\lambda, T)$ 对所有物体来说，都是波长和温度的函数，即 $M(\lambda, T)/\alpha(\lambda, T) = f(\lambda, T)$。

　　对于单色发射率和单色吸收率，基尔霍夫定律可表示为

$$\varepsilon(T, \lambda) = \alpha(T, \lambda)$$

式中　$\varepsilon(T, \lambda)$——物体的发射率。

　　根据基尔霍夫定律，在热平衡条件下，物体的发射率等于它的吸收率。

　　b. 普朗克定律

　　普朗克定律揭示了在真空中不同温度下单色辐射力与波长的关系，确定了黑体辐射光谱分布的公式，这是大多数热辐射分析的基础，在近代物理发展中占有极其重要的地位。普朗克定律公式为

$$M_{b\lambda} = \frac{c_1}{\lambda^5} \frac{1}{e^{c_2/\lambda T} - 1} \tag{2-9}$$

式中　$M_{b\lambda}$——黑体的光谱辐射出射度，单位为 W·m^{-2}·μm^{-1}；

　　　　c_1——第一辐射常数，$c_1 = 2\pi hc^2 = 3.741\ 8 \times 10^8$ m/s；

　　　　c_2——第二辐射常数，$c_2 = hc/k = 1.438\ 8 \times 10^{-16}$ W·m^2；

　　　　h——普朗克常数，数值为 $6.626\ 176 \times 10^{-34}$ J·s；

　　　　k——玻耳兹曼常数，数值为 1.38×10^{-23} J/K。

根据普朗克定律可得到不同温度的黑体的辐射能量分布曲线,如图 2 - 37 所示。

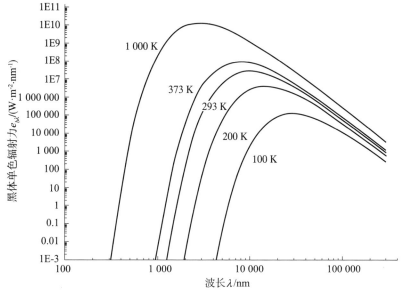

图 2 - 37 根据普朗克定律得到的不同温度黑体的辐射能量分布

c. 维恩位移定律

由图 2 - 37 可知,在每个确定温度下,黑体单色辐射力随波长的变化有一个最大值,而且当温度升高时,这个最大值向波长短的方向移动。通过推导计算得出这个最大值所对应的波长 λ_{max} 与温度 T 之间的定量关系

$$\lambda_{max} \cdot T = 2\ 897.8\ \mu m \cdot K \qquad (2-10)$$

式 (2 - 10) 即是黑体辐射的维恩位移定律。根据维恩位移定律,最大辐射力对应的波长为 11 μm (远红外窗口的中心波长),黑体温度约为 −9.5 ℃。

通常将太阳看成 5 900 K 的黑体,而地球平均温度为 288 K,太阳和地球的辐射出射度与波长的关系如图 2 - 38 所示。太阳的辐射集中在可见光和近红外,最大辐射出射度对应的波长为 0.49 μm;地球的主要辐射集中在长波红外,最大辐射出射度对应的波长为 10.07 μm。

d. 斯忒藩-玻耳兹曼定律

根据普朗克定律所给出的黑体单色辐射力与波长及温度的函数关系,可以计算出黑体在所有波长范围内发射的总辐射力,将普朗克公式在全波长范围内积分可以得到下式

$$e_b = \int_0^\infty e_{b\lambda} d\lambda = \int_0^\infty \frac{c_1}{\lambda^5 (e^{c_2/\lambda T} - 1)} d\lambda = \sigma T^4 \qquad (2-11)$$

式中 σ ——斯忒藩-玻耳兹曼常数,$\sigma = 5.67 \times 10^{-8}$ W/(m² · K⁴);

T ——黑体热力学温度,单位为 K;

e_b ——黑体单位面积总辐射力。

式 (2 - 11) 称为斯忒藩-玻耳兹曼定律,它说明了黑体总辐射力与其绝对温度的四次

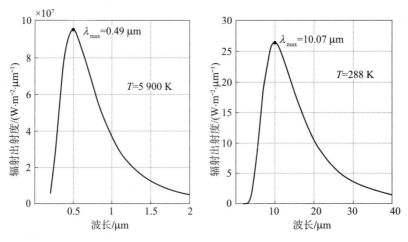

图 2 - 38　太阳和地球的辐射出射度随波长的变化曲线

方成正比，所以也叫"黑体四次方定律"。

式（2-11）只适用于黑体辐射在真空（折射率 $n=1$）或气体（$n \approx 1$）中的传播情况。当黑体辐射由真空或气体中进入玻璃（$n=1.5 \sim 2.0$）等透明介质内时，由于射线的传播速度和波长都发生变化，因而斯忒藩-玻耳兹曼定律的形式也要相应地改变，在介质中的总辐射力为

$$e_{bm} = n^2 \sigma T^4 \qquad (2-12)$$

可以看出，在介质中的总辐射力是真空中的 n^2 倍。

通常，大气会对辐射的衰减产生影响，因而被测量目标的辐射温度受大气衰减的影响，假设目标与背景间的实际辐射温差为 ΔT，则经过大气衰减后的温差可近似表示为

$$\Delta T' = \Delta T \cdot \tau^R \qquad (2-13)$$

式中　$\Delta T'$——热像仪观察到的辐射温差，单位为 K；

　　　τ——单位厚度大气透射率，单位为 km^{-1}，可通过专用软件计算得到；

　　　R——热像仪到目标的距离，单位为 km。

军用红外目标的成像背景主要是天空、海面和海空等自然背景，不同背景条件下的红外辐射特性具有各自特点。

1）天空背景辐射特性。理想化的天空辐射由大气辐射的亮度和阳光散射的天空亮度叠加而成。天空背景亮度在波长 $3 \sim 5 \mu m$ 附近较低，比 $8 \sim 12 \mu m$ 波段低一个量级，一般的天空背景应包括云层。

2）海面背景辐射特性。理想化的海面温度在 $0 \sim 30 ℃$ 之间，其辐射峰值波长在 $8 \sim 12 \mu m$ 波段。一般海面背景要考虑波浪的波面辐射，红外探测器探测到的海面是呈波浪纹理状的，因为不同的波面对红外探测器反射的红外辐射是不同的。

3）海空背景辐射特性。海空背景不仅兼具天空和海面的红外辐射特征，而且还有一个显著的特征：海天线，有时候海天线可以作为目标探测的重要依据。

2. 红外探测技术

（1）红外探测技术的发展概述

早在 19 世纪，随着红外探测器的出现，人们就利用它研究天文星体的红外辐射，而在化学工业中则应用红外光谱进行物质分析。红外技术真正获得实际应用是从 20 世纪开始的。红外技术首先受到军事部门的关注，因为它提供了在黑暗中观察、探测军事目标自身辐射及进行保密通信的可能性。一战期间，为了满足战争的需要，研制了一些实验性红外装备，如信号闪烁器、搜索装置等。虽然这些红外装置没有投入批量生产，但它已显示出红外技术的军用潜力。二战前夕，德国第一个研制出了红外显像管，并在战场上应用；战争期间，德国一直全力投入对其他红外设备的研究。同时，美国等国家也大力研究各种红外装置，如红外辐射计、红外探测器、红外望远镜等。

20 世纪 50 年代以后，随着现代红外探测技术的进步，军用红外技术获得了广泛的应用。美国研制的响尾蛇导弹上的寻的制导装置和 U－2 间谍飞机上的红外照相机代表着当时军用红外技术的发展水平。因军事需要发展起来的前视红外装置（FLIR）获得了军方的重视，并广泛使用。机载前视红外装置能在 1 500 m 的高空探测到人、小型车辆和隐蔽目标，在 20 000 m 高空能分辨出汽车，特别是能探测水下 40 m 深处的潜艇。在海湾战争中，红外技术，特别是热成像技术在军事上的作用和威力得到充分显示。海湾战争从开始、作战到获胜都是在夜间，夜视装备应用的普遍性是这次战争的最大特点之一，在战斗中投入的夜视装备之多，性能之好，是历次战争不能比拟的，美军每辆坦克、每个重要武器都配有红外夜视瞄准设备，据报道仅美军第二十四机械化步兵师就装备了上千套夜视仪。多国联军部队除了地面部队、海军陆战队广泛装备了夜视装置外，美国的 F－117 隐形战斗轰炸机、"阿帕奇"直升机、F－15E 战斗机等都装有先进的热成像夜视装备。多国部队借助夜视和光电装备方面的优势，在整个战争期间掌控了绝对的战场主动权。多国部队利用飞机发射的红外制导导弹在海湾战争中发挥了极大的威力，仅在 10 天内就毁坏伊军坦克 650 多辆、装甲车 500 多辆以及其他地面目标。红外技术作为一种先进探测技术，在军事上占有举足轻重的地位，并在实战中得到充分验证。红外成像、红外侦察、红外跟踪、红外制导、红外预警、红外对抗等在现代和未来战争中都是很重要的战术和战略手段。

在 20 世纪 70 年代以后，军事红外技术逐步向民用部门转化。红外加热和干燥技术广泛应用于工业、农业、医学、交通等各个行业和部门。红外测温、红外检测、红外报警、红外遥感、红外防伪等技术随着民用需求快速增长而迅速发展。由于这些新技术的采用，测量精度、产品质量、工作效率及自动化程度大大提高，特别是标志红外技术最新成就的红外热成像技术，它与雷达、电视一起构成当代三大传感探测系统。

（2）红外探测与成像技术原理

①红外点源探测

根据探测过程的具体机理，红外探测器可分为两类：热探测器和光子探测器。热探测器利用红外线的热效应工作，一般常用于点源探测。光子探测器利用红外线中的光子照射到探测器材料（半导体）中的束缚态电子引起电子状态的改变而工作，一般常用于面源探测，照相胶片也属于光子探测器材。

常见的红外点源探测系统包括：非接触式红外测温计和红外导引头（红外点源测量及跟踪系统）。

a. 红外测温计

非接触式红外测温计分为全辐射测温、单色测温和比色测温等。

全辐射测温的基本原理是斯忒藩-玻耳兹曼定律，设大气透过率为 τ_a ，光学系统透过率为 τ_0 ，红外辐射温度计的入瞳面积为 A ，温度计的视场角为 ω ，可推导得到物体的测量温度为

$$T = \left(\frac{\pi P}{\sigma \omega A \tau_0 \tau_a}\right)^{\frac{1}{4}} \tag{2-14}$$

式中　　P ——探测器接收到的功率，$P = L\omega$；

　　　　L ——目标的辐射亮度。

一种简单的全辐射测温仪组成框图如图 2-39 所示，引入调制盘的主要作用是将探测的辐射电信号转换为交流信号，便于进行放大和滤波。

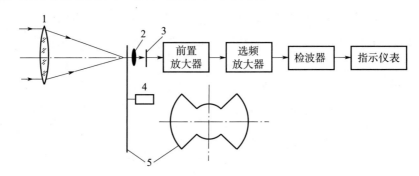

图 2-39　一种简单的全辐射测温仪组成框图

1—聚光物镜；2—场镜；3—探测器；4—电机；5—调制盘

b. 红外点源目标探测

红外点源探测跟踪装置在导弹和精确制导炸弹中得到广泛应用。红外点源探测跟踪装置一般安装在导弹头部，由光学系统、调制盘、红外探测器、跟踪或扫描伺服系统等组成，也称为寻的器（seeker）或导引头（homing head）。

在红外系统中，红外探测器将光学系统汇聚的辐射能/光子转换为电信号，因此其性能直接决定红外点源探测跟踪系统的性能，反映其性能优劣的四个指标参数是响应度 R 、探测率 D（或归一化探测率 D^*）、时间常数（响应时间）τ 和光谱响应。

由于红外跟踪探测系统距离目标较远，因此红外系统接收到的红外辐射能很微弱，经探测器转换成电信号后需要进行放大，且信号不能被电路噪声和环境噪声淹没。由于直流信号有漂移，无法分辨噪声，因此实际应用中采用调制盘使落到红外探测器上的辐射能随时间变化。调制盘是通过在透波基板上制作出透明和不透明两部分交替组成的特定花纹图

案而成，调制盘的功能有：将恒定的辐射通量变成交变的辐射通量、提供目标运动的方位信息、进行空间滤波。调制盘按照信号调制方式分为调幅式、调频式、调相式和脉冲编码式。以调幅式调制为例：

假设信号采集电路的载波为：$P_t = P_m \cos\omega t$ 经过调制使其幅值 P_m 按一定规律变化，例如

$$P_m = \frac{1}{2} P_{m0} [1 + m\cos(\Omega t + \theta)]$$

则输出信号为

$$P_t = \frac{1}{2} P_{m0} [1 + m\cos(\Omega t + \theta)] \cos\omega t$$

式中　P_m ——入射辐射的幅值；

　　　m ——调幅系数（$0 \leqslant m \leqslant 1$）；

　　　ω ——载波角频率；

　　　Ω ——调制盘旋转频率或编码频率；

　　　θ ——初相。

设计中可以使 θ 等于用极坐标表示的目标方位的辐角，使 m 值随目标偏离光轴大小 ρ 而变化，这样输出的信号中就包含了目标极坐标信息，即

$$P_t = \frac{1}{2} P_{m0} [1 + m(\rho)\cos(\Omega t + \theta)] \cos\omega t$$

调制盘的方式有很多种，图 2 - 40 所示为"日出式"调制盘工作原理示意图。

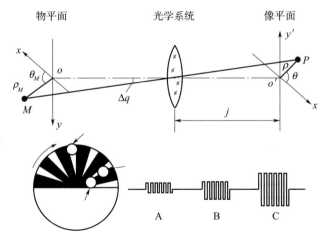

图 2 - 40　调幅式调制后输出信号及与像点位置的关系示意图

红外探测系统一个最重要的军事应用场景是各种精确制导导弹（尤其是空空导弹、反坦克导弹）的红外导引头，组成框图如图 2 - 41 所示，图中的位置编码器可以是调制盘系统。

国外红外型空空导弹的发展先后经历了四代，而每次更新换代的标志恰恰就是红外导引头技术的更新换代。

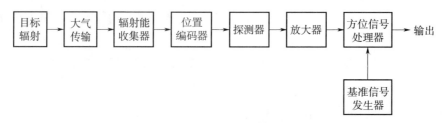

图 2-41　探测系统的基本构成图

第一代：采用非制冷型硫化铅探测器，工作在近红外波段，只能探测飞机发动机喷口的红外辐射，因此仅可以从尾后方向攻击目标。这一代导弹利用调制盘的调制信息从空间上、能量上区分目标和背景，因而不具备抗红外诱饵干扰的能力。这一代的导弹的典型代表有美国的 AIM-9B 响尾蛇、苏联的 K-13，如图 2-42 所示，以及中国的 PL-2 等。它们的探测距离为 10 km 以下，有效攻击范围仅为目标尾后 2～3 km。

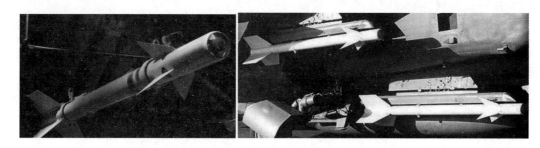

图 2-42　AIM-9B 响尾蛇（左）和苏联的 K-13 空空导弹（右）

第二代：采用制冷型硫化铅或锑化铟探测器，提高了探测能力，可以从后向攻击目标。这一代导弹仍然不具备抗红外诱饵干扰的能力。典型代表有美国的 AIM-9D、中国的 PL-5E、法国的马特拉 R530、俄罗斯的 R-60T 等，如图 2-43 所示。所采用的制冷型硫化铅探测器极大地提高了探测灵敏度和探测距离，引信则采用红外近炸引信，比之前的红外导引技术更加先进。

第三代：采用制冷型锑化铟探测器，工作在中波红外波段，改进了调制盘系统，部分型号采用了多元探测器，具备一定的全向攻击能力及抗干扰能力。这一代导弹通过改进的调制方式，从空间上、能量上比上两代具备更强的细分目标和背景的能力，同时采用集成电路使得导弹的逻辑判断能力有较大提高，而且还具备了一定的抗红外诱饵的能力，这使得作战性能和可靠性大幅提高。这一代导弹典型的代表有美国的 AIM-9L，中国的 PL-8B 等，如图 2-44 所示。

第四代：采用成像制导技术，大幅度提高了探测能力，可以全方位探测、攻击目标，具备很强的抗干扰能力。典型的有美国的 AIM-9X、英国的 ASRAAM、德国的 IRIS-T、以色列的 Python-5 和南非的 A-Darter 等导弹，如图 2-45 所示。其中 MICA-IR、Python-5 和 A-Darter 采用了双色红外成像制导技术。由于这一代导弹的空间分辨力和

图 2-43　美国的 AIM-9D、中国的 PL-5E、法国的马特拉 R530 和俄罗斯的 R-60T 空空导弹

图 2-44　美国的 AIM-9L 和中国的 PL-8B 空空导弹

光谱分辨力较之前有很大的提高，可以利用能量、形状、轨迹、光谱等特征来区分目标和干扰。

图 2-45　美国的 AIM-9X、英国的 ASRAAM、德国的 IRIS-T、以色列的 Python-5 空空导弹

② 目标红外成像

由于人眼不能响应 0.4 ～0.7 μm 波段以外的光，因此在夜间无自然可见光照射情况

下，人眼看不到周围景物。红外成像系统可将目标和环境中各部分的温度差异及发射率的差异转换成电信号，再由电信号转换成可见光图像，这种成像转换技术，常称为热成像技术。实现红外成像的固体探测器称为红外焦平面器件（IRFPA），可用于探测目标与背景的温差。IRFPA 通常工作在红外大气窗口波段：$1\sim3\ \mu m$、$3\sim5\ \mu m$、$8\sim12\ \mu m$。IRFPA器件的分类，按结构可分为单片式和混合式，按读出电路分为 CCD、MOSFET、CID 式，按制冷方式分为制冷型和非制冷型，按传感器的材料分为碲镉汞、锑化铟等类型。

红外图像与可见光图像相比具有显著的差别。红外图像的成像机理与可见光图像的区别是它通过将红外探测器接收到的场景（包括其中的动态目标、静态目标以及背景）的红外辐射映射成灰度值，转化为红外图像，场景中某一部分的辐射强度越大，反映在图像中的这一部分的灰度值越高，也就越亮。大气的状态（包括大气辐射、环境辐射以及辐射在传输过程中的衰减）也会对成像产生很大的影响。

红外图像表征景物的红外辐射分布，主要取决于景物的发射率和温度分布，其灰度波动来源于背景辐射中的景物各个部分较弱的辐射变化。红外图像有以下特点：

a. 太阳辐射因素会影响红外成像效果

白天的红外图像效果优于夜间的红外图像。如图 2-46 所示，图（a）为某地白天的红外图像，图（b）为该地夜间的红外图像。这主要是因为白天地面景物对太阳发出的红外辐射具有反射作用，由于不同质地的物体对太阳辐射的吸收和反射不同，导致物体之间发射率和温度分布的差异性较大，所以景物细节较清晰；而夜间景物主要依靠自身的温度进行热辐射，同时夜间物体之间的温度由于热平衡会趋于一致，导致物体之间发射率和温度分布的差异性较小，从而使图像细节模糊。

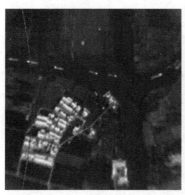 

　　　　(a) 白天红外图像　　　　　　　　　　(b) 夜间红外图像

图 2-46　某地白天与夜间红外图像

b. 红外图像的整体灰度低且分布较集中

由于红外探测器可探测的温度范围较广而实际景物的温度相对该探测范围较低，实际景物的温度分布差异相对较小，因此景物红外图像整体灰度低且分布较集中。

c. 红外图像的信噪比较低

由于红外图像的噪声来源很多。例如，自然界中分子的热运动，使红外成像系统自身也会引入多种噪声。因此，导致红外图像的信噪比较低。所以对红外图像进行消噪处理是红外图像处理中的重要环节。

d. 红外图像的对比度较低

由于景物和周围环境存在着热交换、空气热辐射和吸收，从而导致自然状态下景物之间的温度差别不大，红外图像中景物与背景的对比度较低。

e. 红外传感器得到的相邻两帧图像之间的差别不大

由于红外图像摄取帧速在 25～30 之间，景物表面的辐射分布基本上保持不变，这个性质为逐帧分析景物特征和对景物定位提供了保证。

2.2.2.2　红外探测的典型装备

红外探测技术的应用是多方面的，红外系统按功能分有测辐射热计、红外光谱仪、搜索系统、跟踪系统、测距系统、警戒系统、通信系统、热成像系统等。按工作方式可分为主动系统和被动系统、单元系统和多元系统、光点扫描系统及调制盘扫描系统、成像系统和非成像系统等。

1. 红外成像装备

红外成像系统是军事应用最广泛的成像系统之一，与雷达系统和可见光系统相比，红外成像具有以下特点：

1）环境适应性好。红外成像技术对环境的适应性优于可见光成像，尤其在夜间、雾、霾和恶劣气候下可克服部分视觉上的障碍而探测到目标，抗干扰能力较强。

2）成像分辨率高。与雷达成像相比，红外波长较短，可得到具有很高分辨率的目标图像。

3）具有一定的伪装识别能力。由于依靠目标和背景之间的温差和辐射率差进行探测，因而识别伪装目标的能力优于可见光，且具有一定的辨别真伪的能力。

4）无主动辐射，隐蔽性好。红外传感器可被动地接收景物的热辐射，比雷达和激光探测安全且保密性强。

5）体积小、功耗低。由于以上诸多优势，因而其弹载方便，且往往作为导弹末段制导方式。

下面分别对机载红外探测设备和手持式红外探测设备两种典型的装备进行简要介绍。

（1）机载红外探测设备

针对机载平台与使用需求的不同，机载光电侦察装备主要有内装式和吊舱式两种类型。内装式光电侦察设备装载在航空平台内部，在机身上留出光窗，通常在一些对隐身性或气动要求高的平台中使用；而吊舱式侦察设备可以挂在机头、机腹乃至机翼处，使用较为灵活。

①光电侦察吊舱

依据装机条件、结构外形的不同，常见的光电吊舱主要有转塔式和吊舱式两种类型。吊舱式光电侦察系统主要用于战斗机等机动性强的平台，其外形必须满足一定的径长比以满足高速气动要求，通过外挂物挂架与飞机相连。转塔式光电吊舱多用于直升机、无人机以及部分巡逻侦察机等相对飞行速度较慢的飞行器，它一般与飞机固连，成为飞机的一个组成部分。

典型的转塔式光电侦察系统有加拿大 L-3 韦斯凯（Wescam）公司生产的 MX-20 系列吊舱（图 2-47）以及美国菲力尔（FLIR）公司研制的 Safire 系列吊舱（图 2-48）。MX-20 是一款 90 kg 级的高性能远距多传感器成像系统，红外成像分辨率高达 1 280×1 024，支持 4 个视场切换；可见光可提供 720P 和 1080P 两种分辨率，可连续变焦；此外还提供 30 km 测距能力的激光测距器和激光照射器。该系列吊舱在美军 P-8A、HC-130H、德军 P-3C 以及部分无人机、直升机和浮空平台上均有装备。Safire 系列吊舱同样提供上述分辨率的红外及可见光相机，光学镜头可 120 倍变焦，红外窄视场为 0.25°，宽视场为 40°，电视摄像机窄视场为 0.25°，宽视场为 29°，此外还可提供近红外微光电视、短波红外成像、激光测距等功能。该系列吊舱同样在部分无人机、直升机及运输机平台上装备。

图 2-47　加拿大 L-3 韦斯凯 MX-20 吊舱　　　图 2-48　美军菲力尔 Safire 吊舱

典型的吊舱式光电侦察系统有美国 MS-177 吊舱，法国泰雷兹公司的机载侦察识别系统及泰勒斯英国公司研制的数字联合侦察吊舱。MS-177 吊舱（图 2-49）是从 DB-110 吊舱、MS-110 吊舱一路升级而来，由原美国联合技术公司（现雷神技术公司）研制，可提供可见光、近红外、短波红外及中波红外图像，成像焦距达到了 177 in（约 4 496 mm），识别距离达到 80 km。在短波红外及中波红外波段内还分出 6 个波段实现多光谱成像，每小时侦察覆盖面积可达 37 000 km²。泰勒斯公司的 DJRP 吊舱可提供可见光及长波红外图像，其中可见光传感器支持 6 倍光学变焦。DJRP 吊舱（图 2-50）工作时光电传感器处于扫描状态，以实现对广域范围的侦察。

以"全球鹰"无人机 RQ-4B 为代表的侦察机，能够通过挂载光电侦察载荷有效获取 0.4~0.8 μm 可见光波段和 3.6~5 μm 红外波段的相关数据，如图 2-51 所示，实现对整个战场态势的快速感知。在点采集模式下，每天覆盖面积为 1 900 个点，每个点的面积为 2 km²，地质精度为圆概率误差 20 m。在广域搜索模式下，该条带为 10 km 宽，覆盖范围为每天 40 000 海里。

装备在以色列"赫尔墨斯"900 型无人机（图 2-52）上的"天空之眼"监视系统，可以将多孔径成像系统直接安装在机腹下，可在临空状态下对 80 km² 左右范围内的地面区域进行持续监视。另外，它可以在实时观察时以特定分辨率和放大率记录和显示图像，

图 2-49 美国 MS-177 系统

图 2-50 泰雷兹 DJRP 吊舱

图 2-51 红外侦察图像

利用不同观察角和放大率，用户可以同时分别观看 10 个以上感兴趣区域，在任何时候都可以"及时回放"，以分析态势的发展。

在 2022—2023 年俄罗斯-乌克兰军事冲突中，无人机载光学、红外侦察系统成为发现、指引打击目标的最主要手段之一。

②内装式光电侦察装备

典型的内装式光电侦察系统有原美国雷神公司研制的综合传感器系统（ISS）以及原美国柯林斯公司研制的"毕业生"光电侦察系统（SYERS）（目前上述公司已经合并组建了新的"雷神技术公司"）。ISS 主要装备在美国 RQ-4"全球鹰"无人机上，包含一台 1 024×1 024 像素的可见光传感器和一台 640×512 像素的中波红外传感器，对地面进行远距离、高分辨率、倾斜侦察成像，同时利用飞机的飞行运动将扫描向前递推，从而获得

图 2-52　"赫尔墨斯"900 型无人机和"天空之眼"系统细节图

广阔地域内的连续图像。ISS 的相关技术已被融合进雷神技术公司下一代"休斯"综合监视识别系统（HISAR）中。SYERS-2C 系统已经应用于美国 U-2 侦察机中（图 2-53），可提供可见光、近红外、短波红外、中波红外 10 个光谱波段图像，并且可对移动及静止目标进行探测、跟踪与评估。

(a) SYERS-2 型侦察系统

(b) SYERS-2 型侦察系统在 U-2 侦察机上的装载示意图

图 2-53　美国 SYERS-2 型侦察系统及其在 U-2 侦察机上的装载示意图

（2）手持式红外探测设备

手持式红外探测设备一般用于单兵装备。美军装备的 NYXUS BIRD 多功能热成像仪和军用瞄准设备用于侦察、目标捕获和测量，如图 2-54、图 2-55 和表 2-4 所示。可在白天和晚上准确观察周围环境，并在早期阶段识别潜在的威胁。高分辨率长波红外热成像技术，也被称为前视红外，即使在完全黑暗，烟雾或恶劣的天气条件，也可获得清晰的图像。另外，美军装备的这些便携设备配备了激光测距仪、数字磁罗盘和 GPS 模块，这些组件使其能够确定自己的位置和观察目标的确切坐标。观测和侦察系统为精确的目标测量提供了一系列不同的测量功能，可为远程精确打击武器提供目标坐标位置。

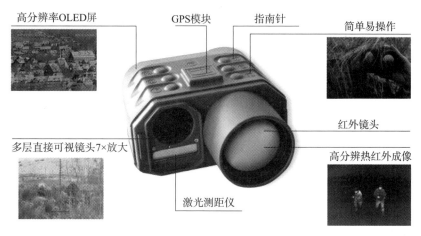

图 2-54　手持式红外热像仪

图 2-55　红外热成像照片（地面车辆、士兵和建筑物）

表 2-4　热像仪参数

特点	中距	长距
视场	$11°×8°$	$7°×5°$
探测距离	>5 km	>7 km
识别距离	>2 km	>2.8 km
确认距离	>1 km	>1.4 km

2. 红外导引装置

红外点源目标探测技术的重要工程应用之一就是红外导引头装置。红外制导技术利用红外探测器探测目标辐射的红外能量，捕获、跟踪并引导导弹自动接近目标，提高命中率。红外制导的突出特点是命中精度高，它能使导弹直接命中目标或目标的要害部位。

红外制导系统一般由导引头、电子装置、操纵装置和舵转动机构等部分组成。导引头是导弹能自动跟踪目标的最重要部分，好像是导弹的"眼睛"，它感受到目标的红外辐射，控制导弹飞向目标。前面已经介绍过，导引头装置可将来自目标的红外辐射通过光学系统聚焦到调制盘上，调制盘依据目标方向的不同将入射的红外辐射按一定规律调制成不同的信号作用于探测器上，把非目标的红外源（如云层）过滤掉，检测出有用的目标信号，并由电子装置放大并与基准信号比较得到误差信号，分别送入操纵系统和舵转动机构，带动舵面以纠正导弹的飞行方向，使导弹对准目标，跟踪目标，直到击中目标为止。

红外制导可以分为红外成像制导和红外点源（非成像）制导两大类。早期的对空导弹大多采用红外点源制导，这种制导方式虽然结构简单、成本低、动态范围宽、响应速度快，但它从目标获取的信息量较少，抗干扰能力差，制导精度受到限制，也没有区分多目标的能力，因此红外制导近年来的发展方向就是红外成像制导，其原理如图 2 - 56 所示，红外探测器可以将物体上细微的红外辐射能量差别记录下来并生成像素，再通过不同的像素形成图像信息，这种图像信息可用于分辨目标和周围背景的特征，并且可以生成可见光图像以视频显示输出。例如面对同样一架战斗机目标时，非成像的红外导引头看到的目标是一个模糊的亮点，而成像导引头看到的目标就是一个比较具体的飞机形状了，飞机每个部位的热辐射信号都被捕捉下来并生成红外图像，如图 2 - 57、图 2 - 58 所示。红外成像制导相比非成像制导最大的优势之一就是具备更高的目标识别能力和抗干扰能力，因为后者看到的只是一个亮点，假如目标释放出一个更大的热源（红外干扰弹），则非成像导引头就会跟踪上这个假目标，而丢失了真正的目标。

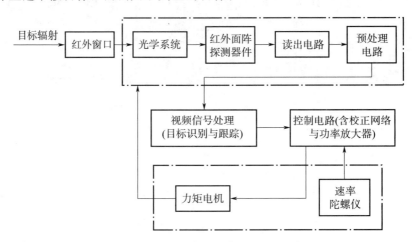

图 2 - 56　红外成像导引装置组成原理框图

由于红外成像制导对目标的分辨率高，因此可以将目标图像通过数据链回传给后方，由后方操作人员对目标进行识别，并可选择目标的薄弱部位进行攻击，还能在攻击前进行打击效果评估，因此非常有利于打击复杂地面环境下的目标。

图 2 - 57　军用机场的红外成像图像

图 2 - 58　美国 F - 22 战斗机的红外成像图像

红外成像制导已经用于各类精确制导武器，比如空地导弹、制导炸弹、对陆巡航导弹、地空导弹、空空导弹等都可以在末制导阶段采取红外成像制导方式。美军的主流空地武器如轻型可选攻击弹药（SLAM）、联合防区外空对地导弹（JASSM）、联合防区外武器（JSOW）等也都选择了红外成像制导作为末制导方式之一。红外成像制导的缺点是系统结构更复杂、造价更高，容易受到诱饵弹干扰。另外，相比雷达制导，红外制导系统的作用距离较近，其全天候作战能力不如雷达制导系统。

3. 红外告警装置

红外告警技术是根据目标辐射的红外特征来发现并定位目标，及时发出告警信息。红外告警系统的特点主要包括以下几点：1）无源告警，具有隐蔽性；2）昼夜都可工作；3）有良好的烟雾、尘埃的穿透能力和揭示伪装的能力；4）有较高的灵敏度和分辨率。

红外告警设备的告警功能主要有三类：1）导弹发射告警；2）导弹接近告警；3）辐射源定位及辐射分析，针对来袭导弹和飞机，引导红外跟踪设备捕获目标。

红外告警设备按其探测空域覆盖形式可分为扫描型和凝视型两类。扫描型红外告警系统采用线列的红外探测器，在光学系统中线列探测器的光敏面对应一定的空间视场，这个空间视场内的红外辐射能量将汇聚在探测器单元的光敏面上，机械扫描速度一般的帧时在 1～10 s。凝视型红外告警系统采用红外焦平面器件，不需进行机械扫描。这种焦平面探测器采用多路分时复用原理，合成一路信号输出，对应于物空间是电扫描。因而凝视型的帧时在几十到几百毫秒，具有边搜索边跟踪处理和对付多个导弹威胁的能力。

红外告警系统组成图如图 2-59 所示。

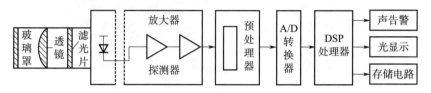

图 2-59　红外告警系统组成图

红外告警一般采用中波（3～5 μm）红外波段进行探测。机载红外告警系统（图 2-60）可为战斗机、运输机和直升机提供红外威胁告警、态势感知、敌方火力探测、碰撞警告和导航等能力。典型装备有美国 AN/SAR-42、AN/AAS-44，法国多色红外告警系统以及被动机载告警系统等。

图 2-60　机载红外告警系统组件装置示意图

分布孔径红外技术是机载红外告警技术的最新成果，通过使用多个分布在飞机周围的红外传感器进行完整的球形覆盖，可探测、跟踪、分类和判明来袭导弹威胁。美军 F-35 战斗机上装备有先进的 AN/AAQ-37 分布孔径系统，其红外告警核心器件为二维大面阵锑化铟红外焦平面阵列，可提供 90°×90°视场，像素达到 1 024×1 024，系统的 6 个红外传感器分别位于机头上前、机头左下、机头右下、机身上前、机身下前、机身下后（图 2-61）。在飞机周围形成 360°球形覆盖，分辨率非常高，可对任何方向的目标实施红外告警，并通过对比多个传感器探测到的威胁，判定目标属性，进行预处理得到威胁的精确位置，从而明确其攻击意图。AN/AAQ-37 可把高分辨率的实时图像整合在一起，形成一幅无缝图像并发送到飞行员的头盔上，使飞行员昼夜都能看到周围的环境，也为飞行员提供了前所未有的战场态势能力，AN/AAQ-37 系统可探测到上千公里外的导弹或者运载火箭发射，可连续跟踪多个目标。

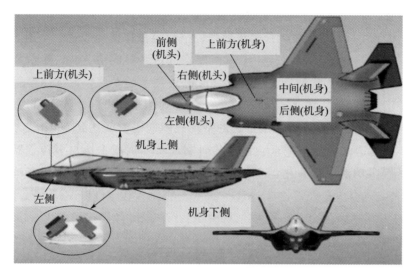

图 2-61 AN/AAQ-37 分布孔径红外系统的传感器在 F-35 上的安装位置示意图

2.2.3 雷达探测技术与原理

2.2.3.1 雷达的起源

1. 雷达的起源与发展

雷达的英文字母 Radar 是英文"无线电探测与测距"的缩写。雷达的发明是很多科学家研究成果积累的结果，雷达的工作原理最早由奥地利物理学家多普勒于 1842 年提出，但直到 1935 年 6 月才由英国的瓦特领导的团队研制出世界上的第一部雷达。多座高塔是这部雷达的最显著特征，高塔之间挂列着平行放置的发射天线，而接收天线则放置在另外的高塔上。7 月，这部雷达探测到海上的飞机。1936 年 5 月英国空军在本土大规模部署这种雷达，称为"本土链"（Chain Home），直到 1937 年 4 月本土链雷达工作状态趋于稳定，能够探测到 160 km 以外的飞机；到了 8 月，已经有 3 个本土链雷达站部署完毕。而到了 1939 年年初，投入使用的雷达站增加到 20 个，形成贯通英国南北的无线电波防线。1939 年二战爆发，英德之间的不列颠空战成为雷达大显身手的舞台。

1939 年英国科学家发明了大功率磁控管，克服了甚高频雷达波束和频带窄的缺点，使实用雷达步入了微波频段。1940 年由英国设计的 10 cm 波长的磁控管在美国生产。20 世纪 40 年代美国辐射研究室把微波新技术应用于军用机载、陆基和舰载雷达取得成功，其代表产品是 SCR-270 机载雷达、SCR-584 炮瞄雷达和 AN/APQ-机载轰炸瞄准相控阵雷达。二战中，俄、法、德、意、日等国都独立发展了雷达技术，但除美、英外，雷达频率都不超过 600 MHz。

20世纪50、60年代，由于航空航天技术的飞速发展，出现了诸如脉冲多普勒雷达、合成孔径雷达、相控阵雷达等新体制雷达。新一代雷达发展方向是全固态电扫相控阵多功能雷达。雷达信号和数据处理的数字化革命、半导体元件、大规模和超大规模集成电路的应用，使雷达技术的发展日臻完善并达到比较高的水平。

20世纪70年代后，由于发展反弹道导弹、空间卫星探测与监视、军用对地侦察等的需要，推动了雷达的发展。80年代，无源相控阵雷达研制成功并装备于载机，毫米波雷达开始研制、试验。80年代后期，超高速集成电路技术的发展，使雷达信号处理能力取得重大突破并实用化，数字电路使处理机体积缩小到原来的1/10，同时雷达进行模块化、多功能化和软件工程化设计，使机载雷达的平均故障间隔时间达到100 h以上。90年代，有源相控阵体制雷达的成熟、毫米波雷达的研制成功、机载雷达与多传感器的数据融合等，使雷达具有多功能、综合化、高可靠、抗干扰、远距离、多目标和高精度等先进特性。进入21世纪，合成孔径雷达（SAR），高频超视距雷达（OTHR），双、多基地雷达，超宽带（UWB）雷达，逆合成孔径雷达（ISAR），干涉仪合成孔径雷达（InSAR），综合脉冲与孔径雷达等新技术新体制成为趋势。

2. 军事雷达的分类

现代军事雷达种类众多，按用途可进行如下分类：

1）搜索雷达和警戒雷达：作用距离400～600 km，用于发现飞机。

2）预警雷达、超远程雷达：作用距离数千千米，用于发现战略轰炸机、洲际导弹。

3）引导指挥雷达（监视雷达）：用于对歼击机的引导和指挥作战，机场调度。

4）制导雷达：控制导弹去攻击飞机或导弹等目标。

5）战场监视雷达：用于发现坦克、军用车辆、人和其他在战场上的运动目标。

6）机载雷达（截击、轰炸瞄准、护尾、导航雷达）：现代战斗机上的雷达具有搜索、截获目标，空对空制导导弹，空对地观察地形和引导轰炸，敌我识别、地形跟随和回避等多种功能。

7）舰载雷达：搜索雷达、导航雷达、舰载多功能相控阵监视、预警雷达、侦察雷达、炮瞄雷达、导弹制导雷达等。

8）炮瞄雷达：自动控制火炮跟踪攻击目标。

9）炮兵雷达：炮兵部队使用的战场目标侦察雷达、战场炮位侦校雷达、对海侦校雷达、炮兵气象雷达、初速测量雷达、阵地标定雷达。

10）靶场测量雷达：测距、测速、精密定位、安全控制等单功能雷达。

11）雷达导引头（寻的器）、雷达引信：装在导弹、炮弹上，末段制导导弹，精确命中目标。毫米波雷达导引头已应用于导弹制导中。

雷达的工作原理是通过发射并接收目标散射的电磁波，实现对目标的精确定位。随着雷达探测技术的进步，现代的雷达不仅能够确定目标的方位，还能够精准获取目标的成像、微动、极化特征等信息。雷达的特点是探测距离或近或远、精度高、不易受天气影响，可以在黑暗、薄雾、浓雾、下雨和下雪时工作。雷达一般工作在微波波段，即电磁波的频率在 0.3～300 GHz 之间，对应的波长为 1～1 000 mm。

大多数雷达是一种主动探测设备，即需要发射电磁波来探测目标，通过将电磁波能量辐射到空间并且探测目标反射的回波信号来探测目标。返回到雷达接收天线的电磁能量不仅能够表明目标是否存在，而且能够通过比较接收到的回波信号与发射信号，确定其位置。典型的军用雷达包括战斗机的火控雷达、防空武器的目标搜索雷达，以及武器引导雷达等，如俄罗斯凯旋 S-400 防空雷达，美国萨德反导系统 AN/TPY-2 雷达、海基 X 波段雷达、F-15E 战机 AN/APG-82（V）1 有源相控阵雷达，如图 2-62 所示。

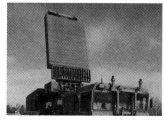
(a) 俄罗斯凯旋S-400防空雷达

(b) 美国萨德反导系统AN/TPY-2雷达

(c) 美国海基X波段预警雷达

(d) F-15E战机AN/APG-82有源相控阵雷达

图 2-62　几种典型军用雷达

也有些雷达不需要发射电磁波，而是依据接收到的目标雷达、通信、导航、识别系统辐射的电磁信号，或者目标反射的电视、广播等电磁信号实现对目标的定位，这类探测器称为无源雷达。典型的无源雷达有捷克的"塔玛拉""维拉"雷达，美国的"沉默哨兵"等。无源雷达利用电台、电视台甚至移动电话发射台在近地空间传输，通过区分和处理目标反射的信号，探测、识别和跟踪目标。无源雷达由于不需要向外辐射电磁波，因此隐蔽性好，不怕电子干扰和反辐射导弹，可以有效规避敌方的电子侦察。

2.2.3.2　目标与背景的电磁辐射特征

1. 大气窗口

电磁波在大气环境中的散射、吸收及透射的程度随波长而变化，将透射率高的波段称作"大气窗口"。影响电磁波大气透射特性的物质有如下几种：

1）大气分子：二氧化碳、臭氧、氮、水蒸气等气体分子；

2）气溶胶：雾及霾等的水滴、烟、灰尘等粒径较大的粒子。电磁辐射信息在大气中传输时会发生衰减和畸变，因此必须研究大气窗口辐射传输的特性，以便对所接收到的辐射信息进行辐射校正。

　　在"大气窗口"范围内，大气对电磁辐射的吸收率和散射率都很小，图 2-63 是电磁波谱上的大气窗口，横坐标为电磁波波长，纵坐标为大气透射率。

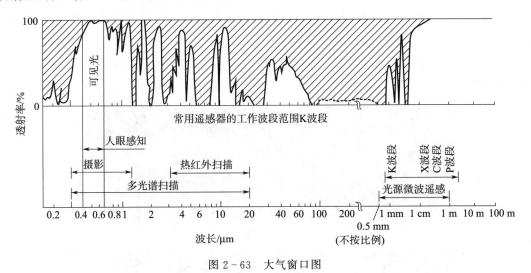

图 2-63　大气窗口图

　　从图 2-63 可见，从紫外至微波共有 11 个窗口：

　　1）0.15～0.20 μm，远紫外窗口，这一窗口透射率小于 25%，在遥感技术中尚未应用。

　　2）0.30～1.15 μm，近紫外-可见光-近红外窗口，这是遥感技术应用的主要窗口之一，它又可分为：0.30～0.40 μm，近紫外窗口，透射率约为 70%；0.40～0.70 μm，可见光窗口，透射率大于 95%；0.70～1.10 μm，近红外窗口，透射率约为 80%。

　　3）1.40～1.90 μm，近红外窗口，透射率在 60%～95%，其中尤以 1.55～1.75 μm 波段的窗口有利于遥感。

　　4）2.05～3.00 μm，近红外窗口，透射率一般超过 80%，其中尤以 2.08～2.35 μm 波段的窗口有利于遥感。

　　5）3.5～5.0 μm，中红外窗口，透射率约在 60%～70%，这是遥感高温目标，如森林失火、火山喷发、火焰喷气、核爆炸等所用的波段，但其中 4.63～4.95 μm 波段为 O_3，CO_2，N_2 所吸收。

　　6）8～14 μm，热红外窗口，透射率超过 80%，这也是遥感技术应用的主要窗口之一，但其中 9.6 μm 处为 O_3 强吸收。

　　7）15～23 μm，远红外窗口，透射率小于 10%，遥感技术尚不能应用此窗口。

　　8）25～90 μm，远红外窗口，透射率虽然达到了 40%～50%，目前遥感技术也还没有实际应用该窗口。

　　9）1.0～1.8 mm，毫米波窗口，透射率在 35%～40%，该波段窗口尚未用于对地面遥感。

　　10）2～5 mm，毫米波窗口，透射率在 50%～70%，该波段窗口也尚未用于对地面遥感，且其中 3 mm 处被 O_3 强吸收。

11）8 mm～1 m，微波窗口，透射率达 100%，即所谓"全透明"窗口。因此，厘米波以上的微波遥感不受大气窗口的限制，通道畅行无阻，但大气中氧和水汽分子、云雾和雨雹等对雷达波也有一定的影响。

雷达信号穿透电离层和对流层时要产生相位失真、极化旋转和损耗等，从而使图像出现误差，甚至不能成像。电磁能量的传播损失主要是由于大气中氧和水汽分子、云雾和雨雹等吸收电磁能量。氧分子在 60UHz 频率上有一个尖锐的吸收峰值，水分子在 21 GHz 频率上有一个吸收峰值，二氧化碳在 300 GHz 以上有强烈的吸收，电离层中的自由电子对 1 GHz 频率以下的电磁波有明显的吸收衰减，并存在明显的极化旋转效应，因此，星载 SAR 的大气传输窗口下限频率取 1 GHz 左右，上限取 15 GHz 左右。由于目前技术上的局限性和电源功率方面的限制，X 波段成为目前星载 SAR 采用的最高频段，除此外星载 SAR 还多采用 L、S、C 波段。

2. 雷达波段

在表述雷达工作频率时，往往不需要指明具体的频率，说明频率位于哪个波段内即可。雷达波段划分的原则是在同一波段内，电磁波的传播特性、目标反射特性、雷达制造工艺等特性相同或相近。二战期间有的国家采用 S、X、L 等字母代码来命名雷达的不同波段。这种字母代码的方法在实践中被雷达工程师们所接受，以后又陆续有所补充，形成了雷达波段的名称。

由于电磁波的波长不同，其物理特性和用途也不同，下面介绍各个波段电磁波的传播特性和用途。

HF（高频）波段：电磁波的传播既可以沿地面进行，也可以经过电离层反射而传播，所以用这一波段可以发现远处的目标。

VHF（甚高频）波段：大功率器件的问题比较容易解决，发射机和接收机在这个波段工作稳定，所以动目标显示器设备性能较好。但由于天线不宜过大，所以角度分辨力不高。二战时部分警戒雷达和火炮控制雷达设计在这个波段，目前很少有新的雷达使用。

UHF（超高频）波段：传输特性与甚高频波段相似，但因为频率提高了，天线的波瓣容易设计得更窄。但这一波段很多频率已划归电视使用，成为一个限制。美国 E-2 预警机使用 UHF 波段。

L 波段：目前警戒雷达最常用的波段。工作在这个波段的雷达，作用距离可以相当远，外部噪声较低，天线的尺寸并不太大，角分辨力较好。以色列的费尔康预警机雷达就采用 L 波段。

S 波段：目前使用较多的波段。中距离的警戒雷达和跟踪雷达均可使用这一波段。在这个波段，能够用合理的天线尺寸得到较好的角分辨力。但是动目标显示的性能比 P 波段要差，电磁波的传播受天气条件影响逐渐变得明显。美国 E-3 预警机使用 S 波段。

C 波段：使用较晚的波段。它的性能是 S 波段、X 波段的折中。中距离的警戒雷达可以使用这个波段。工作在这个波段的雷达，常用于船舶导航、导弹跟踪和武器控制等。美国"爱国者"导弹制导雷达使用 C 波段。

X 波段：使用较多的雷达波段。在这个波段，雷达的体积小，波瓣窄，适宜于空中或其他移动的场合。多普勒导航雷达和某些武器控制都采用这个波段的雷达。

Ku 波段：用于机载火控雷达、星际间通信雷达。天线尺寸小，同时可以得到窄波瓣，角分辨力高，电磁波在大气中传播时的衰减较大。

K 波段：受大气中的水蒸气影响，传播距离很近，一般不用于远距离探测雷达，而用于气象雷达、警用测速雷达等。

Ka 波段：用于近距离探测雷达，如直升机载雷达。美国长弓阿帕奇直升机雷达使用 Ka 波段。

3. 地物特性与电磁波的相互作用

存在于地球表面上的各种地物与目标，均有一定的形状及质地。如建筑物多为长方形的砖混结构、钢筋混凝土结构、钢结构等，松树树冠多呈顶小底大的伞形。地球表面的各种地物与目标，由于其形状、结构、质地的不同，对入射雷达波将产生不同的作用结果，如漫反射、镜面反射、吸收等不同的现象，这一现象将直接影响到地物与目标在雷达图像中的成像结果。

（1）电磁波与地表相互作用

电磁波是空间直线传播的交变电磁场，是能量的一种动态形式，只有与物质相互作用时才能表现出来。当电磁波与物质相遇时，电磁波可能发生透射、吸收、折射、反射等现象，而由于电磁波所处环境的不同，还可发生多次反射，如图 2-64 所示。

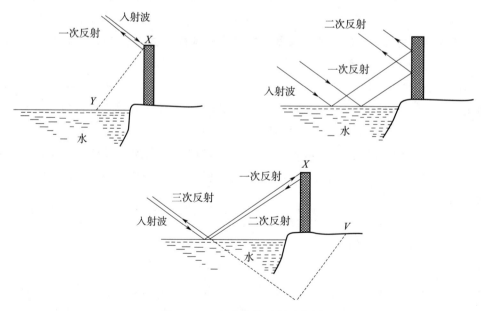

图 2-64　电磁波的反射示意图

反射波的特性（幅度、相位、极化）主要依赖于地物或目标的三个表面参数：1）介电常数；2）粗糙度（高度起伏均方根差）；3）照射点斜度（即入射角）。图 2-65 对电磁波与地物表面的相互作用进行了形象说明。波和物体表面的相互作用一般涉及散射，或者是面散射，或者是体散射。面散射被定义为从两个不同界面之间界面处的散射，如大气和地球表面。而体散射是由非均匀介质中的微粒引起的。

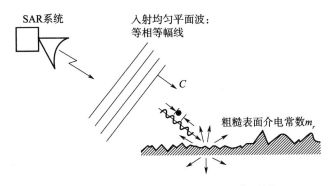

图 2 - 65　平面波和粗糙表面相互作用图

　　在合成孔径雷达成像中，地物与目标的表面粗糙度通常是以入射雷达波的波长来度量的，即同样的表面粗糙度，在不同的波长成像时，其有效表面粗糙度的表现是不同的，波长越短，地物与目标的表面就显得越粗糙，反之就显得越光滑。波长通过两条途径影响回波信号的强度：一是有效表面粗糙度，二是介电常数。而同一地物与目标，不同波长时的介电常数不同，一般随频率的增加而增加。

　　通常把地物表面分成光滑和粗糙两类。瑞利准则指出：如果两条光线入射到地物的表面上，其反射光线的相位差小于 $\pi/2$ 弦度，则该表面被认为是光滑的，如图 2 - 66 所示。光线 1 和光线 2 同时入射到地面高度差为 h 的两个点上，其反射光线的高程差 $\Delta r = 2h \cdot \cos\theta$，地物相位差为 $\Delta\varphi = 2\pi \cdot \Delta r/\lambda$，地物表面光滑的条件是：$h < \lambda/8\cos\theta$。

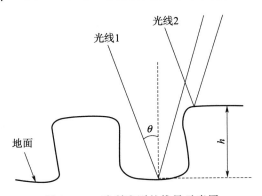

图 2 - 66　瑞利准则的推导示意图

　　按照瑞利准则只能把地表分为光滑和粗糙两大类，而不能区分不同粗糙程度的表面，1971 年 Peake 和 Oliver 通过理论推导进一步修改了瑞利准则，其判断粗糙程度的条件是：如果 $h < \lambda/25\cos\theta$，则地物表面是光滑的；如果 $h > \lambda/4.4\cos\theta$，则地物表面是粗糙的；如果 $\lambda/4.4\cos\theta < h < \lambda/25\cos\theta$，则地物表面是中等粗糙的。

　　由上述准则可知，地物表面的粗糙度与入射电磁波的波长 λ 和入射角 θ 有关。地物表面的光滑与粗糙是相对于入射电磁波的波长 λ 和入射角 θ 而言的，当地物表面光滑时，入射到其表面的电磁波产生镜面反射；否则会产生漫反射或方向反射。地物表面粗糙度是描述地物几何大小的计量单位。它仅仅是指一个雷达分辨率单元之内表面的粗糙程度。Morain（1976）将合成孔径成像雷达测量的粗糙度划分为三类：小尺度粗糙度、中尺度粗糙度和大尺度粗糙度。稍粗糙（小尺度粗糙度）和中等粗糙表面（是影响图像纹理的主要因素），不同程度地散射和反射入射能量，后者的回波大于前者；非常粗糙表面（可为合成孔径侧视雷达提供立体效果）各向散射入射能量，如图 2-67 所示。

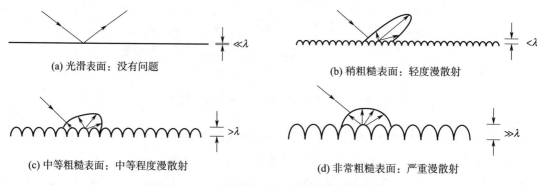

(a) 光滑表面：没有问题 　　　　　 (b) 稍粗糙表面：轻度漫散射

(c) 中等粗糙表面：中等程度漫散射 　　 (d) 非常粗糙表面：严重漫散射

图 2-67　不同粗糙表面的反射和散射示意图

（2）入射雷达波的反射特性

入射到物体表面的电磁波与物体之间可发生三种作用：反射、吸收和透射。物体对电磁波的反射、吸收和透射的能力常用反射率、吸收率和透射率来表示。物体反射电磁波有三种形式：镜面反射、漫反射和方向反射，如图 2-68 所示。

图 2-68　物体反射雷达波的三种形式

①镜面反射

镜面反射的电磁波具有严格的方向性，即反射角等于入射角，反射能量集中在反射线方向上。在雷达图像中，产生此种反射的地物与目标是对于入射雷达波而言相对平整的面目标，如平整的水面、机场跑道滑行道、公路路面、平顶建筑物屋顶等，在雷达图像中呈无回波反射的黑色，如图 2-69 所示。

②漫反射

在物体表面的各个方向上都有反射能量的分布，这种反射称为漫反射。对全漫反射体，在单位面积、单位立方体角内的反射功率和测量方向与表面法线的夹角的余弦成正比，这种表面称为朗伯面。综合朗伯面和亮度的定义可知，无论从哪个方向观察朗伯面，

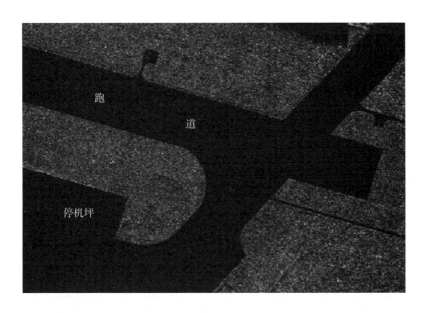

图 2-69　机场跑道及停机坪镜面反射 X 波段 SAR 图像

看到的朗伯面的亮度是一样的。在雷达图像中，产生此种反射的地物与目标是相对于入射雷达波而言颗粒粗糙度较均匀且不太大的地物与目标，如平整且有一定粗糙度的沙石地、草地等，在雷达图像中多呈有一定回波反射的深灰色、灰色或浅灰色，如图 2-70 所示。

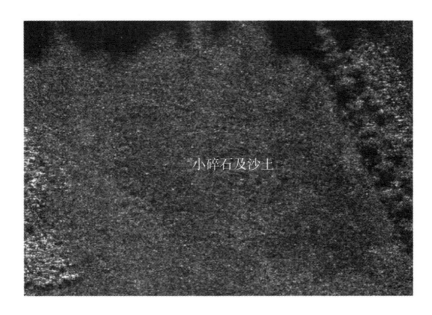

图 2-70　小碎石及沙土地漫反射 X 波段 SAR 图像

③方向反射

由于地形起伏和地面结构的复杂性，往往在某些方向反射最强，这种现象称为方向反射。在雷达图像中，产生此种反射的地物与目标是相对于入射雷达波而言有较大的颗粒粗糙度、零乱且不均匀的地物与目标，如采矿场的储矿场、储煤场、采石场等地物与目标，在雷达图像中多呈反射回波强弱有别，色调不一致、亮暗较明显的白色与灰色或白色与深灰色相交的混合色调，如图 2-71 所示。

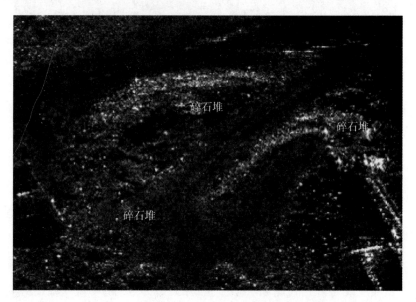

图 2-71　碎石堆方向反射 X 波段 SAR 图像

（3）介电常数对电磁波散射的影响

介电常数亦称电容率（用 ε 表示），通常随湿度和介质中传播的电磁波的频率变化，是地物与目标的重要物理特性参数之一，其对雷达回波有着重要的影响。地物与目标的介电特性是影响微波雷达穿透能力和反射回波强弱的重要因素，地物与目标的介电常数高则雷达的穿透能力低。某些地物与目标的介电常数受湿度（即含水量）控制，如同波段的微波雷达对干沙土壤的穿透深度大于湿沙土壤。

当电磁波能量照射地物与目标之后，从电磁波传输的观点看，将出现三种可能的情况：1）电磁波被地物与目标反射或散射；2）电磁波被地物与目标吸收；3）电磁波穿透地物与目标。

通常这三种情况都存在，但以其中一种或两种为主。究竟是哪一种起主导作用，视地物与目标的质地（不同质地的地物与目标的介电常数是不一样的）和电磁波波长而定。如果入射雷达波被地物与目标吸收，那么不会有任何雷达回波出现；如果入射雷达波能穿透地物与目标，就要考虑穿透地物与目标后电磁波的传输可能性；如果这一电磁波在穿透地物与目标的过程中，又有一部分能量反射，贡献给雷达回波，那么就要考虑目标回波的体效应。但是上述三种可能性中被地物与目标反射或散射（朝向雷达方向的散射）则是最重要的，它是构成雷达图像信息来源的主要成分。

在其他因素相同的条件下，地物与目标材质介电常数越大，对微波的反射系数越大，反之越弱。影响介电常数大小的主要因素有两个，其一为含水量（液态水含量和固态水结构），地物与目标的含水量决定了目标介电常数大小，含水量越多，介电常数越大。其二是地物与目标的传导率，它决定了电磁波的反射损耗或衰减，并且与频率有关，目标的传导率越高，介电常数越大。

通常，表面粗糙度和材料几何特性在决定雷达回波强度方面比材料的反射率更为重要。图像判读解译员通常在图像中以判明地物与目标的性质为主，以定量分析为辅。因此，图像判读解译员通常不需要准确知道某一材料的介电常数和传导系数的准确数值，但要了解材料的介电常数的区别与趋势，哪些材料是反射雷达能量强的、比较强的和差的反射体。

如沙和土壤的 ε 值随着含水量的增加而增加；麦苗、油菜、棉秆、杨树等植物，含水量的多少与 ε 值大小近似地呈线性正相关。图 2 - 72 是同一地区水灾前后不同时期的 SAR 图像，右侧图像是水灾后的图像。经过浸泡的地段与未经过浸泡的地段地表植被的含水量是不一样的，水灾后地表植被的含水量较水灾前的含水量大，则反映在同一波段的 SAR 图像上就产生了明显区别，湿度大的呈白色或浅灰色，湿度小的呈灰色或深灰色，即使是同一幅图像（如右侧图像）也可看出经过一段时间的浸泡的地表与未经过浸泡的地表 SAR 成像后其色调是完全不同的。

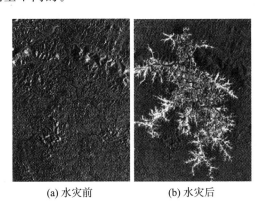

(a) 水灾前　　　　　(b) 水灾后

图 2 - 72　某地水灾前后不同时期的同波段 SAR 图像

2.2.3.3　雷达探测技术原理

1. 雷达探测的基本原理

雷达是利用目标对电磁波的反射、应答或自身的辐射以发现目标。利用目标对电磁波的反射而发现目标的雷达，称为一次雷达。通过对询问信号的应答而发现目标的雷达，称为二次雷达。利用目标自身的电磁散射来发现目标的雷达，称为被动雷达。一次雷达是使用最多的一种雷达，雷达隐身主要是以一次雷达为对象。

（1）雷达波的产生

雷达发射机是雷达系统中发射电磁波信号的设备。雷达发射机利用高稳定度的本地振荡器（Local Oscillator，LO）对设计的脉冲或者连续波信号进行上变频，然后馈送到天线，并经天线辐射到空间中。依据实现方式的不同，雷达发射机可以分为直接振荡式和主振放大式（功率放大式）。前者通过直接控制本振的通断来实现高频信号的产生，后者通过对基带信号进行上变频来实现。其中，主振放大式的信号产生流程与通信系统的发射机类似，且具有可通过设计产生复杂波形、频率稳定度高、回波信号相参等优点。

（2）目标测量

雷达基本的功能是发现目标，测量目标的坐标。下面首先简要介绍雷达是怎样发现目标，根据什么来测量目标的坐标。图 2 - 73 所示为雷达的基本组成框图，包括发射机、接收机和天线。图 2 - 73 （a）是发射天线和接收天线分开的一种结构形式。发射机用以产生一定形式的高频能量，经发射天线把能量辐射到空间。当电磁波在空间传播遇到目标时，一小部分高频能量被目标反射回来，到达接收天线，进入接收机。观测人员可通过接收机的输出来判断目标情况。实际使用的雷达，大多是按一定的周期重复地发射脉冲形式的高频能量，脉冲的宽度和重复周期相比是很短的。同时，设法协调发射天线和接收天线的工作流程，利用一个天线同时完成收发任务，即设法在发射机工作时，接收机关闭；发射机停止工作时，接收机打开，如图 2 - 73 （b）所示。图 2 - 73 （a）和（b）的结构虽有不同，但工作原理一样。

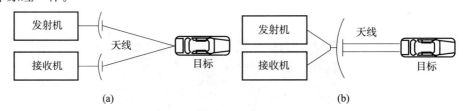

(a)   (b)

图 2 - 73　雷达的基本工作原理

雷达测距原理：电磁波在空间传播的介质是均匀的时候，它的传播速度是一常数，传播的路径是一直线，利用这两个特点，可以测量目标的距离。设 R 是雷达站到目标的直线距离。电磁波离开天线到达目标，被目标反射又回到天线，所用的时间为 t_R，那么，在 t_R 这段时间内，电磁波所走的距离是 $2R$。用 c 表示电磁波在自由空间传播的速度，$c = 3 \times 10^8 \, \mathrm{m/s}$。电磁波在空气中的传播速度和在自由空间的传播速度是很接近的，因此，可以认为 $2R = ct_R$，有 $R = 1/2 \, ct_R$，这就是雷达测量目标距离的基本公式。可知，只要测出时间 t_R 就可以计算目标的距离。

雷达测角原理：雷达对目标角坐标的测量，是利用天线的方向性来实现的。图 2 - 74 所示为一种常见的天线方向图，它的形状像一花瓣，所以称它为波瓣，或称波束。它有一对称的轴，沿轴的方向辐射最强。因此，当目标正好处在这一轴线上时，从雷达接收到的能量最大，反射回来的回波也最强，图 2 - 74 的目标 2 就处在这样的位置上。而目标 1 的角位置偏离了波瓣的轴线，接收到的雷达照射能量较少，回波也就比较弱。如果目标偏离波瓣的轴线更远，就不能接收到雷达的照射能量。所以，利用这种天线方向图，让它在雷达所搜索的空间按一定的规律运动，同时观察接收机输出的回波强度。只有当天线方向图的轴线对准目标时，回波才最强，在其他的角位置上，目标的回波最弱，或者消失，这样就可以确定目标的角位置。无论是方位角还是迎角，都可以用这一方法进行角度测量。

通过测量目标的距离和方位、俯仰角，就可以对目标进行定位；而通过测量目标的 RCS，就可以估计目标的类型。

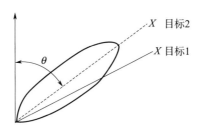

图 2 - 74　目标角坐标测量原理

2. 雷达散射截面

雷达散射截面（Radar Cross Section，RCS）是雷达隐身技术中的核心概念。所谓雷达隐身，本质上就是减小目标的雷达散射截面。较小的雷达散射截面意味着同样的雷达系统接收到的信号更弱，进而探测距离更短，更难以对目标进行跟踪、识别。雷达散射截面的本质描述是电磁波照射到目标后电磁能量向四面八方散射的现象。

（1）雷达散射截面的定义

雷达散射截面是表征目标在雷达波照射下所产生的电磁波散射强度的一种物理量，是雷达隐身设计中的一个重要指标。RCS 常用 σ 来表示。

dB 常用来表示两个数量的比值。比值 x 换算为 y dB 的换算方法为 $y = 10\lg x$，其中 lg 表示常用对数，以 10 为底。由于目标 RCS 变化较为剧烈，因此常用的单位是 dBsm，以 1 m² 归一化。"dBsm"中的"sm"代表"平方米（square meter）"。有的文献中也采用"dB·m²"的写法。"m²"单位换算为"dBsm"的公式为 $\sigma\text{dBsm} = 10\lg\sigma\text{m}$，其中 lg 表示常用对数。如 B - 52 头向 RCS 为 100 m²，即 20 dBsm。常用说法有"某飞行器头向 RCS 为 x m²"，或"某飞行器头向 RCS 为 x dBsm"。常见几种飞行器的 RCS 平均值见表 2 - 5。

表 2 - 5　不同的飞行器 RCS 水平

飞行器	RCS 值/dBsm
B - 52	20
B - 1A	10
B - 1B	0
B - 2	−10
F - 16	3～6
幻影 2000	9.5
F - 117	−20～−15.2
F - 22A	−13～−10
飞鱼导弹	−10

（2）雷达基本方程

雷达探测目标是通过接收目标散射入射雷达波的回波实现的。这个回波的功率与目标 RCS 的大小直接相关。雷达探测目标要克服干扰、杂波、噪声的影响。干扰指敌方故意施放的影响信号，杂波指来自自然的影响信号，噪声指雷达自身的影响信号。目标回波信号与这些信号之比分别称为"信干比""信杂比""信噪比"。雷达要有效探测到目标的存在，这些比值不能过小。当雷达回波功率高于某一值时，才能将目标从干扰、杂波、噪声中分辨出来，确定目标的存在。

雷达的作用距离受到下列三方面因素的影响：

1）雷达系统性能参数，发射机功率、天线扫描参数、接收机最小可检测信噪比等。

2）电磁波传播环境，电磁波被大气折射及吸收的程度、被地面或海面的反射程度、受地海杂波或空中杂波的干扰程度等。

3）目标特性，目标的大小、形状、材料介电常数、磁导率，以及它们对入射电磁波方向、频率、极化的响应。

功率密度表示单位时间内通过单位面积的能量，单位为 W/m^2。增益（gain）指在特定方向上辐射到远距离处的功率密度与辐射相同功率的各向同性天线在相同距离处的功率密度之比，体现对功率密度增加的一种度量，用 G 表示。一般来说，天线尺寸与波长的比值越大，这种定向性越强，一般雷达天线的增益可达 $30\sim40$ dB，即把能量向某个方向集中发射的功率密度是各向同性天线的 $1\,000\sim10\,000$ 倍。

根据天线理论，天线增益 G 和天线的有效面积 A_e 之间的关系为

$$G = \frac{4\pi A_e}{\lambda^2}$$

式中　λ ——雷达波的波长。

设雷达发射功率为 P_t，则距雷达 R_1 处的功率密度为

$$S_t = \frac{P_t G}{4\pi R_1^2}$$

雷达发射的一部分能量被目标截获，再向各个方向辐射，不同方向辐射的能量不同，向雷达方向再辐射的功率密度往往是雷达设计人员和隐身设计人员比较感兴趣的。σ 为一个假想面积可以理解为将垂直照射到这个面积上的所有能量截获，然后再各向同性地辐射出去。σ 只是为了方便描述目标的散射特性而引入的，σ 乘以功率密度并不一定等于物理上目标真正截获的能量。

σ 乘以功率密度为假想目标截获的功率，表示为

$$P_1 = S_t\sigma = \frac{P_t G}{4\pi R_1^2}\sigma$$

根据 σ 的定义，目标接收到的能量向各个方向均匀辐射，则辐射出去的总功率也为 P_1。设接收天线与目标的距离为 R_2，则回波功率密度为

$$S_2 = \frac{P_1}{4\pi R_2^2} = \frac{P_t G}{4\pi R_1^2}\sigma\frac{1}{4\pi R_2^2}$$

接收天线的有效面积 A_e 将照射到上面的所有能量截获，得到雷达天线接收到的回波功率为

$$P_r = S_2 A_e = \frac{P_t G}{4\pi R_1^2} \sigma \frac{1}{4\pi R_2^2} A_e \qquad (2-15)$$

这就是雷达方程的基本形式。雷达方程反映了雷达接收功率的影响因素，包括发射功率、增益、距离、目标 RCS 等。对于单基地雷达，发射天线和接收天线共用，则发射距离和接收距离相同，有 $R_1 = R_2 = R$，得到

$$P_r = \frac{P_t G A_e}{(4\pi)^2 R^4} \sigma \qquad (2-16)$$

根据天线增益与面积的关系，得到另外两种形式的雷达方程

$$P_r = \frac{P_t G \lambda^2}{(4\pi)^3 R^4} \sigma \qquad (2-17)$$

$$P_r = \frac{P_t A_e^2}{4\pi \lambda^2 R^4} \sigma \qquad (2-18)$$

从理论上说，雷达接收到的任何微小信号都可以经过放大被探测到，但实际上，雷达接收机自身也产生噪声信号。要让目标回波能够探测到，必须要大于这些噪声信号。雷达的最大可探测距离 $R_{\max}$ 受雷达最小可检测信号 $P_{\min}$ 的制约。只有当 $P_r \geqslant P_{\min}$ 时，雷达才能探测到目标。当 $P_r = P_{\min}$ 时，可以计算得到雷达的最大可探测距离 $R_{\max}$。

$$R_{\max} = \left[\frac{P_t G^2 \sigma}{(4\pi)^3 P_{\min}} \right]^{\frac{1}{4}} \qquad (2-19)$$

$$R_{\max} = \left[\frac{P_t A_e^2 \sigma}{4\pi \lambda^2 P_{\min}} \right]^{\frac{1}{4}} \qquad (2-20)$$

得到对同一部雷达，探测距离和 RCS 的关系为

$$R_{\max} \propto \sigma^{\frac{1}{4}}$$

3. 合成孔径雷达

对于地面目标的探测而言，合成孔径雷达（Synthetic Aperture Radar，SAR）是一种主要的工具。SAR 诞生于 20 世纪 50 年代初期，1951 年美国 Goodyear 公司的 Wiley 提出了通过频率分析改善雷达方位分辨率的方法，奠定了 SAR 的理论基础，1953 年伊利诺伊大学在实验室得到了第一张 SAR 图像，紧接着 1957 年第一幅机载 SAR 图像诞生，1978 年第一颗星载 SAR（美国的 SeaSAT）发射成功，自此 SAR 探测成为对地探测的一种主要手段，在地质勘探、农业生产、环境监测、国防安全等领域发挥了重要作用。SAR 是一种工作在微波波段的主动式遥感器，可全天时、全天候对地观测成像，并对地物有一定的穿透能力。一般来说，金属物体能很好地反射雷达波，而其他大多数物体能够微弱地反射雷达波。金属物体的形状和大小决定了反射信号的强度，一个大的金属物体通常比一个小物体反射更多的信号，因此，大型金属物体可以从更远的距离被探测到。SAR 可用于创建物体的二维图像或三维重建，其通过雷达天线在目标区域上的运动来提供比常规波束扫描雷达更好的空间分辨率，通常安装在移动平台上，例如飞机或卫星。

　　SAR 成像巧妙地利用雷达脉冲返回天线的时间段，在途经目标的距离上产生较大的合成天线孔径（天线的尺寸），以此来提高雷达的分辨率。通常孔径越大（无论孔径是物理的还是合成的），图像分辨率越高，这使 SAR 可以使用相对较小的物理天线创建高分辨率图像。在 2010 年时，机载 SAR 系统提供的分辨率就已经达到 10 cm 左右，经过 10 多年的发展，在成像质量和范围方面，SAR 成像系统取得了快速发展。

　　（1）SAR 成像原理

　　真实孔径成像雷达是利用与航迹线垂直发射的窄波束短脉冲，照射地面一个窄条带，短脉冲击中目标后，一部分能量返回雷达天线形成回波，不同距离的目标反射回波进入雷达接收机中具有先后次序，按时间分开记录。回波的强度大小变化形成了目标的图像，当一条回波线记录好后，该窄条带地形的图像也就完成了。紧接着发射下一个脉冲，此时飞行器已向前运动了一个很小的距离，于是又形成稍微不同的另一窄条带图像，如此循环往复，最终形成一幅完整的地面条带图像，与斜距或地距的比例为距离向比例尺，与飞行器同步移动的比例为方位向比例尺。

　　雷达发射窄脉冲微波信号，不同距离上的目标回波延迟时间不同，形成距离向的分辨能力。脉冲宽度越窄分辨率越高，俯角（雷达天线水平线与从雷达到入射点的发射波束之间的夹角）越小，距离分辨率越高。因此，为了达到很高的分辨率，脉冲宽度必须非常窄，并且为了探测远距离的目标，脉冲的功率必须高，这就意味着硬件系统必须在非常短的时间内达到很大的发射功率。为此，高分辨率雷达一般采用可通过后期处理得到窄脉冲性质的宽带信号，如线性调频信号等。

　　真实孔径雷达的方位向分辨率由天线方位向波束宽度和天线到目标的距离决定，在波束宽度一定的情况下，天线到目标的距离越远，分辨率越差。这就给远距目标高分辨率成像，尤其是航天航空遥感高分辨率成像带来了很大的困难。

　　为了解决远距离高分辨率成像问题，SAR 应运而生。SAR 等效于拥有很大天线的真实孔径侧视雷达，方位分辨率明显提高，而且与距离无关。SAR 中采用了一种称为"合成天线"的技术，雷达接收到的回波并不像真实孔径侧视雷达那样立即显示成像，而是把目标回波的多普勒相位历史储存起来，然后再进行合成成像。在整个处理过程中，等效于形成一个比实际天线大得多的合成天线（图 2-75），从而大大提高分辨能力。

　　雷达波束宽度 θ 与天线长度 D 有关，关系式为

$$\theta = \frac{\lambda}{D}$$

式中　　λ——波长。该波束照射到地面所得到的范围为

$$\omega = R\theta = \frac{\lambda}{D}$$

　　因此，长度为 D 的天线在 R 处照射范围为 ω，为了在 $2R$ 处照射范围仍为 ω，则天线长度必须为 $2D$。为了在所有的距离上得到相同的波束照射范围（即真实孔径雷达的方位分辨率），则必须随着距离的增加而增加天线有效长度，合成天线的雷达正是做到了这一点。一般雷达总是瞬时地把接收到的目标回波记录成像，但合成天线雷达则不同，当飞行

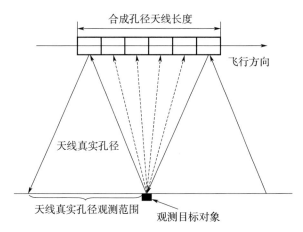

图 2-75　合成孔径雷达与真实孔径之间的关系

器沿航线飞行时，从目标返回的雷达回波能量先被储存起来，然后再用储存起来的信息生成图像，其结果如同形成了一个空间的长天线。

　　理论上，合成孔径侧视雷达的方位分辨率只与实际天线的孔径 D 有关，如下式所示

$$\rho = \frac{D}{2} \tag{2-21}$$

天线越短，分辨率越高，这与真实孔径侧视雷达的情况正好相反。

　　(2) SAR 空间分辨率

　　SAR 空间分辨率是描述其辨别空间上相邻目标最小距离的能力的参数。分辨率的严格定义为：分辨具有不同对比度的相隔一定距离的相邻目标的能力。在雷达系统当中，习惯上常常把雷达系统响应的半功率点宽度定义为分辨率。这是一个不太精确的定义，但是由于这样定义的分辨率不涉及目标的对比度，所以它比真实的分辨率容易描述。

　　SAR 的波束指向垂直于航行器的速度矢量方向。典型情况下，SAR 产生的是二维图像，一维称为距离向，它是雷达到目标视线距离的量度；另一维称作方位向，它与距离向垂直。因此，SAR 空间分辨率通常也定义在两个方向上：与飞行方向平行及垂直的方向。平行于飞行方向的雷达分辨率称为方位分辨率，垂直于飞行方向的雷达分辨率称为距离分辨率。理想情况下，距离分辨率取决于发射宽带信号的带宽、波束入射角和成像处理加权系数；方位分辨率取决于成像处理带宽、方位向天线特性、成像处理加权系数和地速等因素。

　　① 方位分辨率

　　方位分辨率是指分辨航向上距离相同而方位不同的两个目标体的能力。在航向上，两个目标要能区分开来，就不能位于同一波束内，即方向分辨率取决于天线的波束角，如图 2-76 所示（真实孔径雷达）。

　　如图 2-76 所示，真实孔径雷达方位向分辨率可表示为

$$GR\beta = R\lambda/d = H\lambda/d/\cos\alpha \tag{2-22}$$

式中　λ ——微波的波长；

　　　d ——天线孔径；

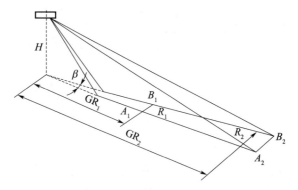

图 2-76　方位分辨率示意图

　　GR——雷达到目标的地面距离；

　　H ——航高；

　　α ——俯角。

　　SAR 的方位分辨率与真实孔径雷达的方位分辨率有着根本的不同。对点目标可获得最大方位分辨率的公式见式（2-21），实际工程实现中，SAR 工作距离与分辨率仍有一定的联系，相同分辨率，工作距离增大，则：

　　1）需要存储和处理的合成孔径内的数据量成比例增加；

　　2）需要的发射功率随距离成比例增大；

　　3）对运动补偿精度要求成比例提高；

　　4）对系统性能要求提高（如频率稳定度、定时精度、处理速度和精度等）；

　　5）星载 SAR 轨道高度越高，工作距离就越远，但最大视角将受到地球圆形的限制。

　　②距离分辨率

　　目标在图像中距离向的位置是由脉冲回波从目标至雷达之间传播的时间决定的。脉冲长度（或叫脉冲宽度）与雷达波长是两个截然不同的概念，如图 2-77 所示，λ 是波长，C_τ 是脉冲长度。如 X 波段雷达，波长约 3 cm，而脉冲长度往往相当于斜距上的数米，雷达发射的脉冲在整个波束内传播。

　　雷达的距离分辨率直接与脉冲长度有关。脉冲长度越短，雷达距离分辨率越高。脉冲长度为光速（c）和发射持续时间（τ）的乘积。这里的发射持续时间通常是微秒量级，范围为 0.4～1.0 μs。在正常发射脉冲的范围内，脉冲长度（C_τ）在 8～210 m 的范围内。尽管短的脉冲长度会提高距离分辨率，但信号太弱难以被记录下来。

　　由于雷达信号必须传播到目标并返回到传感器，因此脉冲长度（C_τ）取 1/2 来确定斜距分辨率。为了适应从斜距到地距的不同几何成像，把脉冲长度（C_τ）除以入射角的正弦。即

$$Gr = C_\tau / 2\sin\psi$$

　　SAR 的距离分辨率与高度和距离无关，图 2-78 中 X，Y 两点处各有一对目标，它们分开的距离相同，且都在波束内，由于入射角很大，从 Y 处返回的两个脉冲不会重叠，可在图像中分别记录，而从 X 处反射回波的两个脉冲，却在距离向发生重叠，使两个脉冲

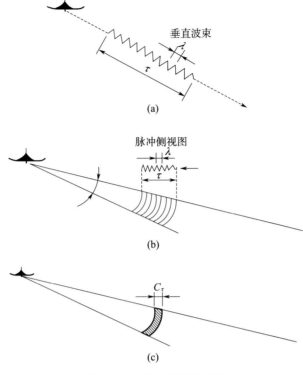

图 2 - 77　脉冲长度关系图

分不开，在图像中只作为一个大脉冲记录，显示为一个目标。由此可见，SAR 的距离向分辨率在小入射角（大天线俯角）时差，大入射角时（小天线俯角）则高。地距与斜距几何关系图如图 2 - 79 所示。

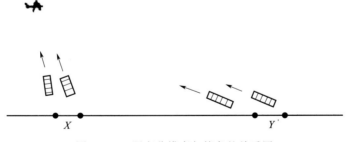

图 2 - 78　距离分辨率与俯角的关系图

③分辨率表示方法

SAR 图像分辨率的表述有两种形式，一种是在雷达系统设计中，以一个点目标的冲击响应函数左右各降低 3 dB 后的脉冲宽度所对应的地面上两点之间的最小距离（图 2 - 80）来表示，此种方法测量的精确度高；另一种是在雷达图像中，以可分辨出地面上两点（通常使用与波长相对应的角反射器进行测量）成"花生"状的最小距离（图 2 - 81）来表示，第二种方法相对第一种方法测量的精确度低，工作量大，但可以满足检测 SAR 图像分辨率的要求。

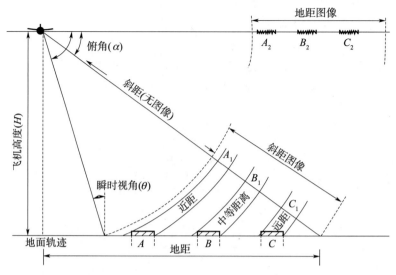

图 2-79　地距与斜距几何关系图

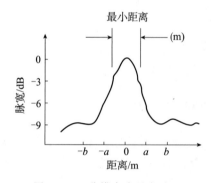

图 2-80　分辨率表示方法一

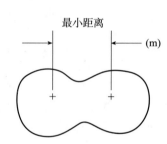

图 2-81　分辨率表示方法二

（3）SAR 图像阴影

当地物与目标局部以一个大于或等于发射波形的入射角 $\psi > \gamma$ 向雷达倾斜时，雷达图像就会出现阴影，如图 2-82 所示。

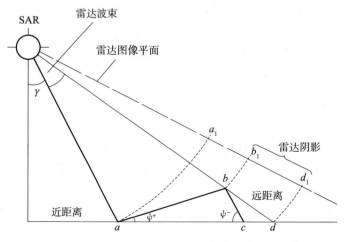

图 2-82　图像阴影形成原理图

对雷达波入射方向，山峰和高大目标的背面雷达波照射不到，可视为雷达盲区，无雷达回波，则在图像相应位置上出现暗区，即为雷达阴影。图 2 - 83 中，X，Y 为阴影区。图 2 - 84 为山区形成的阴影雷达图像。

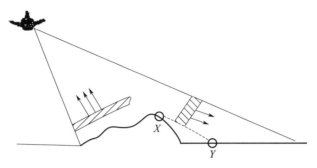

图 2 - 83　图像阴影形成示意图

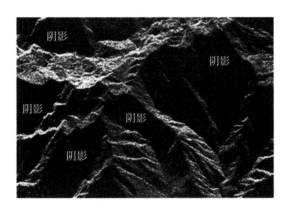

图 2 - 84　SAR 图像山地阴影

雷达阴影的大小与目标在雷达波束中所处的俯角范围及背坡的坡度角有关。图 2 - 85 中，当 $\psi_b < \beta$ 时，背坡整个部分都被雷达波照射到，不会产生阴影。当 $\psi_b = \beta$ 时，波束正好擦着后坡，如后坡稍有起伏，部分会产生阴影。当 $\psi_b > \beta$ 时，整个背坡都照射不到，则产生阴影。可见雷达阴影与 β 角和 ψ_b 角有关，在 ψ_b 角相同的目标其雷达阴影的大小与俯角 β 有关，ψ 角越小，阴影越长。

（4）SAR 多次反射成像

SAR 通过接收地物目标反射的雷达回波来进行成像。如图 2 - 86 所示为一岸边的铁塔，它可以在多个方向反射雷达入射波能量，当雷达波束照射到铁塔 X 点时，如图 2 - 86（a）所示，其反射的雷达波能量将直接返回雷达，但由于雷达图像的叠掩效应（X 点与 Y 点到雷达天线的距离相等），X 点的图像将出现在 Y 点上。当雷达波照射到水面时，如图 2 - 86（b）所示，雷达波将发生反射，再次照射到铁塔 X 点，此时 X 点的反射回波将经过同样的路径返回到雷达天线，从图中可以看出 X 点的反射回波与 U 点和 V 点的距离相同，则 X 点的图像将出现在 V 点上，即 X 点的图像出现在铁塔基座图像的后方。铁塔与水面（或光滑表面）构成二面角反射，铁塔将在塔的底部生成一个点，如图 2 - 86（c）所

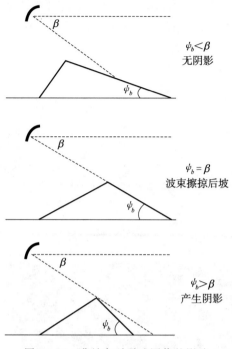

图 2-85　背坡角对雷达图像的影响

示，即 X 点的投影点位上。因此，当铁塔高度大于雷达像元分辨率时，铁塔将出现三个或三个以上图像点（即 Y 点、V 点、X 点投影点）。

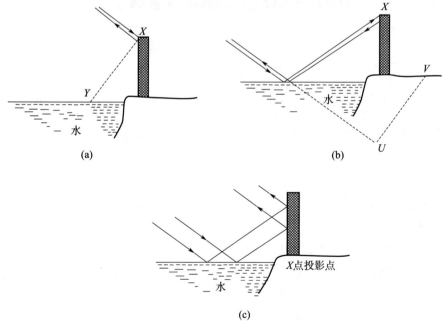

图 2-86　雷达多次反射示意图

图 2 - 87 是某悬索式公路桥 SAR 图像。从图像中可以发现公路桥在水面上生成了二次反射图像，其成像在桥梁的垂直投影点上，造成桥梁图像的宽度远大于其实际宽度。

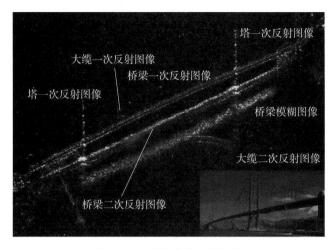

图 2 - 87　桥梁多次反射图像

（5）SAR 图像解析

高分辨率 SAR 数据源的不断增多和探测性能的不断增强，使对于陆地和海上目标进行准确有效检测、识别成为可能。根据分类识别结果的精细程度，目标识别等级可被细分为目标辨识（discrimination）、目标分类（classification）、目标识别（recognition）和目标型识（identification）四个等级。关于这四个等级的说明参见表 2 - 6。

表 2 - 6　目标分类精度等级表

等级	定义	例子
目标辨识	区分目标和背景及其他非目标物体	区分坦克与树木,船只与风浪等
目标分类	确认目标所属种类	确认目标属于坦克、飞机、船只或卡车
目标识别	已知目标种类前提下,确认目标所属的类型	在已知目标为飞机时,确认飞机为客机、轰炸机、战斗机等
目标型识	已知测试目标所属目标类型,确认测试目标在目标类型中的具体型号	已知目标为 T72 坦克,确认其具体型号为 T72A 型或 B 型

目标识别系统的实现严重依赖于所使用的图像质量，用于评价图像质量的标准有许多种。作为一种定量的主观图像质量标准，美国国家图像解译度分级标准（National Imagery Interpretability Rating Scale，NIIRS）将用户的任务需求同遥感图像质量联系起来，是目前西方情报机构广泛使用的一种图像质量标准。

目前各种 NIIRS 标准都由美国图像及测绘局（NIMA）负责管理，现行雷达图像的图像解译度标准公布于 1992 年 8 月。表 2 - 7 中，"空"指侦察空军目标或设施的任务，"电"指侦察电子目标或设施的任务，"陆"指侦察陆军目标或设施的任务，"弹"指侦察导弹目标或设施的任务,"海"指侦察海军目标或设施的任务,"民"指侦察民用或文化设施的任务。

从表2-7可以看出,利用目前可获取的高分辨率机载、星载SAR图像可以实现对舰船、飞机、坦克、装甲车等目标的检测、识别任务。然而随着SAR数据源不断增加,基于人工判读的目标识别面临很多困难:首先,要在大范围侦察区域、大量的SAR图像数据中,通过人工判读实现目标检测、识别,工作量巨大、工作效率难以长时保证,对判读人员的生理和心理都是巨大考验,甚至可能由此带来主观错误和理解错误。其次,SAR图像的目标对方位角十分敏感,同一目标不同方位角成像差异较大,同时SAR图像特有的斑点噪声会使得SAR图像在视觉效果上与光学图像的差异进一步加大,从而增加了对图像进行解译和判读的难度。再次,随着SAR传感器分辨率的不断提高,传感器模式、波段和极化方式的多元化,SAR图像中的目标信息也呈现爆炸性的增长,目标由原来单通道单极化、中低分辨率图像上的点目标,变为具有丰富细节特征和散射特征的面目标,这不仅使得对目标进行更细致的解译和识别工作成为可能,同时也使得目标特征的数量种类和不稳定性大为增加。

表 2 - 7　雷达图像解译度分级标准

等级分辨率/m	分类	雷达图像解译度
0		由于图像模糊、退化或极低分辨率致使解译工作无法进行
1 (>9.0)	空	检测发现飞机分散停机坪
	陆	检测发现高密度丛林地区中的大范围清晰条带
	海	基于码头和仓库等设施检测发现港口
	民	检测发现运输线路(包括公路和铁路),但不能加以区分、辨识
2 (4.5~9.0)	空	检测发现大型轰炸机,如CAMBER,COCK,707,747或运输机
	电	型识大型相控阵雷达的类型
	陆	由建筑模式和设施配置检测发现军事基地
	弹	在已知洲际弹道导弹发射基地区域范围的条件下,可发现道路类型、围墙、停机坪以及地对地导弹发射装置(导弹发射井、发射控制发射室)
	海	在已知港口区域范围的条件下,发现大型非战斗船只
	民	型识大型体育场馆
3 (2.5~4.5)	空	检测发现中等大小的飞机
	电	由通常安装在圆形建筑上的12m碟型天线这一判据来识别ORBITA基地
	陆	检测发现地面部队车辆的掩护体
	弹	检测发现地对空、地对地、反弹道导弹等固定导弹基地中的车辆及装备
	海	识别中型大小货船上的上层建筑(如船头、船腹、船尾)
	民	型识中型大小的铁路货运站

续表

等级分辨率/m	分类	雷达图像解译度
4 (1.5～2.5)	空	辨识大型螺旋桨和中型固定翼飞机(如直升机与运输机)
	电	检测发现终端设施与指挥所的最新电缆损痕
	陆	检测发现车辆调配场内一行中的独立车辆
	弹	识别移动导弹发射基地上单独一个车库其推拉式天窗的开关情况
	海	识别船首的形状
	民	检测发现所有的铁路、公路、桥梁
5 (0.75～1.2)	空	可清楚计算所有中型直升机的数目
	电	检测发现部署的双耳天线
	陆	辨识渡河装备和中型、重型装甲车的形状和大小
	弹	检测发现在 SS－25 设施装备上的导弹支持装备
	海	辨识攻击核潜艇的头部以及其长宽的差异
	民	检测发现铁路车厢间的间隔
6 (0.4～0.75)	空	辨识可变翼和固定翼战斗机
	电	辨识雷达接收基地中的天线差异
	陆	辨识小型支持车辆和坦克
	弹	型识处于已知位置中的 SS－24 洲际导弹
	海	辨识直升机上的主甲板
7 (0.2～0.4)	空	型识小型战斗机的类型
	电	辨识卫戍部队的电子厢式拖车(拖拉机除外)与厢式卡车
	陆	通过大小和形状辨识炮塔履带装甲运兵车和中型坦克
	弹	检测发现 SA－2 发射掩体中发射器上的导弹
	海	辨识船首上的导弹防御系统和船首炮塔
	民	检测发现城市居民区或军事区中的道路街道两侧的灯
8 (0.1～0.2)	空	辨识直升机的机身差异
	电	由抛物线碟型天线的数目(3 根或 1 根)辨识雷达
	陆	通过对比 2 个 SA－G 防空导弹,识别其装卸机状态
	海	辨识弹道导弹核潜艇排污水孔的形状和装备差异
	民	识别铁路坦克车的圆顶、火门状态
9 (<0.1)	空	检测发现大型飞机的重大改进(如整流片、吊舱、小翼等)
	电	识别雷达上的天线形状,如抛物线、角切除的抛物线或矩形等
	陆	由炮塔、底盘配置型识轮式或履带装甲运兵车的类型
	弹	型识 SA－3 导弹的前鳍
	海	型识垂直发射的 SA－N－G 地对空导弹系统的独立舱盖
	民	型识平头式和引擎前置式卡车

2.2.3.4　雷达探测典型装备

1. 地面及机（舰）载搜索雷达装备

空中目标搜索雷达主要用于对飞机、导弹等空中目标进行搜索识别。典型的如防空反导雷达，它是开展现代防空反导作战的重要支撑。作为防空作战中空中目标情报信息的主要获取手段，它主要担负着对来袭空中目标实施探测预警、连续跟踪和目标识别等功能，并引导相关对空武器执行必要的拦截作战。当前，防空反导雷达系统所面临作战环境、作战任务和作战对象不断发生变化，必须具备对常规飞机、隐身飞机、巡航导弹、战术弹道导弹、各类低空飞行器的探测、跟踪、目标指示和识别能力，同时往往还需兼顾临近空间超高速飞行器、太空作战目标的搜索与截获，并为相关防空反导武器系统提供更加可靠、精确的引导信息。

根据搭载平台不同，分为地面、机载和舰载雷达。

（1）地面搜索雷达

目前国外的防空反导雷达类型较多，例如，法国 Ground Master 系列雷达是新一代 S 波段全固态战术三坐标雷达，主要有 Master-T 雷达、Master-M 雷达、Master-A 雷达和 Ground Master 400 雷达，能够探测巡航导弹和战术弹道导弹目标，其中 Ground Master 400 雷达是世界上第一部远程全高度覆盖三坐标雷达，可兼顾远程防空和 TBM 探测，具有优良的中远程探测性能，其工作频段在 S 波段，最快天线转速 10 r/min，最大探测距离 470 km，最小探测距离 5 km，最大高度 100 000 ft，最大仰角 20°，可被搭载在 6×6 战术卡车上或用 C-130H 运输机转移。此外，Ground Master 系列雷达具有较强的低空探测能力，对于无人机等目标的探测和跟踪性能较为优良。以色列 EL/M-2080/82 空域监视雷达是以色列导弹防御系统的预警和火控雷达，该雷达为全固态、三坐标对空监视雷达，能够支持空中交通监视和防空监视等应用，该型雷达包括一个天线车、一个指控方舱及配套的冷却装置及发电机，并采用了模块化的有源相控阵架构，工作频段 1～2 GHz（L 波段），方位覆盖 360°，扫描速度 6～12 r/min，探测距离 407 km（RCS 为 1m² 的目标），最大工作高度 30 480 m。美国的 AN/TPS-77 远距对空监视雷达是 L 波段三坐标远程对空监视雷达，是美国弹道导弹防御网中的重要节点之一，先后部署在阿拉斯加等地，整部雷达可以由 1 架 C-130 运输机或 2 台大型集装箱卡车进行转运，架设撤收时间一般不超过 30 min，是近年来三坐标对空监视雷达的代表性产品，工作频段 1 215～1 400 MHz（L 波段），方位覆盖 360°，覆盖范围 10～470 km，最大工作高度 30 480 m，俯仰覆盖-6°～20°，对于战术弹道导弹目标（TBM）探测距离为 300 km（RCS 为 1 m² 的目标），距离精度＜50 m。此外，美国还有多款不同类型的防空反导雷达如 AN/FPS-117 雷达、AN/TPS-59 雷达等，如图 2-88 所示。

（2）机载搜索雷达

机载搜索雷达的典型代表是预警机雷达。预警机拥有高机动性和雷达系统先进、高性能的双重优势，由载机、探测预警与指挥通信等系统组成。机载雷达系统：用来远距离探测飞机、船舶、车辆。指挥控制系统：指挥引导战斗机和导弹进行打击或防御。

(a) 法国Ground Master系列雷达

(b) 以色列EL/M-2080/82空域监视雷达

(c) 美国AN/TPS-77远距对空监视雷达

(d) 美国AN/FPS-117预警雷达

图 2-88　几种典型的地基对空搜索预警雷达

现代预警机的脉冲多普勒雷达系统的探测范围大约为 400 km。这意味着可以尽早发现地对空导弹以便部署对抗措施。一架飞行在 9 km 高空的预警机可以覆盖超过 312 000 km² 的范围。三架这样的飞机同时环绕飞行可以覆盖相当于欧洲中部大小的地区。

典型的预警机雷达包括美国 AN/APS-138、AN/APS-139、AN/APY-9 等，如图 2-89 所示。美国 AN/APS-138 可以执行空中和地面监视，超高频雷达使用脉冲压缩来提高分辨率和抑制杂波，工作范围超过 460 km，能够探测到 278 km 射程内的小目标，如巡航导弹等。AN/APS-138 被用于诺斯罗普·格鲁曼公司的 E-2C 鹰眼飞机上，属于多模式超高频预警机雷达，频率为 UHF 波段（420～450/890～942 MHz），作用范围 463 km。AN/APS-139 是对 E-2C 鹰眼预警机上的 APS-138 雷达的一种升级，旨在提高发现低雷达截面积目标的性能，频率覆盖范围 0.3～1 GHz。AN/APY-9 雷达的射程约为 550 km，装备美国海军使用的诺斯罗普·格鲁曼的 E-2D 先进鹰眼预警机，采用"电子扫描＋机械扫描"组合方式的预警雷达系统，可执行近海/陆地监视以及战区防空反导，对海上攻击飞机、陆地车辆、巡航导弹等目标具备跟踪能力。

（3）舰载搜索雷达

美国海基预警探测系统主要由海基 X 波段雷达、预警侦察船、作战舰艇预警探测系统组成。海基 X 波段雷达（SBX）是一种浮动式、有螺旋桨推进的机动雷达站，是美国弹道

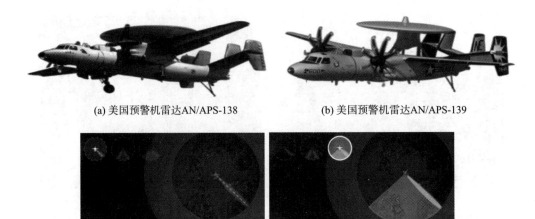

(a) 美国预警机雷达AN/APS-138　　　　　　(b) 美国预警机雷达AN/APS-139

(c) 美国预警机雷达AN/APY-9两种不同的搜索模式

图 2-89　预警机及雷达

导弹防御系统关键部分地基中段防御系统的目标识别装备；预警侦察船又可细分为海洋监视船、海洋调查船和导弹监测船，其可以进行远海航行探测，弥补了空基和陆基的不足；作战舰艇预警探测系统则主要指对空搜索雷达系统，用于发现及跟踪来袭的空中目标，实现不同距离的侦察预警。

作战舰艇预警探测系统主要指对空搜索雷达系统，用于发现及跟踪来袭的空中目标。由于作战舰艇可以大范围前出、机动灵活部署，因此可以有效地增加预警探测的范围，同时可以加强对重点区域的预警探测能力。美军舰艇仍有部分装备 AN/SPS-48 系列三坐标对空搜索雷达，该型雷达工作在 E/F 频段（2.9～3.1 GHz），探测距离可以达到 400 km，可以提供空中目标的三坐标数据以及为武器系统提供目标指示。

在装备 AN/SPS-48 系列雷达的同时，美国海军还装备了 AN/SPS-49 二坐标对空搜索雷达进行补充探测。AN/SPS-49 雷达工作在频率更低的 C 频段（850～942 MHz），因此具有更大范围的对空探测能力，提供更长的预警时间。AN/SPS-48、49 系列雷达都是通过旋转天线实现 360°全方位覆盖，扫描速度远不及电扫雷达，因此不断被相控阵雷达所替代。AN/SPY-1 系列多功能相控阵雷达由四面阵构成，每一阵面覆盖 90°方位角，工作在 S 波段，探测距离约为 500 km，能够自动搜索、跟踪多个目标，具备"标准"导弹的制导能力，是美国海军"宙斯盾"系统的核心装备。海基雷达装备如图 2-90 所示。

鉴于单个雷达在防空反导方面的能力所面临的瓶颈，通过对多类、多个雷达资源的合理部署和信息融合，形成多基地组网探测模式，将多类多个雷达整合成为一体化的雷达探测网络，从而提升雷达系统的目标探测性能和战场适应性能，实现网内雷达协同探测、区域对抗、情报信息共享，从而极大地提高整个系统的战场态势感知能力，扩大探测范围，提高跟踪精度等关键性能，为反隐身、反低空突访、应对反辐射攻击等都提供了更加可靠的技术手段。

2. SAR 成像雷达装备

SAR 成像探测器一般有三种不同的操作模式，可以根据任务要求灵活使用。聚光模

(a) 海基X波段雷达(SBX)

(b) AN/SPS-48E雷达

(c) AN/SPY-1雷达

图 2 - 90　海基搜索雷达

式提供特定感兴趣区域的高分辨率成像，条带（Stripmap）模式提供更广泛区域的成像，地面动目标指示（GMTI）模式能够探测地面上的移动目标。SAR 系统采用模块化设计方法，可以方便地集成在各种有人驾驶和无人驾驶飞机上。

（1）机载 SAR 成像装备

以通用原子-航空系统公司 GA‐ASI 的 Lynx 多模雷达为例，它是一种高性能雷达成像探测系统，能够提供高分辨率、高质量的图像，可以在云层、雨水、灰尘、烟雾和雾中进行拍摄。Lynx 雷达设计用于满足远程驾驶飞机（RPA）系统环境的机载挑战，其体积、重量和功率（SWAP）小，同时提供精确的空对地目标定位精度和广域搜索能力，适用于地面和海上任务。Lynx 是在 SAR 和地面移动目标指示模式下运行的多功能 SAR。雷达信号的回波由系统处理成高分辨率图像，并通过数据链路传送到地面开发站。Lynx 地面图片分辨率范围为 0.1～3 m。雷达还可以扫描较大或较小区域的移动物体，以车辆运动的典型速度（10～70 km/h）检测目标。地面站通常将移动目标数据叠加在数字地图上以生成态势感知地图。

Lynx 包括两种聚光和两种条带 SAR 模式：聚光模式在一个确定的点上产生高分辨率的图像；条带模式将多个点 SAR 图像马赛克在一起，形成一个大的图像。利用 SAR 图像，将不同时间拍摄的两幅图像叠加，可以探测到场景的细微变化。

此外，动目标指示 GMTI 模式提供了一种快速、简便的定位移动车辆的方法，允许操作人员检测缓慢移动的车辆和人员以 1 mile/h 的速度移动，该模式集成到 MQ‐9 捕食者无人机中，允许操作人员检测缓慢移动的重要人员或车辆。此外，操作人员可以选择 GMTI/DMTI 目标，并在窄视场内自动交叉提示光学/红外（EO/IR）传感器，以便对目标进行视觉识别，如图 2‐91 所示。

Lynx 的 MWAS 模式可在各种海况条件下检测船舶和船只交通，它还集成了目标关联和识别的自动识别系统（AIS）信息。可执行海岸监视、禁毒、远程监视、小目标探测和搜救等任务。在 2014 年夏天，MWAS 在"三叉戟勇士"试验期间为美国海军进行了演示，成功执行了许多沿海任务，展示了在各种天气条件和交叉线索下探测水面船只的能力，如图 2‐92 所示。

Lynx 多模雷达可在无人和有人驾驶飞机上部署，AN／APY‐8 Lynx Ⅱ 是在美国空军"捕食者"RQ‐1 无人机上运行的 Lynx 的轻型版本，Lynx ER 是为在扩展范围和高海拔上运行而设计的新版本，该雷达被用在美国空军、英国皇家空军、意大利空军和法国空

图 2 - 91　地面目标指示

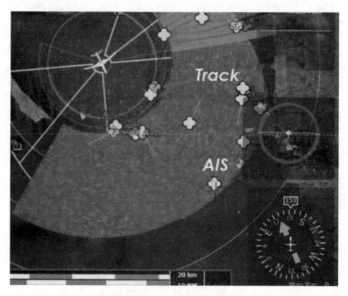

图 2 - 92　海上目标搜寻与监视

军的 MQ - 9 无人机上。Lynx 还被美国陆军部署在其"天空勇士"（Sky Warrior）®
Alpha 和"灰鹰"（Gray Eagle）无人机系统上，以及包括 C - 12、U - 21 和 DH - 7 在内的
各种载人飞机上。

　　所有 Lynx 型号都提供几种操作模式，包括 STRIP，SPOT 和 MTI。STRIP 模式用于大
面积覆盖。Lynx Ⅱ以 70 节的速度飞行，每分钟可以覆盖 25 km² 的区域，分辨率为1 m。
Lynx ER 专为更快的平台（捕食者 B 以 250 节的速度飞行）和更高的高度（45 000 ft，而
RQ - 1 为 25 000 ft）而设计，能够将速率提高一倍，达到约 60 km²/min。当需要近距离
观察时，可以利用 SPOT 模式将雷达对准特定的位置或目标。在 SPOT 中，Lynx 可以提
供 300 m×170 m 目标区域的详细图像，在 40 km 的距离显示细节小至 10 cm 的物体。

（2）星载 SAR 成像装备

美国的星载 SAR 主要是长曲棍球 Lacrosse 系列雷达成像卫星。雷达成像照相侦察卫星可以弥补光学成像照相侦察卫星不能全天候、全天时进行侦察的不足，并有一定的穿透能力，从而能识别伪装，发现地下军事设施。其幅宽也比较大，因此时间分辨率较高，这对全面观测战区和侦察全球性军事动态有重要意义。不过，它的分辨率较光学照相侦察卫星低，而且观测不到西伯利亚的某些北纬地区。

星载 SAR 能以标准、宽扫、精扫和试验等多种波束模式对地面轨迹两侧的目标成像。这些不同的波束模式各有各的独特用途，如有的模式用来以高分辨率对几十千米见方的小面积区域成像，有的模式则用来以较低分辨率对几百千米见方的大面积区域成像。前两颗卫星在以标准模式成像时分辨率为 3 m，以精扫模式成像时分辨率为 1 m。这虽与锁眼 12 号卫星上的光学成像相机可达到的 0.1 m 分辨率相距甚远，但对于识别和跟踪体积较大的军事装备如坦克车和导弹运输车来说肯定足够了。后两颗改进型卫星的精扫模式分辨率被提高到了 0.3 m，与锁眼-12 卫星的能力已相差无几。2 颗"长曲棍球"卫星配对工作可以反复侦察地面目标。它们不仅适于跟踪舰船和装甲车辆的活动，监视机动或弹道导弹的动向，还能发现伪装的武器和识别假目标，甚至能穿透干燥的地表，发现藏在地下数米深处的设施。5 颗长曲棍球卫星情况见表 2-8。

表 2-8　美国长曲棍球卫星在轨运行情况（5 颗）

名称	国际编号卫星目录编号	发射时间	轨道	退役时间
Lacrosse-1 USA-34	1988-106B 19671	1988.12.2	437 km × 447 km × 57.0°	1997.3.25
Lacrosse-2 USA-69	1991-017A 21147	1991.3.8	420 km × 662 km × 68.0°	2011.3.26
Lacrosse-3 USA-133	1997-064A 25017	1997.10.24	666 km × 679 km × 57.0°	在轨
Lacrosse-4 USA-152	2000-047A 26473	2000.8.17	695 km × 689 km × 68.0°	在轨
Lacrosse-5 USA-182	2005-016A 28646	2005.4.30	712 km × 718 km × 57.0°	在轨

3. 制导雷达装备

微波雷达是应用最广的探测设备。按其工作方式可分为主动式雷达、半主动式和被动式雷达。以微波雷达为探测设备的自寻的制导也分为主动式雷达自寻的制导、半主动式雷达自寻的制导和被动式雷达自寻的制导。

微波主动式自寻的制导导弹在弹体内装有雷达发射机和接收机，可以独立地捕获和跟踪目标，具有发射后不管的能力。由于采用自寻的制导方式，导弹越接近目标，对目标的角位置分辨能力越强，因而有较高的制导精度。原理如图 2-93 所示。

由于弹上设备允许的体积和质量有限，弹载雷达发射机功率有限，作用距离较近，因而微波主动式自寻的制导通常用作导弹飞行末段制导系统，而用微波雷达指令制导、波束

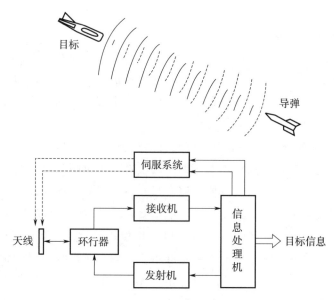

图 2 - 93　主动寻的制导示意图

制导以及半主动式寻的制导作为中段制导。现在装备的微波主动式自寻的制导导弹，所用的主动雷达导引头工作频率通常为 8 ～16 GHz。雷达导引头外形如图 2 - 94 所示。

图 2 - 94　PSM - E Ka 波段主动雷达导引头

半主动雷达寻的制导系统中有用于跟踪和照射的两部雷达，如图 2 - 95 所示。导弹上的雷达接收机用前部天线接收目标反射的雷达波束能量，用后部天线接收雷达直接照射信号，提取目标的角位置和距离信息，弹上计算机计算出飞行偏差，控制导弹击中目标。

微波雷达半主动式自寻的制导系统有制导精度较高、全天候能力强、作用距离较大的优点。与主动式雷达自寻的制导相比，弹上设备较简单，体积较小，成本较低。但由于依赖外部雷达对目标进行照射，增加了受干扰的可能，而且在整个制导过程中，照射雷达波束始终要对准目标，使照射雷达本身易暴露，易受对方反辐射导弹的打击。半主动雷达导引头整个结构较为简单、应用较广，但抗地物杂波和噪声干扰的能力较差，因而对低空目标缺乏打击能力。半主动制导雷达如图 2 - 96 所示。

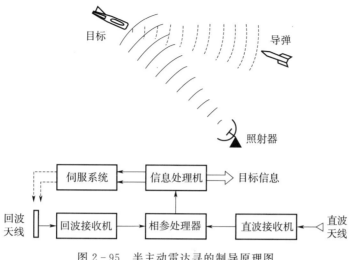

图 2 - 95　半主动雷达寻的制导原理图

图 2 - 96　AIM - 4 猎鹰半主动导引头

　　被动式雷达自寻的制导系统中，弹上载有高灵敏度的宽频带接收机，利用目标雷达、通信设备和干扰机等辐射的微波波束能量及其寄生辐射电波作为信号源捕获、跟踪目标，提取目标角位置信号，使导弹命中目标。微波被动寻的制导导弹以微波辐射源特别是雷达作为主要攻击对象，因而常称为反辐射导弹和反雷达导弹。被动式雷达自寻的导弹由于本身不发射雷达波也不用照射雷达对目标进行照射，因而攻击隐蔽性很好，对敌方的雷达、通信设备及其载体有很大的威胁和压制能力，是电子战中最有效的武器之一。原理如图 2 - 97 所示。

　　被动式雷达自寻的导弹制导精度取决于工作波长和天线尺寸，由于弹体直径有限，天线不能做得太大，因而这种导弹在攻击较高频段的雷达目标时有较高的精度，在攻击较低频段的雷达目标时精度较低。实物如图 2 - 98 所示。

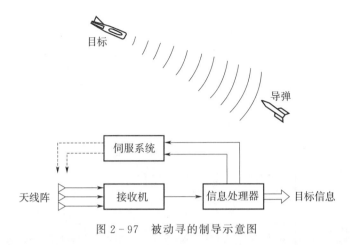

图 2 - 97　被动寻的制导示意图

图 2 - 98　反辐射导引头

2.2.4　高光谱探测技术与原理

高光谱探测是将成像技术和光谱技术相结合的多维信息获取技术，同时探测目标的二维几何空间与一维光谱信息，获取高光谱分辨率的连续、窄波段的图像数据。高光谱探测成像技术是 20 世纪 80 年代初在多光谱遥感成像技术基础上发展而来的，高光谱探测的出现可以称得上是遥感技术的一场革命。高光谱遥感数据的光谱分辨率高达 $10^{-2}\lambda$ 数量级，在可见光到短波红外波段范围内光谱分辨率为纳米级，光谱波段数多达数十个甚至数百个以上，各光谱波段间通常连续，因此高光谱遥感通常又被称为成像光谱遥感。

基于高光谱图像的目标探测是高光谱遥感应用的重要方向之一，涵盖了环境检测、城市调查、矿物填图和军事侦察等诸多领域。与传统的基于高空间分辨率遥感影像的目标探测算法不同，高光谱遥感目标探测主要是依据目标与地物在光谱特征上存在的差异进行检测识别。由于受到目标尺寸和地物复杂性的影响，感兴趣的目标在高光谱图像中往往处于亚像元级或者弱信息状态，传统的基于空间形态的目视解译方法无法实现对这类目标的探测识别，因此需要采用高光谱遥感的目标探测图像处理。

1. 高光谱成像原理与特点

太阳辐射谱段遥感器成像过程主要包括以下几个部分：太阳辐射穿过大气到达地表，在该过程中太阳辐射与大气发生散射、吸收等作用，辐射信号被地物反射后（地物的方向和光谱反射特性会使辐射信号在空间和光谱分布发生变化），再次穿过大气到达遥感器，遥感器入瞳光谱辐亮度通过前置光学系统，并被空间成像、光谱分光，最后到达探测器，通过光电转换及模数转换，记录为原始的 DN 值图像数据。

所谓高光谱图像就是在光谱维度上进行了细致的分割，不仅仅是传统的黑和白或者 R（红），G（绿）和 B（蓝）的区别，而是在光谱维度上也有 N 个通道，例如可以把 400～1 000 nm 波段划分为 300 个波段分别探测、成像。这样成像光谱仪在空间成像的同时，以相同的空间分辨率记录下几十至成百的光谱通道数据，它们叠合在一起就构成高光谱图像立方体，在图像立方体的每个像元处均可提取到一条连续的光谱曲线，如图 2 - 99 所示。在对高光谱遥感图像进行处理和应用时，除了可以利用图像的空间信息外，还可以利用其光谱信息，从而大大提高目标与背景的定量分析能力。可利用高光谱测量得到某一个点的光谱曲线，以此可判别该点位置物体的属性，如图 2 - 100、图 2 - 101 所示。

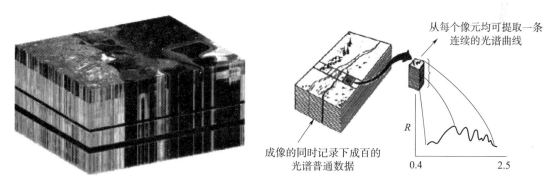

图 2 - 99　高光谱遥感成像示意图

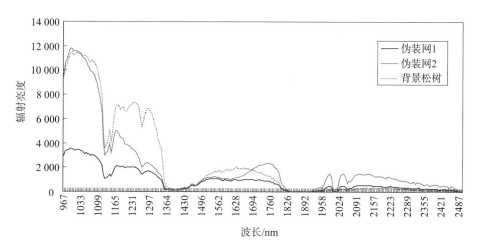

图 2 - 100　近红外波段高光谱测量辐射亮度曲线

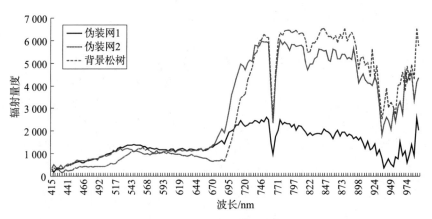

图 2-101　可见光波段高光谱测量辐射亮度曲线

与传统全色及多光谱遥感图像相比，高光谱遥感图像数据具有以下特点：

1）光谱的波段范围广且光谱分辨率非常高。成像光谱仪获得的光谱范围可以从可见光延伸到短波红外，甚至到中红外，其波段数达数百个，形成一条近似于连续的光谱曲线，光谱分辨率可达 10 nm 以内。

2）高光谱遥感数据立方体包含丰富的图像信息及光谱信息。在高光谱遥感图像中，它在普通的二维空间图像的基础上，增加了一维光谱数据，整个数据形成一个光谱图像立方体，每一个像元的光谱数据展开来就对应为一条光谱曲线，整个数据就是图谱合一的立方体。

3）描述高光谱数据的模型有多种形式，如图像模型、光谱模型与特征模型，使得数据的分析和处理更加灵活、方便。

4）高光谱数据中存在大量冗余信息。因为高光谱数据是由很多狭窄的波段构成的，所含数据数量巨大，同时相邻波段之间存在空间相关、谱间相关，以及波段相关，导致高光谱数据中冗余信息的增多。

5）高光谱遥感具有非线性特性。其非线性出现在两个方面：一方面是地物反射太阳光的过程，是一个典型的非线性过程；另一方面是太阳入射光和地物反射光在空气中的传播，也是一个非线性的过程。

6）信噪比低。高光谱数据较低的信噪比给其处理增加了很大难度。

2. 高光谱图像中目标存在的几种形式

高光谱遥感获取的图像空间分辨率往往不是很高，因此目标在图像中一般只有一个像元大小，甚至有可能是亚像元，这种目标称为低概率出露目标。低概率出露目标是高光谱图像中感兴趣目标存在的主要形式，同时也是目标探测的难点。高光谱图像通常具有几十个甚至上百个波段，如 AVIRIS 具有 244 个波段，这为低概率出露目标探测提供了可能，也使得高光谱遥感在目标探测方面具备很大的优势。

低概率出露目标是针对大场景中的小目标而言的，主要包括三种类型：小存在概率目标、低出露目标和亚像元级目标。低概率出露目标示意图如图 2-102 所示。其中小存在概率目标是指在图像中分布很少的弱信息目标；低出露目标是指目标在图像中广泛分布，但被其他地物所遮挡，仅有少量表面暴露，如草原上依稀出露的岩石和树丛中隐藏的车辆编队等；亚像元级目标主要是指尺寸小于遥感器空间分辨率的目标。

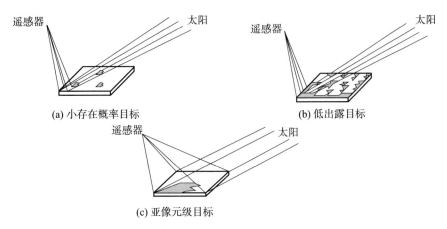

图 2 - 102　高光谱遥感中低概率出露目标示意图

　　高光谱图像目标探测侧重于基于光谱分析的定量化处理，形态（或者形状）信息在高光谱图像目标探测中的作用微乎其微。在实际情况中，设计高光谱遥感器时为了提高光谱分辨率，难免降低了空间分辨率。高光谱数据获取中很难获得光谱分辨率和空间分辨率都很高的图像，但由于高光谱图像中的像元光谱曲线中包含了目标的诊断性光谱特征，可以用于目标光谱识别，因此光谱分辨率换取空间分辨率的做法对于目标探测而言仍然是可取的。若再加上各种遥感器图像融合的方法，会得到更好的目标探测效果。这里假设空间分辨率很高的全色图像、多光谱图像和光谱分辨率很高的高光谱图像具有相同的数据量，由于高光谱图像对低丰度亚像元目标的卓越探测能力，在某些应用领域仍然有广泛的应用价值。

　　高光谱图像中的光谱信息比图像中形状学信息更加可靠或更易于量测，因此高光谱图像更加适合于需要光谱信息的应用。例如，传统对军事机动车的被动成像分析技术，主要通过确定的机动车长度、宽度和形态学特征进行目标识别。但如果机动车隐藏在植被或者伪装网下，或者该目标直接就是一个人造假目标（欺骗），形态学信息就不可靠。而高光谱成像不依赖于形状信息，目标探测受隐藏、伪装和欺骗的影响很小。图 2 - 103 为高光谱图像小目标探测流程示意图。

　　3. 高光谱图像目标检测
　　高光谱目标检测技术一直是高光谱应用领域的一项十分重要的研究内容。利用高光谱图像进行目标检测时，既可以利用目标的空间信息，也可以利用目标的光谱信息，还可以利用目标的空间信息与光谱信息相结合的方法来对目标进行检测，从而使得一些不易被发现的目标甚至是伪装目标能够被检测，大大提高了目标被发现的概率。当目标与背景在空域中很难用纹理特征进行区分时，借助高光谱图像丰富的光谱信息及众多的波段组合，可以大大降低目标检测的难度。目前，高光谱目标检测技术已经渗透到国防与民用的各个领

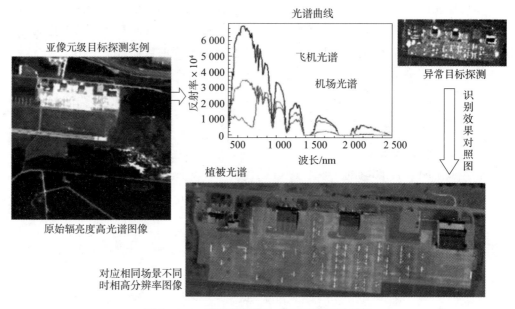

图 2-103　高光谱图像自动目标探测示意图

域当中，广泛应用于植被生态监测、精准农业、地质制图、资源勘探、大气环境监测、水下不明物探测、战场侦察、伪装检测及目标打击效果评估等多个民用和军事领域，在推动国民经济发展和国防建设方面发挥着重要作用。

高光谱成像过程比较复杂，目标检测涉及的内容很多，有许多亟待解决的关键技术。因此，本节针对高光谱图像目标检测技术进行简单介绍。首先，针对如何高效利用海量的高光谱数据对目标进行检测的问题，介绍了基于光谱特征增强与光谱特征参量化的高光谱目标检测方法。其次，针对新型的伪装材料不易被目标检测的问题，提出一种基于监督的伪装目标检测方法，利用实测高光谱数据对该检测方法进行验证。

（1）基于光谱特征增强与光谱特征参量化的目标检测

基于特征空间的高光谱目标检测方法主要包括两类方法。

第一类是直接在原始光谱的特征空间中对目标进行检测，即在高光谱图像中找到目标与背景差异性最大的波谱特征空间，有效辨别出目标与背景。如图 2-104 所示，利用迷彩建筑与植被原始的光谱特征，即"窗口波段"就可以实现对迷彩建筑的检测，图 2-104（a）为真彩色图像，图 2-104（b）为高光谱图像 800 nm 波段的单波段图像。由图 2-104（a）可以发现，全色观察得到的迷彩建筑与周围的植被背景图像具有较好的相容性，能起到一定的伪装效果。由图 2-104（b）可以发现，在 800 nm 波段（近红外波段）探测得到的迷彩建筑与周围植被图像，由于各自反射光谱差异性明显，植被呈高亮显示，而迷彩建筑呈暗黑色，从而很容易将迷彩建筑从植被背景中分辨出来。

第二类是基于特征提取与选择的方法，即利用特征提取与选择的方法将原始数据映射到低维空间，然后再进行目标探测。基于光谱特征增强与光谱特征参量化的目标检测方法就属于第二类方法。光谱特征增强技术通过增强目标与背景之间光谱特征的差异性，来实

(a) 真彩色图像　　　　　　　(b) 800 nm波段的单波段谱图像

图 2-104　迷彩建筑与植被的对比图

现目标与背景的分离，从而达到检测目标的目的。光谱参量化技术即对目标的光谱特征进行定量描述，以便对目标进行精准检测，它是定量化遥感的基础。

（2）基于监督的伪装目标检测

高光谱大量的光谱波段为了解地物提供了极其丰富的信息，有助于完成更加精确的目标识别。为对抗高光谱侦察探测，伪装技术也在不断发展，新型伪装材料不但能够与伪装背景实现同色，而且在光谱曲线上能够与背景有很高的相似性。在高光谱战场侦察影像中，如何快速发现隐身于背景环境（植被、沙漠）中的伪装目标，是当前军事伪装目标检测的一大难点。针对目前监督类目标检测方法的局限性，该方法主要针对高光谱图像中大面积植被伪装目标的检测问题，以多种常见伪装材料的光谱特征作为先验知识，采用人工参与的方法对伪装目标进行检测与分割，从而为人工识别等处理提供辅助支持。

工作原理与步骤：伪装目标之所以能隐藏自身而躲避侦察，主要源于伪装目标与背景具有非常好的相仿性，在颜色和光谱曲线上能与背景趋于一致。因此，要使伪装目标能从背景中被检测出来，就要使目标与背景的差异性得到增强，使伪装目标的伪装效能得到大大降低，失去其"隐身"特性。基于这个思路，我们提出了一种适合于大面积伪装目标检测的方法，步骤如下：

1）以伪装材料的反射光谱为基准对高光谱图像中的所有像元进行光谱重排；

2）对重排后的所有像元的光谱进行一阶微分；

3）将经过前两步处理后的高光谱图像逐点进行差异性增强处理；

4）对处理后的高光谱图像进行主成分分析变换。

图 2-105 为植被型伪装网和绿草的反射光谱曲线。经过光谱重排、光谱微分和光谱差异性增强处理之后，伪装目标与背景的差异性得到增大，伪装目标已经作为一种独立于背景的成分从背景中剥离出来，但处理之后的图像仍为一组高维图像，需要通过降维的方法输出检测结果。PCA 是最基本的高光谱数据降维方法，它将原始的海量高光谱数据变为少量的几个主要成分，在降低数据维数的同时最大限度地保持了原始数据的信息。因此，该方法将处理后的图像再经 PCA 变换后，分析主要成分信息实现对伪装目标的检测。

4. 高光谱技术的发展与应用

高光谱遥感技术从被提出至今已有 40 多年的发展历史。1983 年第一幅由航空成像光

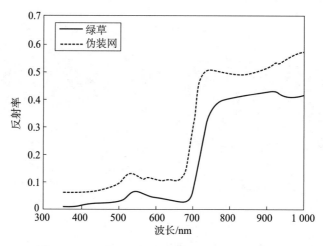

图 2 - 105　　植被型伪装网和绿草的反射光谱曲线

谱仪（AIS.1）获取的高光谱影像呈现在科学界面前，标志着第一代高光谱成像仪面世。这一时期的高光谱成像仪以美国研制的 AIS.1 和 AlS.2 为代表。由于这类成像光谱仪采用推扫二维面阵列成像，例如 AIS.1 用 32×32 面阵列成像，AIS.2 用 64×64 面阵列成像，其获取的高光谱影像宽度非常有限，从而限制了这类仪器的商业应用。但它开创了高分辨率光谱和图像合一的高光谱遥感时代。1987 年美国国家航空航天局（NASA）喷气推进实验室（JPL）研制成功航空可见光/红外成像光谱仪（AVIRIS），这标志着第二代高光谱成像仪的问世。AVIRIS 的成像光谱范围为 0.4～2.5 μm，共有 224 个成像波段，光谱分辨率为 0.01 μm，与第一代成像光谱仪的主要区别在于 AVIRIS 采用扫描式线阵列成像。另外，美国还研制了高光谱数字图像实验仪（HYDICE），并于 1996 年投入使用。它的光谱测量范围与 AVIRIS 相同，但其采用 CCD 推扫式技术成像，共有 210 个波段，光谱分辨率由 0.003～0.02 μm 不等。与此同时，一些发达国家也竞相投入力量研制高光谱成像仪。例如加拿大研制的 FLI/PML、CAST 高光谱成像仪；澳大利亚研制的 AMSS、Hymap 高光谱成像仪等。

　　目前高光谱成像仪的研制正由航空遥感为主转向航空和航天遥感相结合的阶段。例如 2000 年 11 月 NASA 发射的地球观测－1（EO-l）卫星上搭载有陆地成像仪（ALI）、大气校正仪（LAC）和高光谱成像仪（HYPERION）。其中 ALI 的用途和技术性能与 LANDSAT-7 上的 ETM＋相当；LAC 用于测量大气水汽和气溶胶含量；HYPERION 是推扫式高光谱成像仪，共有 220 个成像波段，光谱分辨率为 0.01 μm，成像光谱范围为 0.4～2.5 μm，地面分辨率为 30 m，其各项性能均相当于目前的机载成像光谱仪。目前 HYPERION 已在矿物定量填图方面取得了很好的应用效果。

　　美国空军于 2000 年 7 月发射了 Mightysat-2.1 卫星，其上搭载有傅里叶高光谱成像仪（FTHSI）。该仪器的成像光谱范围为 0.35～1.05 μm，共有 256 个成像波段，地面分辨率为 15 m。

2.3　新型探测技术

近几年来，随着基础科学的不断发展，涌现出了许多新型探测技术，如太赫兹探测技术、量子雷达探测技术、光电偏振探测技术等。

1. 太赫兹探测技术

太赫兹（Terahertz，THz）波是指频率范围在 0.1～10 THz 之间的电磁波，位于微波与红外之间，处于电子学向光子学的过渡频段。与微波、毫米波相比，太赫兹波波长更短、带宽更宽，用于雷达探测时具有传载信息能力强、探测精度高等优点，在目标高分辨率成像与精细识别等方面具有重要的应用价值。与红外、激光相比，太赫兹波对烟雾、浮尘等具有良好的穿透能力，对气动光学效应与热环境效应不敏感，用于雷达探测时视场范围更宽，搜索能力更强，可以全天时工作，可用于复杂环境作战与空间高速运动目标探测。此外，太赫兹雷达还具有以下突出优势：在反隐身方面，太赫兹波对等离子体具有良好的透过率，能有效对抗等离子体隐身；在抗干扰方面，现有的干扰途径主要集中在微波及红外频段，难以对太赫兹雷达进行有效干扰，同时，太赫兹雷达波束窄，可减少干扰注入雷达主瓣波束的可能性，降低雷达对干扰的灵敏度；在小型化方面，太赫兹功能器件小，使系统可以高度集成化、小型化、阵列化，适合于小型无人机及其集群、卫星、导弹等平台搭载。

国内在太赫兹探测方面开展了大量研究。2010 年西安电子科技大学对太赫兹 SAR 系统进行了详细论证设计，同年中国工程物理研究院开展了无人机机载太赫兹 SAR 概念研究。2011 年中国工程物理研究院自主研制了国内首个 140 GHz 高分辨率 ISAR 系统，通过宽带 ISAR 进行实时成像处理，获得了太赫兹高分辨率 ISAR 成像。该系统信号带宽大于 5GHz，二维成像分辨率达 3cm×3cm。2012 年又设计了 340 GHz 收发前端和 670 GHz 的 ISAR 成像雷达收发链路，670 Hz 成像雷达采用超外差体制，天线收发分置，工作频率为 660～688.8 GHz，线性调频带宽为 28.8 GHz，发射功率为 1 mW，成像分辨率达 1.3 cm。中国科学院电子所瞄准安检成像应用，在太赫兹雷达方面也开展了系列研究，2012 年中国科学院电子所研制了一部 200 GHz 雷达成像系统，系统带宽达 15 GHz，方位向最高分辨率可达 8 mm。2012 年电子科技大学研制出 220 GHz 的太赫兹 ISAR 成像系统，基于固态电子学源，发射带宽为 4.8 GHz，实现了对飞机模型目标的高分辨率 ISAR 成像；2014 年进一步搭建了载频为 330 GHz 的成像雷达系统，带宽达到 10.08 ～ 28.8 GHz，并进行了转台成像实验，成像分辨率达到厘米级；此外，该团队在 2016 年利用该系统进行了圆周 SAR 等效成像实验，通过成像处理得到了较好的实验结果，这也是国内首个太赫兹频段的圆周 SAR 等效成像实验。2018 年 12 月参考美国 DARPA 的 ViSAR 体制，中国航天科工二院 23 所采用一发四收方案研制的太赫兹 ViSAR 雷达进行了飞行试验，并成功获取国内首组太赫兹 ViSAR 影像结果。

2. 量子雷达探测技术

量子雷达是将传统雷达探测技术与量子信息技术相结合，利用电磁波的波粒二象性对电磁场的微观量子和量子态进行操作和控制，并采用量子系统估计和检测技术对目标进行探测、测量和成像的一种远程传感器系统。根据不同的量子效应，量子雷达主要分为三类：干涉式量子雷达、接收端量子增强激光雷达、量子照射雷达。量子雷达理论研究起源于 20 世纪 60 年代，研究人员探索了在传统雷达系统中使用量子信号的可能性；1967 年，量子检测与估计理论逐步成形，奠定了量子雷达目标信息获取的理论基础；2008 年，具有革命性意义的量子探测系统模型被首次提出，并分析了量子照射雷达目标检测性能；2009 年，美国国防高级研究计划局（DARPA）在其项目技术报告中首次对量子传感器技术进行了系统的介绍，后来提出了一种类似于自适应光学的校正方法，探测距离可达1 000 km 以上；2012 年，量子雷达的反隐身能力又得到初步验证。

经典雷达发展初期单纯利用电磁波的强度信息，逐步开始综合利用电磁信号的频率和相位信息，并通过对信号在空、时、频域的调制特征进行相参处理，性能和作用距离逐渐提升。量子雷达技术发展与经典雷达技术发展思路基本一致，量子雷达在发射端通过对电磁波光量子的操控，将传统信息调制维度拓展至可以表征"微观粒子相关关系"的量子态特征，并通过量子检测与估计理论，利用目标信号与噪声在高信息维度上的差异，进一步提升信号检测的性能，甚至突破经典检测与估计的理论极限。量子雷达可用于探测识别射频隐身平台和武器系统等，在行星防御和空间探测领域也有应用前景。

参 考 文 献

［1］ 曾华锋. 现代侦察监视技术［M］. 北京：国防工业出版社，1999.

［2］ 德·马蒂诺，A 马蒂诺. 现代电子战系统导论［M］. 北京：电子工业出版社，2020.

［3］ 曹建章. 光学原理及应用（上册）［M］. 北京：电子工业出版社，2020.

［4］ 阿列克谢耶夫. 隐身技术的物理学基础［M］. 北京：兵器工业出版社，2002.

［5］ 杨洪涛. 航空低照度宽幅可见光成像技术［M］. 北京：国防工业出版社，2021.

［6］ 韩裕生. 光电制导技术［M］. 北京：国防工业出版社，2021.

［7］ 张熠. 遥感传感器原理［M］. 武汉：武汉大学出版社，2021.

［8］ 郝晓剑. 光电探测技术与应用［M］. 北京：国防工业出版社，2009.

［9］ 陈向宁. 军用光学遥感［M］. 北京：国防工业出版社，2010.

［10］ 王密. 高分辨率光学卫星遥感影像高精度几何处理与应用［M］. 北京：科学出版社，2017.

［11］ 张万清. 飞航导弹电视导引头［M］. 北京：中国宇航出版社，1994.

［12］ 拉斐尔·亚努舍夫斯基. 现代导弹制导［M］. 2 版. 韦建明，王宏，刘方，译. 北京：国防工业出版社，2022.

［13］ 金斯顿 R H. 光学和红外辐射探测［M］. 北京：科学出版社，1984.

［14］ 娄树理，周晓东. 无人机光电侦察、监视技术研究［J］. 红外与激光工程，2006，35（zl），120.

［15］ 王晓曼. 光电检测与信息处理技术［M］. 北京：电子工业出版社，2013.

［16］ 卢春生. 光电探测技术及应用［M］. 北京：机械工业出版社，1992.

［17］ 毛宏霞. 红外辐射与目标识别［M］. 北京：科学出版社，2022.

［18］ 张骢. 红外成像探测技术与应用［M］. 北京：北京理工大学出版社，2022.

［19］ 张红梅. 红外制导系统原理［M］. 北京：国防工业出版社，2015.

［20］ 李俊山. 基于特征的红外图像目标匹配与跟踪技术［M］. 北京：科学出版社，2014.

［21］ 徐南荣. 红外辐射与制导［M］. 北京：国防工业出版社，1997.

［22］ 鲜勇. 导弹制导理论与技术［M］. 北京：国防工业出版社，2015.

［23］ 雷虎民. 导弹制导与控制原理［M］. 2 版. 北京：国防工业出版社，2018.

［24］ 杨超，雷达对抗基础［M］. 成都：电子科技大学出版社，2012.

［25］ 张永顺，雷达电子战原理［M］. 3 版. 北京：国防工业出版社，2020.

［26］ 柯里 G R. 雷达基础知识：雷达设计与性能分析手册［M］. 北京：科学出版社，2018.

［27］ F BOVENGA. Synthetic Aperture Radar（Sar）Techniques and Applications. Basel，Switzerland MDPI－Multidisciplinary Digital Publishing Institute：Basel，Switzerland，2020.

［28］ 桑建华. 飞行器隐身技术［M］. 北京：航空工业出版社，2013.

［29］ 杨照金. 军用目标伪装隐身技术概论［M］. 北京：国防工业出版社，2014.

［30］ 姬金祖. 隐身原理［M］. 北京：北京航空航天大学出版社，2018.

［31］ 谷秀昌. SAR 图像判读解译基础［M］. 北京：科学出版社，2017.

［32］ 张玉叶. Sar 图像目标判读［M］. 北京：航空工业出版社，2021.

［33］　L M NOVAK，G J OWIRKA，W S BROWER，et al. The automatic target－recognition system in SAIP . Lincoln Laboratory Journal 1997，10.

［34］　A ROTH，A MOREIRA，M EINEDER. Ten Years of Terrasar－X—Scientific Results. MDPI：2019.

［35］　吴良斌 . Sar 图像处理与目标识别［M］. 北京：航空工业出版社，2013.

［36］　郭炜炜，张增辉，郁文贤，等. SAR 图像目标识别的可解释性问题探讨［J］. 雷达学报，2020，9（3）：462－476.

［37］　贺平 . 雷达对抗原理［M］. 北京：国防工业出版社，2016.

［38］　刘涛 . 雷达探测与应用［M］. 西安：西安电子科技大学出版社，2019.

［39］　王向伟 . 伪装隐身技术［M］. 哈尔滨：哈尔滨工程大学出版社，2021.

［40］　李永刚，朱卫纲，黄琼男 . SAR 图像目标检测方法综述［J］. 兵工自动化，2021，40（12）：91－96.

［41］　张红 . 高分辨率 SAR 图像目标识别［M］. 北京：科学出版社，2009.

［42］　K EL－DARYMLI，E W GILL，P MCGUIRE，et al. D. Power；C. Moloney. Automatic target recognition in synthetic aperture radar imagery：A state－of－the－art review. IEEE access 2016，4，6014.

［43］　潘习哲 . 星载 SAR 图像处理［M］. 北京：科学出版社，1996.

［44］　王建宇 . 高光谱遥感信息获取［M］. 武汉：湖北科学技术出版社，2021.

［45］　张建禕 . 高光谱遥感目标检测［M］. 武汉：湖北科学技术出版社，2021.

［46］　寇英信 . 机载红外技术［M］. 西安：西安电子科技大学出版社，2016.

［47］　邢欣，曹义，唐耿平，等. 隐身伪装技术基础［M］. 长沙：国防科技大学出版社，2012.

［48］　杨晓波 . 太赫兹雷达［M］. 北京：国防工业出版社，2017.

［49］　邓彬 . 太赫兹雷达成像技术［M］. 北京：科学出版社，2022.

［50］　M 兰萨戈尔塔 . 量子雷达［M］. 北京：电子工业出版社，2013.

第3章 导弹的典型目标特征及隐身技术

3.1 导弹面临的对抗威胁环境

在导弹起飞后的作战任务剖面中面临的主要对抗威胁包括目标暴露、被拦截或被诱偏。其中，导致导弹目标暴露的威胁对象包括搭载光学成像侦察设备、红外探测侦察设备和雷达探测侦察设备的飞机、卫星，或地舰面预警雷达，这些装备统称导弹预警、探测设备，典型的探测装备有美国的弹道导弹防御系统中的探测卫星包括"国防支援计划"（DSP）星座（光学、红外）、"国家导弹防御计划"NMD 的天基红外预警卫星系统（SBIRS）、"下一代过顶持续红外"卫星、"高超声速和弹道跟踪太空传感器"卫星以及各种地基、海基远程预警雷达、战区反导预警和制导雷达等，基本性能见表 3-1。两种导弹光学、红外预警探测卫星外形如图 3-1 所示，三种导弹预警跟踪探测雷达如图 3-2 所示。在中国台湾部署的"铺路爪"预警雷达、爱国者导弹武器系统雷达等对弹道导弹、巡航导弹都具有预警探测能力；在韩国、日本部署的 THAAD 系统、宙斯盾反导系统的雷达，对亚声速导弹具有探测能力。

表 3-1 美国导弹预警探测装备

序号	装备（系统）名称	作用或性能	探测类型
1	DSP 卫星系统	1）导弹助推段跟踪； 2）发射点定位精度 6 km，落点预测精度 10 km； 3）预警时间 5～25 min	光学、红外
2	SBIRS 卫星系统	逐步取代 DSP 卫星，发射点定位精度 1 km，目标早期预警、跟踪	光学、红外
3	海基 X 波段预警雷达	最大探测距离 4 800 km，距离分辨率 0.2 m，目标跟踪与毁伤评估	雷达 X 波段
4	"丹麦眼镜蛇"预警雷达	最大探测距离 3 600 km，最大跟踪目标数量 100 个，精确跟踪目标数 20 个。太空监视和目标探测跟踪。峰值功率 15.4 MW	相控阵雷达波段 宽带 1 175～1 375 MHz 窄带 1 215～1 250 MHz
5	升级型早期预警雷达	最大探测距离 4 828 km，目标预警和跟踪、识别	相控阵雷达波段 420～450 MHz
6	"宙斯盾"舰载 AN/SPY-1D 雷达	探测距离 310 km，用于"宙斯盾"舰反导探测、跟踪	相控阵雷达 S 波段
7	远程识别雷达	距离分辨率 0.05～0.1 m，精确跟踪、目标识别和毁伤评估	相控阵雷达 S 波段

对导弹进行拦截的武器包括高能微波、粒子或激光武器，高速动能密集阵弹丸，各种

DSP卫星　　　　　　　　　　　　　　　　SBIRS卫星

图 3-1　美国的导弹光学、红外预警探测卫星

"丹麦眼睛蛇"雷达　　　　　　升级型早期预警雷达　　　　　　远程识别雷达

图 3-2　美国导弹预警跟踪探测雷达

反导导弹（参见第 1 章内容）。

　　除了拦截威胁外，导弹飞行末段还面临假目标、诱饵、角反射器、强电磁波干扰等干扰环境。

　　上述作战环境，是攻防对抗中的导弹可能面临的探测（导致暴露目标）和导致任务失败（被击落或被诱偏）的威胁环境。

3.2　导弹的典型目标特征

　　导弹的目标特征指导弹飞行过程中能被各种探测设备感知、探测到的物理属性，也称为导弹的暴露特征。第 2 章介绍的光学、红外、雷达等目标探测技术和装备的主要作战对象就包括导弹，因此导弹目标特征是导弹攻防对抗武器系统设计中需要首先研究的问题之一。比如美国 1962 年为执行"太平洋电磁信号特征研究计划（PRESS）"在马绍尔群岛夸贾林导弹靶场（KMR）安装了 TRADEX、ALCOR 等探测雷达，用于对再入弹头目标的雷达特性进行测量；1964 年，美国执行"高级弹道再入系统计划（ABRES）"在白沙瓦靶场（WSMR）安装了 AMRAD、FPS-62/FPA-22/23 和 AN/TPQ-20 雷达群；同时期还在西靶场的坎顿岛安装了多目标散布定位雷达（DRP），用于鉴定再入飞行器的散布特性；在东靶场的"范登堡"和"阿诺德"号测量船上安装了各由两部跟踪雷达（ⅡR-C、ⅡR-L）和一部从属雷达组成的综合测量雷达系统，专门进行再入特性测量。随着电子技术和隐身飞行器的发展，美国于 20 世纪七八十年代先后研制了 L 波段丹麦眼镜蛇相控阵雷达（FPS-108）和舰载 S 波段朱迪眼镜蛇（SPQ-11）雷达，用于监视、收集苏联洲际弹道导弹飞行试验和再入弹头的特性数据。随着苏联的解体，美国逐渐把弹道导弹预警和探测设备部署到日本、韩国和中国的台湾地区（在中国台湾部署"铺路爪"预警雷达），结合 E-2、RC-135 等侦察机和侦察船对我国进行的导弹试验进行探测。中国作为航天大国，也为火箭、导弹的发射任务建立了完整的目标探测跟踪网络，比如神舟飞船发射过程中传出的口令有"雷达跟踪正常""光学跟踪正常""远望号跟踪正常"等；在神舟飞船返回过程中，也有地面雷达对其探测跟踪，这些技术表明可以对飞行中的火箭和飞船进行精确的探测和跟踪，显然，同样的技术也可用于探测导弹的目标特性。2012 年第十四届全国光学测试技术交流会论文摘要介绍了中国科学院长春光机所的张尧禹等交流的多波段目标特性测量技术成果，其测量系统的光学口径为 $\phi 600$ mm，可实现可见、中波、长波三光探测，获取目标高分辨率的图像和中波、长波的辐射图像，对目标进行辐射测量和跟踪。

　　需要指出的是，导弹的具体目标特征与导弹种类、飞行环境和飞行弹道等因素有关。而且不同种类的导弹的目标特征既有共性，也有明显差异。以弹道导弹为例：弹道导弹在飞行过程呈现的典型目标特性见表 3-2，包括外形与飞行轨迹及姿态、尾焰、分离体以及表现出来的光学、红外和雷达散射特征；弹道导弹的主要飞行环境是空天背景，少部分时间在大气层内，大部分时间在大气层外，其目标特征与其飞行环境密切相关。

表 3-2　弹道导弹飞行过程呈现的目标特性

目标类型	目标状态	目标特征	目标特性类别	备注
全弹	助推段飞行	1）全弹轮廓，上升飞行；	光学，雷达	
		2）发动机尾焰轮廓及高温 1 200～1 400 K；	光学，红外	
		3）弹头加热，约 700 K； 4）发动机尾喷噪声；	红外	
		5）弹头激波紫外辐射	声学	
弹头＋控制舱段	头体分离、中段飞行	1）弹头＋控制舱段轮廓； 2）头、舱热辐射和电磁散射；	光学，雷达	短程战术导弹头体不分，无此状态
		3）各种分离残骸	红外	
弹头	头舱分离中段、再入段（末段）飞行	1）单个或多个机动弹头运动，尾流； 2）表面高温热辐射；	雷达，光学	
		3）电磁散射	红外	
发动机残骸	与上面级分离后自由落体	1）发动机柱段自由翻滚落体运动； 2）热辐射	光学，雷达	
			红外	

续表

目标类型	目标状态	目标特征	目标特性类别	备注
诱饵	中段,与弹头伴飞	1)球形或弹头轮廓; 2)加温热辐射; 3)电磁散射	光学,雷达,红外	包括轻、重诱饵、箔条等
光电干扰机	中段,与弹头伴飞	电磁波	雷达	

由于巡航导弹在大气层内低空飞行,因此与弹道导弹的特征有显著的区别,除了外形、红外辐射、雷达散射性能差异之外,其他差异包括:飞行姿态为近似水平超低空飞行、飞行速度一般低于声速、全程有发动机噪声和尾焰相伴。

末段防空反导导弹在大气层内飞行,中段反导导弹的末段在大气层外,飞行轨迹都是指向来袭飞机或导弹,其最大的暴露特征是导弹飞行中的尾焰、主被动电磁波和地(舰)面装备主动探测目标的雷达波。

从反导防御和导弹突防的角度都需要对导弹的可见光、红外和雷达暴露特征进行详细的研究和分析,下面分别予以详细介绍。

3.2.1 导弹的可见光特征

导弹的可见光特征指导弹在探测器波长为 $400\sim800$ nm 范围内的可见光照射下呈现的图像特征,没有光照就不存在可见光特征。导弹的可见光特征是人眼和光学成像设备能观测的特征,包括其外形、颜色、运动轨迹和喷焰光学特征。导弹的典型外形特征包括长径比大、圆柱体的弹体、锥形的弹头、十字或 X 形的弹翼、尾部的喷管等。现在的导弹长度从 1 m 到 20 m 以上,直径从 0.1 m 到 2.5 m 以上,因此外形特征是对不同导弹目标识别的重要依据。不同导弹的飞行轨迹特征显著不同,弹道导弹发射初始飞行轨迹为按一定角度向上加速爬升,进入中段后发动机关机自由飞行;巡航导弹大部分时间为低空定速巡航飞行;地空导弹总是直奔拦截目标按捷径超声速飞行,从飞行轨迹特征就可以初步判别导弹的种类。

目标与背景的差异是识别目标的基础,目标与背景的亮度对比度是描述其差异的关键指标,即

$$C = |L_t - L_b| / L_b \tag{3-1}$$

式中,L_t、L_b 分别为装备目标和背景的表观亮度,目标和背景的亮度为

$$L_t = \rho_t \cdot E_{sum} / \pi$$
$$L_b = \rho_b \cdot E_{sum} / \pi \tag{3-2}$$

式中 ρ_t、ρ_b ——装备目标和背景的反射率;

E_{sum} ——太阳的直接辐射和天空辐射对目标表面形成的辐照度之和。

将式(3-2)代入式(3-1),可得目标与背景在可见光波段的对比度为

$$C = (\rho_t - \rho_b) / \rho_b \tag{3-3}$$

式(3-3)说明,在可见光波段,装备目标与背景的对比度仅仅取决于各自的反射

率，反射率的差别构成了装备目标与背景不同的可见光特征。

当探测器在距装备目标一定距离观察目标时，由于大气的散射和吸收，探测器观察到的目标与背景对比度也会发生改变。在距离装备目标 x 处，设装备目标与背景的表观亮度分别为 L_{tx}、L_{bx}，则其表观对比度为

$$C_x = |L_{tx} - L_{bx}| / L_{bx} \qquad (3-4)$$

其中

$$L_{tx} = L_C + L_t \cdot \tau$$
$$L_{bx} = L_C + L_b \cdot \tau \qquad (3-5)$$

式中　L_C——路程中大气辐射亮度，主要是大气散射的太阳光辐射；

　　　τ——辐射通过 x 路程的大气透射比，透射比一般可由大气的消光系数 β 计算得出：$\tau = \mathrm{e}^{-\beta r}$。

代入式（3-4），可得

$$C_x = [(L_t - L_b) \cdot \mathrm{e}^{-\beta r}] / (L_C + L_b \cdot \mathrm{e}^{-\beta r}) \qquad (3-6)$$

式（3-6）即是距离装备目标 x 处的装备目标与背景的表观对比度，由该式可知影响目标对比度的主要因素有：目标所处位置的太阳天顶角、目标和背景的反射率、路径大气辐射亮度、太阳对目标和背景产生的辐照度、大气消光系数等。式（3-6）中的因素除太阳天顶角外，其余因素基本上都由气象条件决定。

眼睛的视角辨别力在 $1'\sim1.5'$，视角 α（单位为弧度）和目标距离 D、目标的大小尺寸 A 之间有以下关系

$$\tan\frac{\alpha}{2} \approx \frac{\alpha}{2} = \frac{A}{2D} \qquad (3-7)$$

根据式（3-7），人眼能看到目标的距离与目标的尺寸成正比，即

$$D = \frac{A}{\alpha} \qquad (3-8)$$

根据式（3-8），空射巡航导弹 AGM-129 的长度为 6.35 m，取 $\alpha = 1.0'$，则不考虑大气、地物遮挡影响，对 AGM-129 导弹人眼能看到的最远距离为 21 830.0 m。如果考虑尾焰的可见光特征，则该目标的可观察距离更远。

对弹道导弹而言，其显著的光学特征是导弹加速上升运动和助推段发动机喷出的明亮的尾焰及烟雾痕迹。导弹主动段飞行时间从十多秒到几分钟，一般固体、短程导弹时间短，液体、洲际导弹时间长。主动段在高度方向覆盖大气层内外很大范围，一般认为大气层到地面高度近似为 80 km，近（短）中程弹道导弹关机点高度为 80～100 km，中远程导弹 120～150 km，远程导弹 170～200 km，洲际导弹 200～240 km。由于弹道导弹主动段外形尺寸相对较大，在有阳光照射的情况下导弹和尾焰特征在很远的距离都能被地面、空中平台和天基卫星的光学仪器观察到。在暗夜条件下则看不到导弹轮廓，只能观察到发动机明亮的喷焰。而导弹喷焰的长度不是固定的，一方面不同导弹的尾焰不同，另一方面尾焰长度还与大气湿度（空气中含水量）、大气压力（导弹飞行高度）等因素有关。导弹尾焰的工程计算方法可参见文献 [42]。

对超低空飞行的巡航导弹，导弹轮廓、尾焰轨迹的可见光特征都是人眼和探测器能感知和识别的，尤其是尾焰的痕迹受天气影响可能很长。而防空导弹主要在大气内飞行，其高速喷焰会形成很显著的飞行轨迹，在无云彩遮挡的情况下很容易被观测到。

两种导弹发射后主动/助推段飞行情景如图 3-3 所示，在白天单纯的天空背景下，这种光学特征完全可由地面、长航时无人机或高空侦察机利用实时成像系统探测到。在清晨或黄昏时分发射，导弹在高空喷射出的尾焰扩散后形成的燃烧粒子产物，还会在阳光照射下产生霞光效应。

虽然导弹的可见光特征很显著，但是由于受到地球曲率半径、山体遮挡、云雾的影响，在地面和空中探测导弹可见光特征的距离是受一定条件限制的，能否被观测到还与人眼和仪器的分辨率有关，见式（3-7）、式（3-8）。

　　弹道导弹主动段　　　　　反导拦截弹一级助推段

图 3-3　导弹的可见光特征

3.2.2　导弹的红外特征

导弹的红外特征是因导弹自身的热辐射产生的暴露征候，减少导弹的红外特征是导弹隐身的重点和难点之一。根据第 2 章的理论介绍可知，凡是温度高于开氏零度的物体都向外发射红外光线，红外大气窗口波段为 $3\sim5\ \mu m$ 和 $8\sim14\ \mu m$，这也是红外探测设备的工作波段。而导弹在飞行过程中伴随着各种加热（发动机工作、太阳与地球热辐射、内部设备发热、气动加热等）工况，因此必然有强烈的红外辐射特征。美国空军 2013 年公布的天基红外卫星 SBIRS-HEO-2 拍摄的"德尔它"火箭发射全流程中波红外图片如图 3-4 所示（图片右侧 A~J），火箭发动机工作期间（加速爬高飞行段）红外特征最明显，美军公开该图是为了表明美军的天基红外监视系统具有监视地面火箭导弹发射、飞行全过程的能力。

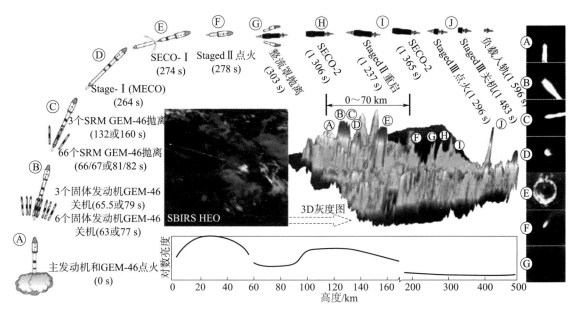

图 3-4　德尔它-7920H 运载火箭发射卫星全过程中波红外图像

　　火箭导弹的动力来源于发动机。地地、地空、空空导弹的固体火箭发动机的组成主要包括药柱、燃烧室（壳体、隔热层等）、喷管、点火装置等，如图 3-5 所示。一般固体发动机的外壳就是导弹的外壳，导弹发动机工作时其燃烧室内发生着将化学能转化为热能的过程，会产生高温高压燃气并经过喷管后向喷出。发动机内的热能也通过隔热层、壳体向外辐射。由此形成较强的导弹红外辐射特征。

　　巡航导弹起飞助推发动机为固体发动机，与图 3-5 原理相同，是发射时的主要暴露特征。巡航用主发动机一般为涡轮喷气发动机。涡轮喷气发动机安装在弹体壳体内，发动机结构由进气机匣、压气机、燃烧室、涡轮、喷管、转轴以及控制、润滑、进油、起动点火等系统组成。由于主发动机本身采取了隔热设计措施，因此主发动机的热辐射主要来源为喷口及其喷焰，无加力燃烧的发动机尾喷管的辐射大于尾焰的辐射，加力燃烧尾焰的辐射大于喷管的辐射。"战斧"巡航导弹采用的 F107 涡扇发动机（图 3-6）涡轮进口温度为 2 033 ℃，燃气温度可达到 3 200 ℃。

　　文献［23］计算了美国"战斧"系列巡航导弹的红外特征参数，可供参考，将其结果介绍如下：

　　（1）发动机尾喷管的红外特征参数

　　计算尾喷管面积 205.4 cm²，巡航状态下温度为 487℃（辐射系数取 0.8），特征值见表 3-3。

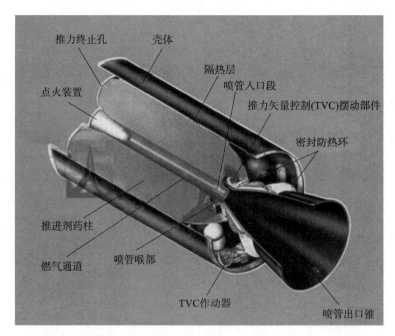

图 3-5　导弹固体火箭发动机组成示意图

图 3-6　"战斧"巡航导弹用 F107 涡扇发动机

表 3-3　发动机尾喷管在不同红外波段下的辐射参数

波长 $\lambda/\mu m$	0.5～3	3～5	8～12
辐射亮度 $L/(W\cdot sr^{-1}\cdot cm^{-2})$	5.588×10^{-2}	1.56×10^{-1}	6.176×10^{-2}
辐射强度 $I/(W\cdot sr^{-1})$	11.455	32.061	12.661

（2）蒙皮的红外辐射

导弹蒙皮的红外辐射源自蒙皮的气动加热、环境辐射加热甚至内部仪器设备的辐射加热引起的结构升温。

导弹蒙皮的温度经验计算公式为

$$T_s = T_0(1 + 0.164Ma^2) \tag{3-9}$$

式中　T_s——蒙皮驻点的温度；

　　　T_0——周围大气的温度（具体取值可参考表 3-8 和图 3-17）；

　　　Ma——飞行马赫数。

当巡航马赫数为 0.7，周围温度为 300 K，取辐射系数 $\varepsilon = 0.8$，蒙皮气动加热红外特征参数计算结果见表 3-4。

表 3-4　蒙皮气动加热在不同红外波段下的辐射参数

$\lambda / \mu m$	$0.5\sim3$	$3\sim5$	$8\sim12$	备注
$L/(W \cdot sr^{-1} \cdot cm^{-2})$	0.329×10^{-5}	0.334×10^{-3}	0.444×10^{-2}	
$I_1/(W \cdot sr^{-1})$	6.909×10^{-3}	7.014×10^{-1}	9.324	迎头计算值，辐射面积取 0.21 m^2
$I_2/(W \cdot sr^{-1})$	9.87×10^{-3}	10.02	1.332×10^2	正侧面计算值，辐射面积取 3 m^2

（3）喷焰的红外辐射

巡航导弹的喷焰主要成分为二氧化碳和未完全燃烧的微小固体碳微粒，其辐射能主要集中在 2.4~3.1 μm 和 4.3~4.55 μm 两个波段内。表 3-5 为发动机尾喷管在不同红外波段下的辐射参数。

表 3-5　发动机尾喷管在不同红外波段下的辐射参数

$\lambda / \mu m$	$2.4\sim3.1$	$4.3\sim4.555$	备注
$L/(W \cdot sr^{-1} \cdot cm^{-2})$	1.057×10^{-3}	1.872×10^{-2}	
$I_1/(W \cdot sr^{-1})$	1.15	20.4	迎头计算值，辐射面积取 0.11 m^2
$I_2/(W \cdot sr^{-1})$	2.99	53.1	正侧面计算值，辐射面积取 0.28 m^2

国外的学者认为涡轮喷气发动机的喷口辐射相当于圆柱形热金属空腔辐射并给出了发射率的计算公式，小哈德逊认为工程计算中可将涡轮喷气发动机的喷口辐射等效为一个灰体，其发射率为 0.9，温度等于排出气体的温度（尾喷管内的气体温度），面积等于排气喷管的截面积。有学者根据实测数据认为小哈德逊的计算方法得到的数据比实际值偏小，但是作为一种估算方法还是比较方便的，可用于估算喷口的辐射能量。

地地、地空、空空等导弹固体火箭喷焰本质上是由发动机喷管高速喷出的化学反应燃烧产物（CO_2、CO、H_2O、HCl 气体和 Al_2O_3 等颗粒）及其与空气混合、燃烧（化学反应）形成的射流。受到气流速度、温度等因素影响，其中 O_2、N_2、CO_2、CO、H_2O、HCl 等不同气体或固体颗粒物的辐射效应是不同的，见表 3-6，主要集中在中波红外区间。乐嘉陵指出有的弹道导弹固体发动机从喷管喷出的燃气温度有 2 000~2 400 K（注：热力学开氏温度 T/K 和摄氏温度 $t/℃$ 的关系为 $T = 273.15 + t$），红外总辐射强度量级为 10^6 W/sr，能量集中在 3~4 μm 波段。而孙蕊指出弹道导弹尾焰长约 50 m，喷口处尾焰直径为 4 m，温度约为 1 800 K，尾焰的平均温度为 1 400 K，中波辐射能量超过 10 000 W/sr，

总辐射强度可达 $2×10^6$ W/sr，中波能量占比 30％，长波占比约 5％。飞行中的俄罗斯先锋导弹的喷焰如图 3-7 所示。

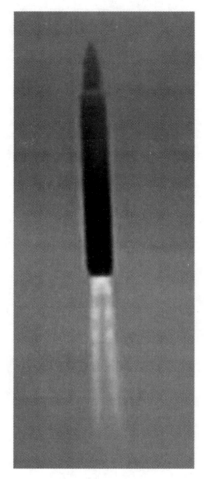

图 3-7　先锋导弹飞行过程中的喷焰

各种导弹发动机的喷焰形状是不同的，但是一旦发动机的状态固化，其辐射特性基本就确定了，所以红外特征图像就可以作为识别不同导弹的依据。

表 3-6　火箭发动机喷焰主要组分的红外辐射波段

组分	光谱区间/μm
H_2O	2.2～4.17(OH 和 H_2O 的弯曲振动峰)
HCl	3.24～4.12(HCL 或 HCL－H_2O)
CO_2	4.29～6.67(CO_2 的非对称峰)
CO	4.45～4.84(CO 的非对称峰)

美国等很多国家的研究机构为研究天基红外预警系统和红外导引头，专门针对导弹发动机喷焰辐射特性开展计算模型研究，同时建立了喷焰燃气辐射物性参数库。热辐射的强度及光谱成分取决于辐射体的温度、压力、气体密度等多重因素，计算模型比较复杂，一

般是在仿真计算基础上，以实验实测数据为依据。图 3 - 8（a）为以色列 Avital 等用光谱仪测量的 BEM 固体发动机的红外辐射特性曲线（发动机配方采用 AP/HTPB 推进剂、无铝添加剂），图 3 - 8（b）为文献［2］根据美国 Atlas - ⅡA 火箭发动机喷焰组分参数计算数据与试验数据比对结果曲线。根据发动机喷焰主要辐射波段和辐射强度特性，可以为红外导引头探测单元的波段、灵敏度等指标的选择提供依据。

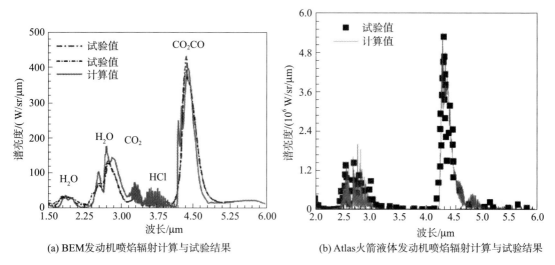

(a) BEM发动机喷焰辐射计算与试验结果　　(b) Atlas火箭液体发动机喷焰辐射计算与试验结果

图 3 - 8　喷焰的红外辐射特性计算与试验结果

对喷焰的流场（温度场、速度场、压力场）进行计算的基本方法是 CFD（计算流体力学）方法，例如常用的 S - A 方程模型和 RNG K - ε 方程模型，现在很多算法已经加入到商用软件，采用网格划分、可视化显示等技术使 CFD 计算更加方便。这方面的研究文献较多且理论方法基本相同，具体计算方法可参见文献［3］和相关期刊论文，文献［3］还介绍了不同海拔下伴随射流和多组分、多相流、复燃计算模型。一个采用 Fortran 语言编程计算的喷焰流场结果如图 3 - 9 所示。

文献［5］在验证了喷焰计算模型的基础上，计算了某固体发动机在不同高度下的喷焰温度分布，如图 3 - 10 所示。计算表明，由于大气压力、空气密度和大气温度等的变化，导弹发动机在不同高度下的喷焰温度场分布是不同的。该文还对气动喷焰耦合流动、不同攻角情况下气动喷焰耦合情况进行了喷焰场和喷焰辐射特性仿真计算（图 3 - 11），这种计算可为防空导弹红外导引头设计提供依据。

文献［12］对小型固体发动机的喷焰进行了试验测量和拍照，如图 3 - 12 所示。

导弹飞行中，导弹发动机的燃烧室的温度很高，典型的丁羟推进剂燃烧温度在 3 300～3 600 K，发动机内的高温会通过壳体传输到导弹外表面；另一方面，导弹飞行中壳体会因气动加热引起温度升高，因此导弹发动机的壳体也是一个重要的红外辐射来源。导弹飞行中壳体表面的温度存在如下关系式

$$\frac{\mathrm{d}T}{\mathrm{d}t} = K \times [q_c(t) - q_r(t) + q_t(t)] \qquad (3-10)$$

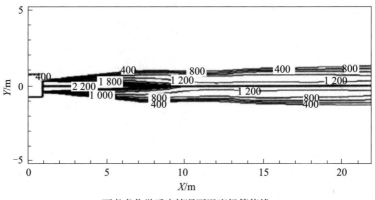

不考虑化学反应情况下温度场等值线

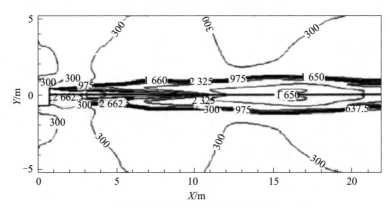

考虑化学反应情况下温度场等值线

图 3 - 9　固体火箭发动机喷焰温度场计算结果

式中　T ——导弹表面温度；

　　　　K ——比例系数，与材料特性有关；

　　　　$q_c(t)$ ——对流产生的热流密度，与飞行高度、速度、姿态以及姿态变化率等相关；

　　　　$q_r(t)$ ——辐射热流密度，与温度、材料有关，根据斯忒藩-玻耳兹曼定律确定

$$q_r(t) = \varepsilon\sigma(T^4 - T_0^4) \tag{3-11}$$

式中　σ ——斯忒藩-玻耳兹曼常数，$\sigma = 5.67 \times 10^{-8}$ W/(m² · K⁴)；

　　　　ε ——表面黑度系数，由物体表面粗糙度决定，如铝制表面一般取 0.47～0.5；

　　　　T_0 ——表面初始温度。

　　　　$q_t(t)$ 为传热相关的热流密度，可由下式确定

$$q_t(t) = -\lambda \nabla T \tag{3-12}$$

式中　λ ——传热系数；

　　　　∇T ——温度梯度。

　　刘姝含利用试验数据和回归分析方法得到某导弹表面的温度变化，如图 3 - 13 所示。

　　李志伟等人的文章列出在 12.3 km 高空中导弹壳体在热平衡时表面的温度 T 与速度的关系为

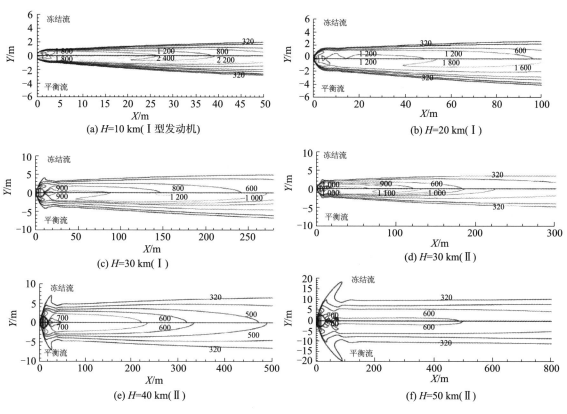

图 3-10　不同高度下发动机的喷焰温度等值线计算结果（见彩插）

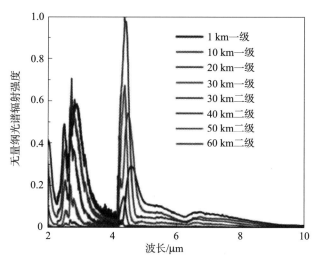

图 3-11　一二级发动机喷焰在不同高度上无量纲光谱辐射强度（见彩插）

$$T = 216.7 \times (1 + 0.164Ma) \tag{3-13}$$

式中　　T ——表面温度，单位为℃；

　　　　Ma ——飞行马赫数。

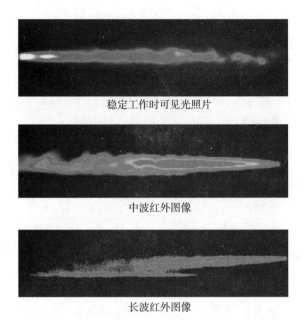

稳定工作时可见光照片

中波红外图像

长波红外图像

图 3-12　固体火箭发动机喷焰图像（地面试验）（见彩插）

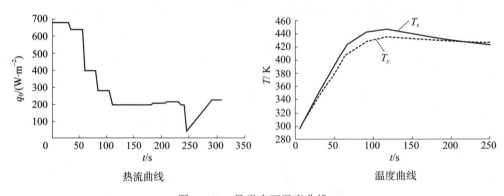

热流曲线　　　　　　　　　　　温度曲线

图 3-13　导弹表面温度曲线

　　据有关文献，美国红石弹道导弹在 20 km 高度以 $Ma=5$ 速度飞行时其外壳的红外辐射强度为 4.4×10^4 W/sr。

　　导弹发动机的喷管也是一个显著的热源，为了计算喷管的热应力、变形和烧蚀效应，工程上常采用工程热物理方法和有限元方法结合进行计算，具体可参见文献 [3，7] 等，以固体发动机喷管计算为例介绍如下。

　　喷管模型采用二维轴对称模型，耐烧蚀层为石墨布，喉衬为碳碳复合材料，绝热层为碳酚醛，壳体为钢材，模型如图 3-14 所示，计算中用到的材料物理参数见表 3-7。

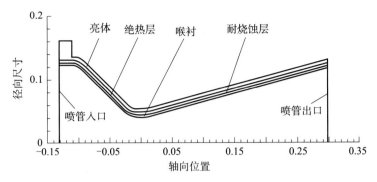

图 3 - 14　喷管的二维轴对称模型

表 3 - 7　喷管材料参数（参考值）

材料名称	密度/(kg·m^{-3})	比热容/(J·m^{-1}·K^{-1})	导热率/(W·m^{-1}·K^{-1})
石墨布	1 450	1 005	3 096
碳碳复合材料	1 900	1 182	98.67
碳酚醛	1 600	1 162	0.208
钢	7 850	465	49.8

利用网格划分软件对模型进行网格划分，利用 CFD 软件进行流场分析计算。文献［11］给出了固体发动机喷管各交界面的温度分布计算结果，如图 3 - 15 所示。

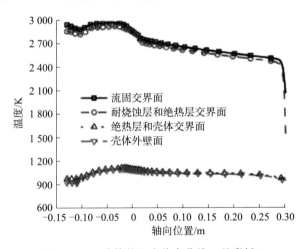

图 3 - 15　喷管的温度分布曲线（见彩插）

弹道导弹中段飞行期间，发动机已经关机，导弹的表面温度主要由太阳的辐射、地球的辐射、内部传热和向空间的热辐射等因素决定。热平衡状态下有以下关系

$$P_E = P_A + P_I \tag{3-14}$$

式中　P_E——物体的辐射功率；

　　　P_A——物体的吸收功率；

　　　P_I——内部产生的热功率，具体公式见相关文献。

　　对中段飞行的弹道导弹，红外目标包括最后一级分离的发动机、干扰装置和诱饵、假弹头、真弹头以及其他分离残骸等，这些红外目标按照一定的时序出现，运动轨迹逐渐分离，各目标的红外辐射强度的变化规律各不相同。据呼玮等对战术弹道导弹中段特性进行的仿真计算，假设飞行初始温度为 300 K，目标表面的太阳光反射率为 0.4，表面发射率为 0.7，材料厚度为 1.76 cm，材料密度为 1.923 g/cm³，比热为 1.13 J/（g·℃），进入中段的弹体温度变化不大，其在 600 s 后变化幅度为 10 K 左右。一般关机点高度大于80 km，因此弹体温度比大气背景温度高出约 100 K。

　　文献［24］计算出了弹道导弹中段空间目标的温度变化曲线，如图 3-16 所示，发动机残骸、弹头和气球等不同目标的表面温度及其变化规律是不同的，可作为目标红外探测识别的依据。

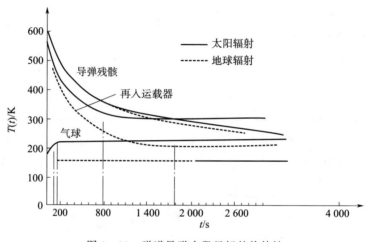

图 3-16　弹道导弹中段目标的热特性

　　弹道导弹的红外假目标或红外诱饵表面的温度设计一般也参考式（3-13），使诱饵的红外辐射特性与真实弹头的红外特性基本一致，才能不被很快识别出来。

　　由于高空低温环境，头体分离后中段"自由"飞行的弹头表面温度虽有下降，由于其热容量较大，与大气背景的温度差异还是显著的。北半球大气温度随重力势高度变化可见表 3-8（参考）。超过 80 km 的大气温度可参考图 3-17。

表 3-8　北半球大气温度和高度对应关系表

高度 H/km	−2.00	0.00	11.00	20.00	32.00	47.00	51.00	71.00	80.00
温度/K	301.15	288.15	216.65	216.65	228.65	270.65	270.65	214.65	196.65

　　注：位势（或重力势）高度 H 和几何高度 Z 的关系式：$H = \dfrac{r_0 \cdot Z}{r_0 + Z}$，$r_0 = 6\,356.766$ km 为地球有效半径。

　　对在大气层内超声速飞行的导弹，表面的气动加热计算和防护是导弹总体和结构设计中一项重要的工作。据文献［6］，弹头高速再入大气层时由于加速和气动阻力，弹头迎风面压力大增，使空气剧烈压缩，动能转化为热能，导致弹头表面温度迅速升高，弹头表面温度可达 1 000～2 000 K（不同导弹有差异，驻点最大可达 7 000 K 以上），而弹头尾部会

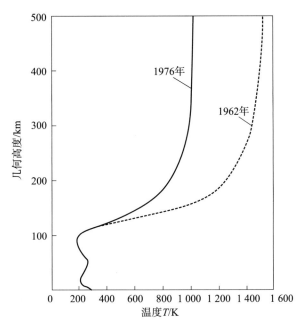

图 3-17　1 000 km 以下大气层的温度廓线图

出现 1 000 K 高温长尾迹。有的研究表明再入电离尾迹产生的红外辐射比飞行器本身的辐射大得多（几十到几百倍）。有文献介绍导弹的速度超过声速后其蒙皮的温度计算值如图 3-18 所示，可见超声速飞行的导弹的表面温度是很高的，这也为卫星红外探测和预警系统创造了机会。

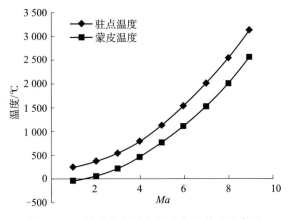

图 3-18　导弹蒙皮温度与速度的关系示意图

张海林等对 X-51A 高超声速导弹进行红外辐射建模计算，导弹点火工作后马赫数达到 5 时，蒙皮温度可达 1 122 K，3～5 μm 波段的上视总红外辐射强度为 25 596 W/sr，8～14 μm 波段的上视总红外辐射强度为 3 935 W/sr，下视总红外辐射强度为 2 538 W/sr。超燃发动机停止工作，速度达到最大值，假设 $Ma=6$，其蒙皮温度可达 1 518 K。

综上，导弹的红外特性是天基侦察、预警卫星和制导武器跟踪的重要暴露特征，通过对不同类型目标的红外特性进行仿真计算和试验测试,一方面可以了解导弹红外特性的产生机理和变化规律,另一方面为红外探测系统设计、导弹的红外隐身设计和中段反导目标识别提供技术支持。

3.2.3 导弹的紫外特征

紫外光是波长在 $0.01\sim0.40\ \mu m$ 的光,介于电磁波谱的可见光与 X 射线之间,第 2 章介绍了紫外光的大气窗口为 $0.15\sim0.20\ \mu m$ 、$0.30\sim0.40\ \mu m$。通常物体辐射温度越高则紫外辐射越强且波长越短。日常生活中太阳光中的紫外线是最常见的强紫外光,但是由于大气层的吸收作用,太阳光中的紫外线绝大部分已经被吸收,尤其 $0.20\sim0.30\ \mu m$ 波段称为日盲区。而火箭导弹以及战斗机的紫色喷焰也是典型的紫外辐射,国外从 20 世纪 80 年代就有相关紫外告警产品研制,而国内从 2000 年后开始有很多相关的研究。根据有关文献介绍,导弹尾焰的紫外辐射主要由热辐射和尾焰成分的化学荧光产生,紫外热辐射是由于喷焰成分的高温辐射(如 Al_2O_3),化学荧光是由喷焰中未燃烧的高温粒子在空气中二次燃烧化学反应引起的(C、N、O、H 之间的化学反应释放出紫外波段的光子,称为化学荧光),而在日盲区波段内导弹尾焰的化学荧光主要来自 CO+O 的化学重组。文献[43]介绍的某导弹的尾焰产物气体成分与紫外波段见表 3-9,尾焰的辐射强度-波段特性如图 3-19 所示。

表 3-9 导弹羽焰成分与紫外波段

组分	CO	H_2O	O_2	NO	CO_2
紫外波段/μm	0.200~0.246	0.244~0.308	0.244~0.437	0.250~0.370	0.287~0.316

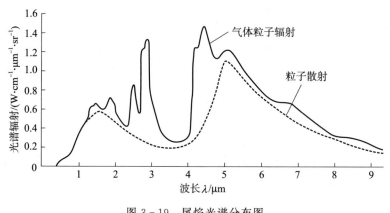

图 3-19 尾焰光谱分布图

文献[44]在介绍导弹尾焰紫外辐射特性(氧化铝模型)的基础上参考国内外文献建立了简化为圆柱形喷焰的紫外辐射模型并进行了仿真计算。文献[45]介绍了推进剂类型和铝粉对导弹固体发动机羽焰紫外辐射特性的影响,建模计算了双基、改性双基和复合推进剂羽焰的紫外辐射特性,可为导弹预警与导弹紫外隐身设计提供参考。该文计算了MSPM 固体火箭发动机羽焰在 $0.2\sim0.4\ \mu m$ 波段内的辐射强度并与 PRCJ 模型的计算结果进行了比较，如图 3 - 20 所示；计算了不同推进剂的 O、CO、Al_2O_3 在羽焰轴线的分布，不同配方的推进剂的紫外辐射特性仿真结果如图 3 - 21 所示。

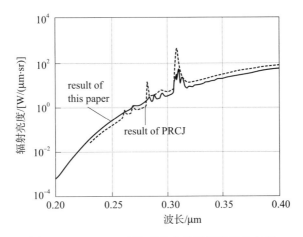

图 3 - 20 MSPM 羽焰紫外光谱辐射强度分布图

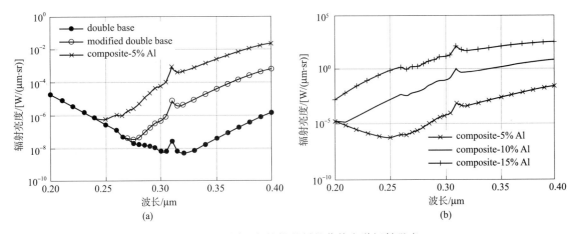

图 3 - 21 不同配方的推进剂的紫外光谱辐射强度

文献［46］从天基预警卫星角度分析了导弹紫外波段尾焰信号与大气背景亮度，利用氧化铝粒子模型得到导弹尾焰光谱亮度传输特性及与地面大气背景的光谱辐射亮度比值，得出当导弹高度超过 40 km 后，240～300 nm 波段的亮度比值较高，可用于进行导弹目标探测与识别，亮度对比关系如图 3 - 22 所示。

人们研究导弹的紫外特征就是为了利用该特征并结合其他如红外、雷达、可见光特征探测导弹，对大气层内外飞行中的来袭导弹进行预警或识别。紫外告警已成为军用飞机必备的防身功能，第一代导弹逼近紫外告警设备代表为美国的 AN/AAR - 47，第二代导弹逼近紫外告警系统代表为多元面阵型的 AN/AAR - 54 型。

为了试验检测紫外告警系统的性能，研究人员开发了导弹紫外特性模拟器。文献［47］综述了多种导弹紫外辐射特性模拟方法，包括紫外光模拟源（汞灯、氙灯、氘灯、卤钨灯、激光器等）和导弹逼近动态特征模拟方法。文献［48］通过控制阿基米德螺线盘和可变十字光阑实现导弹接近速度和接近距离的模拟，其模拟光学系统原理如图 3 - 23 所示。

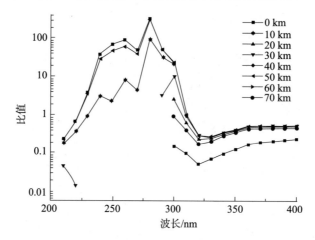

图 3 - 22　不同高度尾焰透过大气后亮度比值关系

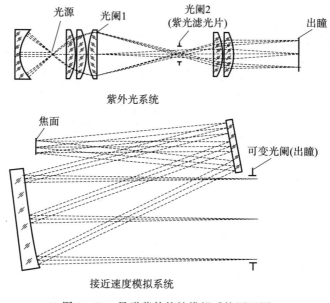

图 3 - 23　导弹紫外特性模拟系统原理图

3.2.4　导弹的电磁散射特征

本书导弹的电磁波散射特征（特性）指导弹在探测雷达的电磁波照射下的散射特征，主要包括目标的电磁波反射能力和起伏特性。根据雷达工作原理，探测雷达发出的电磁波照射到导弹时会产生反射（散射）、折射，其中有部分反射电磁波被雷达的接收天线接收到，这部分来自导弹的反射波蕴藏着导弹的目标属性信息和运动信息。根据电磁波散射理论，弹身的雷达散射主要为镜面反射和爬行波，弹翼的散射主要为边缘绕射和爬行波，导弹头部和进气道为镜面反射和边缘绕射，垂尾主要为镜面反射、边缘绕射和爬行波，平尾主要为边缘绕射和爬行波，文献［27］给出了典型飞行器的 7 种雷达散射机理，如图 3 - 24 所示，也可用于解释导弹的电磁波散射特性。目标电磁波散射特性既与导弹（外形轮廓与尺寸、材料特性、表面粗糙度等）有关，也与雷达波的频率、相位、照射角度、极化方向等有关，通过分析目标的电磁波反射特性可以获得特定目标的雷达散射截面及其统计特征参数、散射中心分布甚至外形等，可用于对目标进行分类和识别。目标起伏特性是指目标回波的幅度、相位的随机起伏和多普勒频率闪烁，是由目标的运动、运动中的姿态变化、目标上的运动部件以及雷达频率变化和对目标观测角的变化引起的，可据此计算出运动目标的空间位置、运动速度、加速度、轨迹等，用于对来袭导弹进行预警、跟踪和导引反导拦截弹。因此，导弹的电磁散射特性对于导弹和反导系统都是需要进行研究的特性。

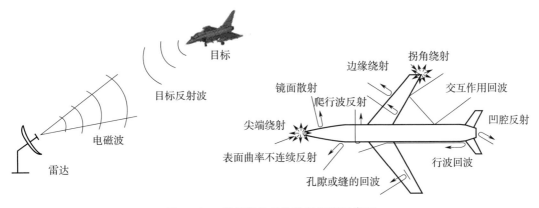

图 3 - 24　飞行器的 7 种散射机理示意图

导弹的雷达特征是多维度的，其工作机理复杂。在飞机、导弹的攻防对抗与隐身设计中，常用目标的雷达散射截面积（RCS）σ 作为综合衡量其雷达散射特性的特征值。目标的雷达散射截面积的含义为单位体积角内后向散射功率与单位面积入射功率之比的 $4\pi R^2$，单位为 m^2，用数学公式表示如下

$$\sigma = \lim_{R \to \infty} 4\pi R^2 \frac{E_s^2}{E_i^2} \qquad (3-15)$$

式中　R——目标至雷达接收天线的距离；

　　　E_s——后向散射电场强度幅值；

　　　E_i——入射电波电场强度幅值；

　　　σ——对导弹照射面区域内积分的结果。

因此，该特征值是一个宏观特征，是目标和雷达各种因素综合作用的结果，该特征值不能反映目标局部特征。一些典型目标的 RCS 参考值见表 3 - 10。

表 3 - 10　典型目标的 RCS 值（微波波段）

目标	雷达截面积/m^2	目标	雷达截面积/m^2
大型舰艇	＞20 000	FB - 111 轰炸机	7
中型舰艇	3 000～10 000	F - 4"鬼怪"战斗机	6

续表

目标	雷达截面积/m²	目标	雷达截面积/m²
小型舰艇	50～250	米格-21战斗机	4
巨型客机	100	"阵风"D战斗机	2
大型轰炸机或客机	40	B1-B轰炸机	0.75
常规巡航导弹	0.5	B-2轰炸机	0.1
人	1	F-117A战斗机	0.017
大鸟	0.05	F-22"猛禽"战斗机	0.000 15～0.000 6（正面）
小鸟	0.000 01	F-35战斗机	0.001 2～0.001 5（正面）
F/A-18E/F战斗机	0.05～0.5（正面）	F-16C战斗机	1.0～3.0（正面）
米格-29	5.0（正面）	F-15和苏27	10.0～25.0（正面）

公式（3-15）的定义是单站 RCS，即发射天线和接收天线是一副天线且仅考虑后向散射，当有两个间隔一定距离的雷达接收天线时，称为"双站 RCS"。因此仅用于理论分析计算，实际静态测量中，采用相对标定法计算得到目标的 RCS。其原理是将已知精确 RCS 值的定标体和被测目标先后放置在待测位置，分别测得其雷达接收功率 P_{r0}、P_r，则目标的 RCS 值如下

$$\sigma = \frac{P_{r0}}{P_r}\sigma_0 \tag{3-16}$$

工程上常用 σ 的对数乘以 10 作为特征值，其单位为分贝平方米（dBsm），转换关系为

$$\sigma_{(\text{dbsm})} = 10\lg(\sigma_{(\text{m}^2)}) \tag{3-17}$$

虽然有测量实际导弹 RCS 的方法，但是在进行导弹方案和工程样机设计阶段，有突防需求的弹道导弹、巡航导弹等需要对其自身 RCS 值进行理论预估计算，地空导弹需要对指标中要求拦截的导弹的 RCS 值进行预估计算并进行拦截仿真，因此导弹的电磁散射特性计算是很多导弹武器系统研制中必不可少的项目，可为导弹的技术设计提供定量和定性依据。下面介绍几种典型结构的 RCS 工程计算公式。

金属球体 RCS 计算公式为

$$\sigma = \frac{\lambda^2}{\pi} \left| \sum_{n=1}^{\infty} (-1)^n (n+0.5)(b_n - a_n) \right|^2$$

$$a_n = \frac{j_n(ka)}{h_n^{(1)}(ka)}, \quad b_n = \frac{kaj_{n-1}(ka) - nj_n(ka)}{kah_{n-1}^{(1)}(ka) - nh_n^{(1)}(ka)} \tag{3-18}$$

式中　a——导电球半径；

　　　λ——雷达工作波长；

　　　k——波数，$k = 2\pi/\lambda$；

　　　$h_n^{(1)}(x)$——第一类球汉开尔函数，$h_n^{(1)}(x) = j_n(x) + jy_n(x)$；

　　　$j_n(x)$——第一类球贝塞尔函数；

　　　$y_n(x)$——第二类球贝塞尔函数。

式 (3-18) 表明，雷达波的波长不同则金属球体的 RCS 值也不同，对导弹也一样，不同雷达波照射时的 RCS 值也不同。

一个半径为 1 m 的金属球的 RCS 值在不同频率照射下 RCS 计算结果如图 3-25 所示。

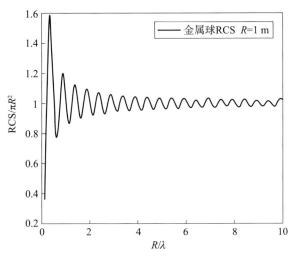

图 3-25　金属球的 RCS 变化曲线

从图 3-25 可看出目标的散射 RCS 的变化与波长之间有一定的规律性，而且这种规律具有一定普遍性，工程上根据雷达波长和目标的尺寸之比将目标的散射特性分为三个区：瑞利区、谐振区和光学区，常规雷达一般工作在谐振区和光学区。

瑞利区：电磁波的波长远大于目标的尺寸 $(\lambda \gg R)$，可假定入射波沿散射体基本上没有相位变化，目标 RCS 近似与电磁波频率的 4 次方成正比。

谐振区：电磁波的波长与目标尺寸接近 $(\lambda \approx R)$，在谐振区内，散射体的每一部分都会影响到其他部分，散射体各部分间相互影响的总效果决定了最终的电流密度分布，目标 RCS 随频率的变化呈现振荡趋势。

光学区：目标的尺寸远大于电磁波的波长时 $(R \gg \lambda)$，主要是镜面反射和不连续处的边缘散射，目标 RCS 为多个强散射区的叠加，$\sigma = \sum_{i=1}^{n} \sigma_i$。

为便于阅读和查询，下面列出常用的雷达波段，见表 3-11。

表 3-11　常用雷达波段代号、频率、波长对照表

美军雷达波段			国际电信联盟雷达波段			备注
波段代号	频率	波长	波段代号	频率	波长	
A	100~250 MHz	3.0~1.2 m	VHF	137~144 MHz	2.19~2.08 m	甚高频，超视距雷达，"铺路爪"地基预警雷达 420~450 MHz
B	250~500 MHz	1.2~0.6 m		216~225 MHz	1.39~1.33 m	

续表

美军雷达波段			国际电信联盟雷达波段			备注
C	500~1 000 MHz	60~30 cm	UHF	420~450 MHz	71.43~66.67 cm	超高频,超长距预警雷达,预警机雷达,"爱国者"AN/MPQ‐53 雷达
				890~940 MHz	33.71~31.91 cm	
D	1~2 GHz	30~15 cm	L	1.215~1.4 GHz	24.69~21.43 cm	远距离空中航线监视、战场监视雷达
E	2~3 GHz	15~10 cm	S	2.3~2.55 GHz	13.01~11.76 cm	陆基、舰载中距雷达。宙斯盾系统 AN/SPY‐1 雷达 3.1~3.5 GHz
F	3~4 GHz	10~7.5 cm		2.7~3.7 GHz	11.11~8.11 cm	
G	4~6 GHz	7.5~5.0 cm	C	5.255~5.925 GHz	5.71~5.06 cm	战场监视、导弹控制雷达
H	6~8 GHz	5.0~3.75 cm				
I	8~10 GHz	3.75~3.0 cm	X	8.5~10.7 GHz	3.53~2.80 cm	机载雷达,THAAD 反导系统雷达
J	10~20 GHz	3.0~1.5 cm	Ku	13.4~14.4 GHz	2.24~2.08 cm	导弹制导雷达
				15.7~17.7 GHz	1.91~1.69 cm	
K	20~40 GHz	1.5~0.75 cm	K	23.0~24.25 GHz	1.3~1.24 cm	近程地形跟随雷达
			Ka	33.4~36.0 GHz	8.98~8.33 mm	
L	40~60 GHz	7.5~5 mm				
M	60~100 GHz	5~3.0 mm				

　　在 2000 年前一般采用近似公式对导弹的物理光学区 RCS 值进行简化估算。导弹的总雷达散射通过分别计算弹头、弹体和弹翼、直边缘等的 RCS,进行叠加求得。典型规则外形目标的物理光学区 RCS 近似估算公式如下。

　　金属三面角反射器的 RCS 近似计算公式为

$$\sigma = \frac{\pi l^4}{3\lambda^2} \tag{3-19}$$

式中　l ——三角形张角的一个边长,入射波垂直于三角形张角。

　　金属平板的 RCS 近似计算公式为

$$\sigma = \frac{4\pi A^2}{\lambda^2} \tag{3-20}$$

式中,A 为平板的平面面积,特殊情况,对于半径为 r 的圆板,则 $\sigma = \frac{4\pi^3 r^4}{\lambda^2}$。其中入射波垂直于板平面。对非垂直入射的工况(与平板的垂直轴线有 θ 偏离角),有近似计算公式

$$\sigma = \frac{\lambda r}{8\pi\sin\theta\tan^2\theta} \tag{3-21}$$

单曲面的 RCS 近似计算公式

$$\sigma = \frac{2\pi a l^2}{\lambda} \tag{3-22}$$

式中　a ——平均曲率半径；

　　l ——长度，入射波垂直于曲面。

双曲面的 RCS 近似计算公式

$$\sigma = \pi a_1 a_2 \tag{3-23}$$

式中　a_1、a_2 ——镜面散射点处的主曲率半径，入射波垂直于曲面。

直边缘的 RCS 近似计算公式

$$\sigma = \frac{l^2}{\pi} \tag{3-24}$$

式中　l ——边缘长度，入射波垂直于直边。

曲边缘的 RCS 近似计算公式

$$\sigma = \frac{a\lambda}{2} \tag{3-25}$$

式中　a ——边缘外形的半径，入射波垂直于曲边。

圆锥顶角的 RCS 近似计算公式

$$\sigma = \lambda^2 \sin^4\left(\frac{\alpha}{2}\right) \tag{3-26}$$

式中　α ——半锥角，入射波沿圆锥轴线。

圆柱体的 RCS 最大值近似计算公式

$$\sigma_{\theta_n} = \frac{2\pi H^2 r}{\lambda} \tag{3-27}$$

式中　r ——柱体半径；

　　H ——柱体长度。

文献 [17] 中弹体部分的物理光学 RCS 用下式进行简化计算（弹轴为 Z 向，Y 垂直向上，X 按右手规则定）：

$$\sqrt{\sigma} = l\sqrt{ka\sin\theta}\,\frac{\sin(l\cos\theta)}{kl\cos\theta}e^{-j2k(r_0^\circ e_s + z_0\cos\theta + a\sin\theta) + j\frac{3}{4}\pi} \tag{3-28}$$

式中　l ——柱体的长度；

　　a ——柱体的半径；

　　z_0 ——柱体重心的 Z 轴坐标；

　　r_0 ——局部坐标原点相对于总体坐标的位置矢量；

　　k ——波数，$k = 2\pi/\lambda$。

文献 [17] 给出了弹头旋转体的物理光学 RCS 的计算公式

$$\sqrt{\sigma} = \sqrt{\frac{k}{\mathrm{j}\sin\theta}} \int_{z_0}^{z_1} \sqrt{\rho} \, (\sin\theta - \rho'(z)\cos\theta) \, \mathrm{e}^{-\mathrm{j}2k(\rho\sin\theta + z\cos\theta)} \, \mathrm{d}z \qquad (3-29)$$

文献 [18，19] 中也提出了类似的计算公式，其中文献 [19] 还给出了几种典型外形弹头的 RCS 值估算公式。

对复杂导弹目标 RCS 的更详细的计算一般采用电磁学的工程计算方法，包括全波算法：有限差分法（FDM）、有限积分法（FIT）、传输线矩阵法（TLM）、有限元法（FEM）、矩量法（MoM）、边界元法（BEM）和高频渐进算法：物理光学法（PO）、弹跳射线法（SBR）等。现在除了特殊情况外，一般都采用成熟的电磁散射计算软件进行计算，因为这些软件集成了成熟的工程物理样机三维和网格建模方法，只要根据要求提供初始电磁参数值，可根据不同计算需求选择不同的电磁算法求解器（Solver）求解，同时利用可视化的后处理工具软件便于进行分析和提供计算报告。2005 年后很多文献中目标雷达特性计算基本上采用这些商用软件完成，所研究的问题以及场景更复杂。

一种导弹模型在雷达光学区散射特性仿真计算结果如图 3-26 所示，导弹轴向散射较小，两侧散射远大于轴向。这为导弹的隐身角度设计指明了方向。

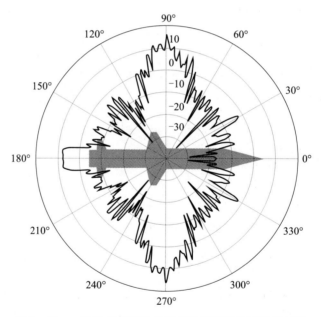

图 3-26　一种导弹模型的光学区散射特性仿真计算结果

为了说明雷达波频率和极化对 RCS 值的影响，图 3-27 给出了杨正龙等采用矩量法计算的某导弹的 RCS 值在不同入射角下不同频率和极化方式计算的结果。表明随着入射角度的增大 RCS 值随之增加，并且不同的极化方式的 RCS 曲线明显不同。

导弹在不同的飞行时间段内所面临的雷达探测威胁是不同的，所面对的雷达波段可能很宽，因此可以只考虑重点频率范围、重点角度方向（如横向 90°），适当兼顾其他频段和方向。比如弹道导弹面临从米波到毫米波的探测（频率范围 1～40 GHz），但是弹道导弹的突防薄弱环节在飞行中段，需要对抗预警雷达和搜索雷达的探测，频率范围在 1～

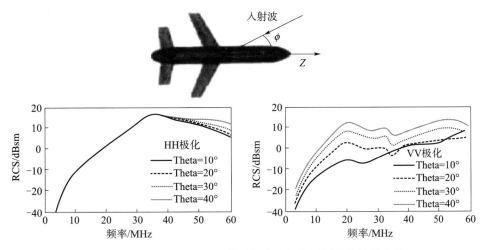

图 3 - 27 小型飞行器 RCS 值随频率和极化不同计算结果曲线

15 GHz，而且主要面临地基、海基中段反导、末段高空反导雷达的探测。因此导弹的雷达目标特征值应根据所对抗的具体雷达性能参数进行针对性分析计算，比如中国东海方向主要面临着美国、日本、韩国部署的 THAAD、"宙斯盾"系统和 PAC - 3 系统等雷达的探测，那么中国的导弹进行雷达特性设计必须重点考虑这种威胁并消除、降低这种威胁的不利影响。下面分析弹道导弹的雷达特征。

（1）助推段

弹道导弹的助推段因为头体未分离，发动机是一个圆柱体，机动弹头的头部为带十字舵的圆锥体（如潘兴导弹）或扁锥体（滑翔弹头），并且导弹外形尺寸相对较大，因此雷达目标特征明显。同时，导弹的喷焰中含有多种带电的等离子体（估计值为 $10^{10} \sim 10^{13}$ cm^{-3}），这种等离子体也对雷达波产生散射，增大了目标的 RCS 值。

彭鹏、童创明等采用矩量法结合准静态法对弹道导弹助推段的动态 RCS 特征进行了仿真，下面将其要点进行介绍，以供参考：

导弹助推段按发射面内典型飞行程序角进行飞行，飞行程序角为

$$\begin{cases} \theta = 90°, 1 \geqslant \mu \geqslant 0.95 \\ \theta = 4\left(\dfrac{\pi}{2} - \theta_k\right)(\mu - 0.45)^2 + \theta_k, 0.95 > \mu > 0.45 \\ \theta = \theta_k, 0.45 \geqslant \mu \end{cases} \tag{3-30}$$

式中　μ——质量比，$\mu = 1 - (1 - \mu_k)t/t_k$；

　　μ_k——燃料耗尽时的质量比；

　　t_k——燃料持续工作总时间。

根据导弹运动微分方程得到其主动段飞行速度为

$$V(\mu) = -g_0 P_{bz} \ln\mu - g_0 \upsilon_0 P_{b0} \int_1^{\mu} \sin\theta \, \mathrm{d}\mu \tag{3-31}$$

式中　υ_0——地面重推比；

P_{b0}——地面比推力；

P_{bz}——真空比推力。

由式（3-31）计算得到导弹的助推段运动轨迹如图 3-28 所示。

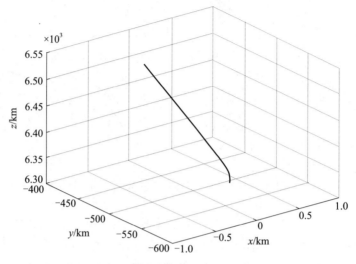

图 3-28　导弹助推段轨迹示意图

导弹初始参数：弹长 11.2 m，柱段长 8 m，半径 0.8 m，弹尖圆顶半径 0.1 m；$\mu_k =$ 0.2，$P_{bz} = 288$ kg/（kg·s^{-1}），$P_{b0} = 300$ kg/（kg·s^{-1}），$\theta_k = 60°$。根据运动轨迹、姿态角计算得到助推段的单站动态 RCS 值，如图 3-29 所示。

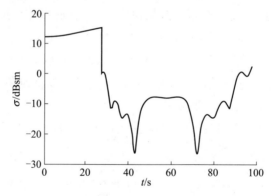

图 3-29　导弹助推段的动态 RCS 值计算结果

文献 [21] 采用时域有限差分法（FDTD）对民兵Ⅲ导弹及其羽流进行了 RCS 计算，如图 3-30 所示。随着下面级发动机的分离，弹体的 RCS 值相应会减小，喷焰的 RCS 值就会成为探测上升段导弹的一个显著雷达特征。

文献 [28] 提出了一种火箭尾焰的高频 RCS 计算方法，并与试验结果进行了对比，结果如图 3-31 所示。

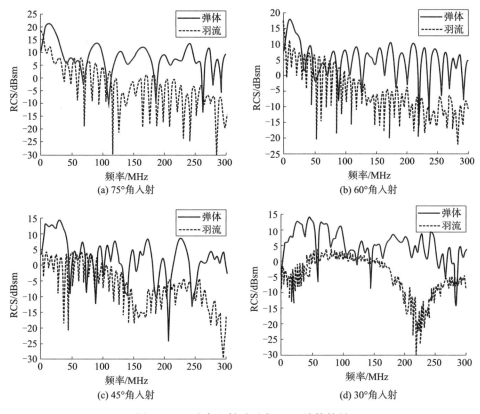

(a) 75°角入射　　　　　　　　　　(b) 60°角入射

(c) 45°角入射　　　　　　　　　　(d) 30°角入射

图 3 - 30　垂直入射时后向 RCS 计算结果

（2）中段

弹道导弹助推段结束后进入自由飞行段，中段是弹道导弹飞行过程中处于比较"被动"的阶段，很可能被中段反导系统拦截。自由飞行段主要目标有分离的发动机残骸、弹头（一个或多个）或头舱组合体、各种诱饵和假目标，发动机残骸、诱饵等和弹头的运动特性和轨迹是不同的，因此导弹自由段的雷达特征的多样性和复杂性给反导雷达识别真假目标增加了难度，但是也因此增加了雷达发现中段目标群的概率。国内外有很多弹道导弹中段雷达特征方面的研究，主要从中段反导和雷达目标识别的角度对中段的导弹雷达特征及其规律进行研究分析，提出了很多目标雷达目标识别的方法，包括目标 RCS 特征、极化特征、微多普勒特征、一维距离像特征、ISAR 像特征等识别。

选择有关研究要点介绍如下。

文献 [22] 采用 10 GHz 频率对民兵Ⅲ导弹弹头模型（1、3 个弹头）进行建模和静态 RCS 计算，弹头物理模型如图 3 - 32 所示。

文献 [22] 将弹头表面材料简化为完美电导体（实际弹头外壳应该为非金属防热防烧蚀层）进行静态和动态 RCS 计算，中段不同目标的动态 RCS 结果如图 3 - 33 所示，该文献为反导中段目标识别提供了仿真计算思路，但工程应用上应按单、二、三弹头真实材料特性和预警雷达的实际频率进行计算，并且可以从来袭导弹大致方位角（如北极方向、太

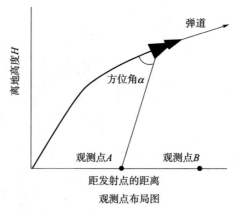

观测点布局图

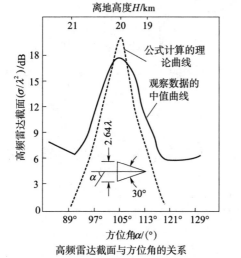

高频雷达截面与方位角的关系

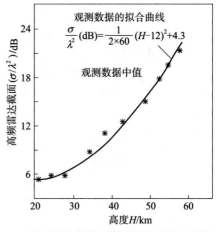

尾向观测高频雷达截面测试结果的中值曲线

图 3-31　火箭尾焰的高频 RCS 计算与实测曲线

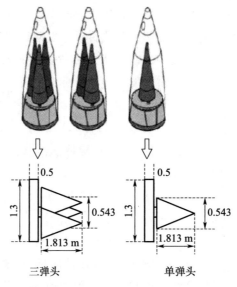

三弹头　　　　　　　单弹头

图 3-32　民兵导弹弹头物理模型示意图

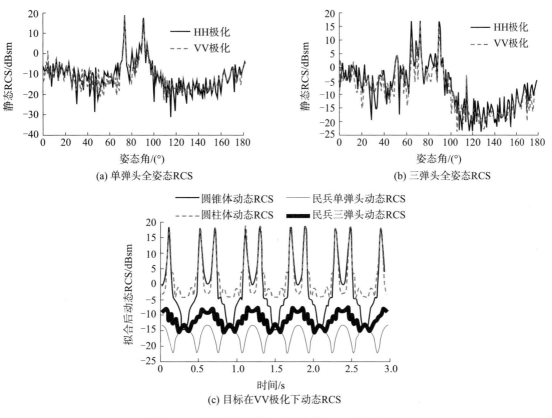

(a) 单弹头全姿态RCS

(b) 三弹头全姿态RCS

(c) 目标在VV极化下动态RCS

图 3-33　民兵Ⅲ导弹大弹头中段 RCS 计算结果

平洋方向）确定目标入射雷达波的角度，作为反导系统设计和目标识别的参考资料。

　　文献 [25] 也有类似的仿真计算。对美国 W78 弹头、印度的 Fire2 弹头和重诱饵、轻诱饵、发动机残骸等进行建模，如图 3-34 所示。通过对目标的运动建模、电磁散射建模，对弹头的动态 RCS 进行了计算，结果如图 3-35 所示，由计算结果看出中段弹头的 RCS 变化规律是比较稳定的。弹头和诱饵动态 RCS 的差异，可以作为识别假目标的依据。

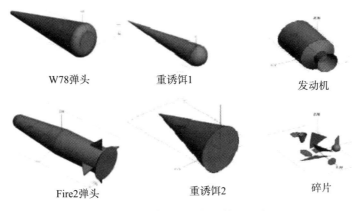

W78弹头　　　　　　　重诱饵1　　　　　　　发动机

Fire2弹头　　　　　　重诱饵2　　　　　　　碎片

图 3-34　导弹中段目标物理模型示意图

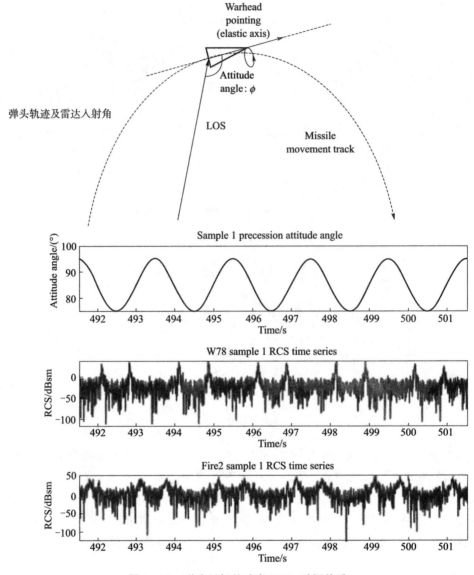

图 3 - 35　弹头目标的动态 RCS -时间关系

　　由于中段各目标的尺寸、形状等结构特征反映在目标高分辨率距离像（HRRP）上体现出来的是散射中心在空间分布的数量、位置和强度等方面的差异，文献［57］在弹道中段雷达目标识别研究综述中给出了球形诱饵和真实弹头的外形及 HRRP 曲线，如图 3 - 36所示。通过建立不同目标的 HRRP 特征库作为目标识别的依据。

　　（3）再入段

　　再入段主要目标有弹头、弹体或其碎片、重诱饵，弹体或碎片的运动轨迹和弹头的运动轨迹是不同的，通过雷达测量其运动轨迹就可以分辨出来。再入段大气分子密度逐渐增加，会在再入弹头周边形成等离子鞘套和尾流，不同的再入机动弹头及飞行弹道导致的尾流 RCS、雷达回波特性差别较大，这些目标特性信息为再入目标的识别提供了依据。

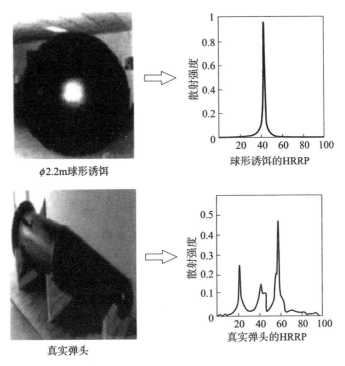

图 3 - 36　球形诱饵与真实弹头结构特征对比

文献［20］利用 EDITFEKO 软件对弹道导弹再入段动态 RCS 特性进行了仿真计算，如图 3 - 37 所示，可据此估算不同再入角度时，针对不同位置的雷达的 RCS 值，可为导弹突防弹道和反导雷达的位置选择提供参考。

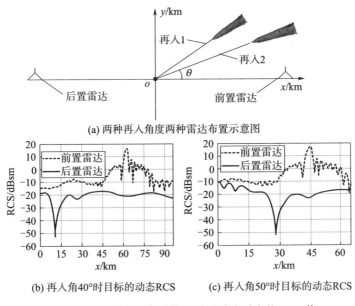

图 3 - 37　不同再入角时前、后置雷达对应的 RCS 值

　　文献［26］对再入弹头及其等离子体影响下的动态 RCS 进行了计算，弹头覆盖有等离子体鞘套时 RCS 值比纯金属弹头的 RCS 值小，如图 3-38 所示。该文还对不同落点、不同再入速度下的 RCS 值进行了计算，在雷达位置固定的情况下，不同落点和不同速度下的 RCS 值变化规律是不同的，图 3-39 为不同再入弹道和速度下的 RCS 计算结果（图中 $H = 100$ km，$d = 50$ km，$l = 200$ km，再入速度分别为 1 km/s、2 km/s、4 km/s）。

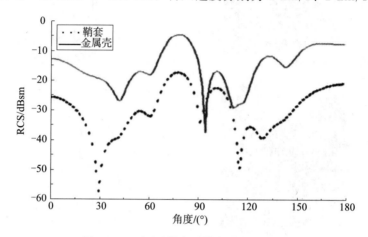

图 3-38　有/无等离子鞘套弹头的 RCS

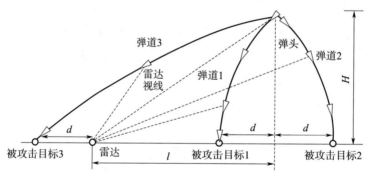

雷达位置固定，弹头轨迹、落点不同

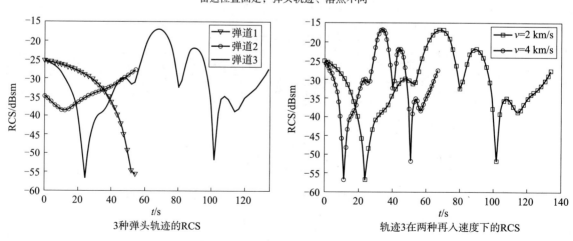

图 3-39　不同再入方式的 RCS 曲线

通过前面的介绍可知弹道导弹的动态雷达特征是复杂的，不同飞行阶段、不同的再入弹道和速度的 RCS 值的变化规律都是不同的，对各种弹道目标进行仿真计算是必要的，但是可能更需要进行实际目标的跟踪测量以建立目标的特征数据库。美国在俄罗斯、中国等国家周边建立了各种固定和机动雷达监测站，其目的之一就是对相关国家的弹道导弹飞行试验进行监测，积累目标信息。

弹道导弹之外的地空、空空、空地、巡航等导弹都是在大气层内飞行的有翼导弹，导弹飞行中面临来自空中和地（舰）面雷达的探测。从地空导弹的制导、防空反导预警和拦截等角度，都需要对这些导弹的雷达目标特性进行计算。尤其是亚声速巡航（或飞航）导弹面临突防的问题，从设计角度需要通过优化气动外形缩减本身的 RCS 值，从导弹防御的角度需要根据搜索雷达的频率和位置（角度）对拦截目标导弹的雷达散射特征进行模拟仿真计算。

文献 [29] 建立了 AGM137 和 BGM109 巡航导弹的物理模型并利用 FEKO 软件进行了各种照射角度和多种频率的 RCS 计算，其中 3 GHz、9 GHz 频率水平入射波计算结果如图 3-40 所示，其 3 个峰值对应垂直于弹翼前缘（210°）、正侧面（270°）、与弹翼后缘成 30°夹角（330°）。

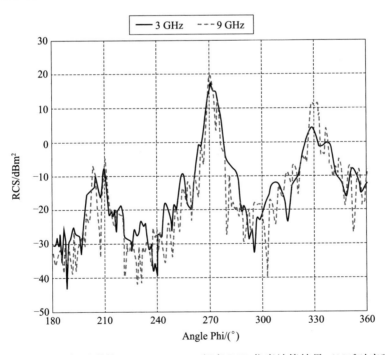

图 3-40　AGM137 巡航导弹的 3 GHz、9 GHz 频率 RCS 仿真计算结果（180°对应弹头方向）

文献 [30] 对一种巡航导弹弹翼和弹身结构的 RCS 进行了仿真计算。通过建立前水平弹翼的镜面反射和边缘绕射模型，分别采用物理光学法和等效电磁流法计算其水平、垂直极化（频率 9.375 GHz）RCS 值，结果如图 3-41 所示，由计算结果可见弹翼的边缘绕射比镜面反射的 RCS 值更大，在 ±9°位置（弹翼后掠角为 9°）都出现对称的峰值（分别为

10.8 dBsm、－2.3 dBsm)，90°的峰值对应尖弦边缘绕射峰值。该文未对俯仰角度和俯仰、偏航组合角度方向进行计算。

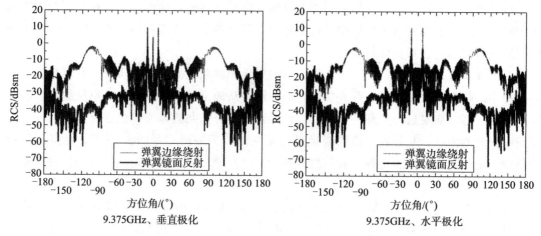

9.375GHz、垂直极化　　　　　　　　　　　9.375GHz、水平极化

图 3 - 41　弹翼的电磁镜面反射和边缘绕射 RCS 计算结果

3.2.5　导弹的声音特征

导弹有动力飞行过程中发动机工作和燃气喷射会产生噪声，例如有的资料介绍飞机起飞时的噪声可达 140 dB，火箭、导弹发射时的噪声可达 160 dB，洲际导弹助推段的噪声和飞机起飞的噪声类似，超声速飞行的导弹或弹头还会产生激波噪声。因此噪声是导弹的一种典型暴露特征，噪声引起的振动也对弹载仪器设备不利。

便携式导弹射程短、飞行速度较低，发射点离目标较近，发射时的噪声很容易暴露发射点位置导致射手遭受打击，并且对射手的听力造成不利影响，因此降低导弹发射时的噪声对便携式导弹武器具有重要的意义。

飞行的亚声速巡航导弹发动机的噪声容易暴露导弹的大致方位，有利于反导方搜索和拦截目标。

根据有关研究，声音的探测受到环境噪声、建筑等因素的影响，一般环境条件下白天噪声为 60 dB、夜晚噪声为 45 dB，安静地区白天噪声为 45 dB、夜晚噪声为 35 dB。当目标噪声到达侦听点的声音比环境噪声低 15 dB 时就无法识别，声级每降低 6 dB 可使侦听距离缩小 1/2。因此，降低导弹发射及导弹发动机工作的噪声级有助于导弹的隐身。

国内外有关高校和研究机构对导弹发射及发动机工作的噪声进行了很多仿真计算和试验测试研究。文献 ［40，41］ 介绍了导弹发射噪声的计算方法：利用计算流体力学 (CFD) 仿真软件计算得到燃气流的压力场、速度场时域数据，然后将压力、速度场的时域数据转换为频域数据，最后利用计算声学 (CAA) 仿真软件建模计算网格节点的声压级响应，通过 CAA 软件后处理输出声压级曲线和云图，文献 ［41］ 计算示例的发射井底部的噪声频谱如图 3 - 42 所示。

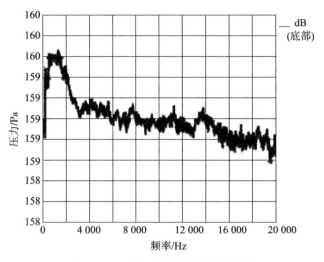

图 3 - 42　发射底部声压级频谱曲线

3.2.6　其他暴露特征

地空导弹的搜索雷达对空搜索目标的过程中发射的雷达波也是暴露特征，敌方的飞机被雷达照射后自动对驾驶员发出预警提示，飞机被对方导弹的制导雷达锁定后也会发出红色告警提示紧急避险。现代战争中还会利用无人机等低价值目标对防空导弹武器系统的搜索雷达阵地进行侦察，一旦雷达开机就会暴露目标，导致反辐射导弹的攻击。

导弹的通信信号也是一种暴露特征。有的地空导弹在制导飞行过程中需要产生合作应答信号与制导站联络，这种应答信号可能暴露目标。在有的导弹飞行试验中弹上搭载的遥测装置将测得的试验数据通过无线电波信号发送给地面遥测接收设备，这种信号也能被非合作用户（如侦察机、电子侦察卫星）的侦听设备接收到，因此可能导致试验数据的泄密。西方国家研制的远距离精确打击导弹在飞行过程不断地和中继卫星通信，同时多枚导弹之间也相互通信，这种通信信号也是一种暴露特征，可用于对这种导弹的探测或反制。

3.3　导弹的隐身技术

现阶段导弹的隐身技术主要是针对其可见光、红外、雷达暴露特征而采取的特征消除或抑制技术、特征示假技术等。虽然导弹的任务剖面、面临的探测威胁和作战过程与飞机不同，但是隐身飞机设计中采取的 RCS 赋形设计技术、红外遮挡技术、复合材料结构技术、吸波材料技术、超材料技术、诱饵技术、红外和雷达干扰技术等都可借鉴用于导弹隐身，下面分别介绍导弹相关隐身技术。

3.3.1　导弹可见光隐身伪装技术

可见光探测系统根据目标与背景之间的亮度、色度对比、目标的运动轨迹以及轮廓特征进行探测和识别，其中导弹颜色、与背景之间的亮度对比是最重要的因素，导弹的轮廓、明亮的喷焰及长长的烟雾痕迹是最显著的特征，因此导弹可见光隐身的目的主要是降低可视度。

（1）导弹表面的颜色、亮度和粗糙度选择

根据国际照明委员会（CIE）推荐的人眼光谱效率函数值，人的明视觉效率最高的波长为对应波长为 555 nm 的黄绿光，即人眼对波长为 555 nm 的黄绿光最敏感，因此军用装备一般采用绿色涂装作为区分色。

人的视觉有颜色错觉，同样大小的黑色和白色物体，人们感觉黑色物体比白色物体的面积小，如图 3-43 所示。同样，会感觉红色、橙色、黄色物体比同样大小的灰色物体面积大，而感觉绿色、青色、紫色物体的面积比灰色物体更小。因此在日常生活中，人们常利用这些视觉的特点进行物体表面颜色的选择，以达到特定的目的如防差错、警告、轻重感、冷暖、空间感、透明感、活力感等。

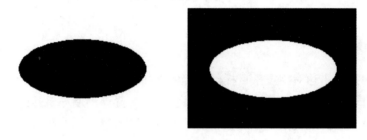

图 3-43　颜色错觉示意图

亮度差异也是人眼识别目标的判据。目标与背景的亮度对比度为

$$K = \frac{|Y_t - Y_b|}{\max(Y_b - Y_t)} \tag{3-32}$$

式中　Y_t、Y_b——目标与背景的亮度。

Wald 定律认为背景亮度 V_b、人眼可分辨的对比度阈值 K_v 与人眼所能探测的目标的视角 α 之间存在以下关系

$$Y_b \cdot K_v^2 \cdot \alpha^x = 常数 \tag{3-33}$$

式中，x 的取值范围为 0～2。对于小目标，$\alpha < 7'$，则 $x = 2$，上式变为

$$Y_b \cdot K_v^2 \cdot \alpha^2 = 常数 \tag{3-34}$$

根据伪装理论，当目标的视角大于 $30'$，要求目标与背景不可见时应使 $K \leq 0.05$；当目标的视角小于 $30'$，要求目标与背景不可见时，对单调背景 $K \leq 0.1$，对斑驳背景则 $K \leq 0.2$；而要求目标明显可见时，需 $K \geq 0.4$。当观察光学图像亮度不等的两个面时，如果亮度很低，觉察不出亮度的差别，但是把两个面的亮度按比例提高，即维持亮度对比值不变，则达到一定的亮度时，就可以分辨出来。因此，在夜晚人和光学探测设备的探测能力都会下降，夜晚发射导弹比在白天更便于隐身，这也是美军、以军在夜晚进行导弹打击对手的原因之一。

　　根据颜色的视觉特点，导弹的颜色应选择光谱敏感度低、亮度对比度低、感觉显小的颜色，与其飞行背景的颜色和亮度越接近就越难以探测。地地、地空、空空导弹的背景是空天背景，因此需要考虑白天太阳光照射环境下导弹的颜色和亮度，使之与背景接近；反舰导弹的主要背景是大海，因此反舰导弹的颜色需要与海水的颜色和亮度接近。

　　导弹的可见光隐身同样可借鉴隐身战机的涂装方法。据有关资料介绍，美军研究发现超过 5 000 m 高度的空中视觉对色彩的分辨率显著下降，空中视觉颜色以浅灰和深灰色为主，因此中低空对流层作战的战机最佳涂装为浅灰色、平流层为深灰色、更高空为黑色。降低对阳光的反射，采用低明度和低饱和度的涂装。因此美国的隐身攻击机主体多采用浅灰、深灰和局部浅白色迷彩涂装，高空侦察机和轰炸机采用黑色涂装；美海军航空兵战机普遍采用三种主色调：浅灰色、浅蓝色和白色，这种涂装容易融入海战环境。俄罗斯的战机则采用数码迷彩或者不规则的图案。中国空军对战机的涂装也有规定，要求从实战出发，"低可视"是基本原则之一，因此面漆多采用水泥灰或铅灰类亚光漆，采用多色迷彩图案。

　　与作战飞机涂装相匹配，西方国家的机载导弹通常采用灰色/浅灰色涂装，少数需要低空突防的空射巡航导弹采用目视隐蔽性好的深灰甚至黑色涂装，采用这些涂装的典型导弹有美国空军的 AGM-86C、AGM-29 和英法的"暴风阴影"等巡航导弹。从公开报道图片看出，国内外地地导弹一般采用亚光低亮度深绿色涂装，地空导弹一般采用灰色涂装，而反舰导弹也有采用海蓝涂装的。为了更精确控制导弹的可见光特征，针对不同探测角度，有的国家甚至对导弹的上表面和下表面、头部和尾部采取不同的伪装色图案。

　　导弹表面的粗糙度也影响可见光隐身效果。冰面、玻璃、光滑的金属和非金属表面对入射光的反射方向性强，其他观察方向则亮度低，颜色发暗，这样会导致表面有闪光点。因此导弹表面应尽量消除光滑的表面。

　　（2）采用无烟或少烟发动机技术

　　由于飞行中导弹的喷焰尾迹特征，在远距离观察时可能比导弹本身的颜色、亮度和轮廓特征更明显，因此采用无烟或少烟的导弹发动机是导弹隐身的一个很好的选项。对空射导弹，除了隐身，低烟配方可将发射导弹对战机的不利影响降至更低。对便携式反坦克导弹、防空导弹，采用低烟导弹推进剂可大幅减少发射时的喷焰和扬尘，也有利于发射阵地的隐蔽。

　　由于早期导弹固体发动机的喷焰中包含 CO_2、CO、H_2O、HCl 气体和 Al_2O_3 等金属氧化物颗粒，一方面这些排放颗粒与大气尤其是水蒸气混合后形成长长的白色尾迹，另一方面喷焰中未燃烧充分的碳、金属氧化物形成黑色的"烟雾"，引起的二次化学反应增加尾焰的温度，这些都是暴露自身目标的特征。为了消除这些不利影响，西方国家从 20 世纪 60 年代就开始了无烟推进剂的研究。主要消烟技术途径如下：

　　1）不用或少用 AP 氧化剂，用其他化合物代替 AP；

　　2）减少喷焰生成物中的 HCl 等；

　　3）不用或少用金属添加剂，减少卤素氧化物；

4）改善推进剂的氧平衡，使其燃烧更充分；

5）添加二次燃烧抑制剂；

6）开发新型高能无烟推进剂。

由于添加消烟剂或改变配方可能对推进剂的物理和化学特性有不利影响，因此需要进行综合平衡，在保证比冲的前提下进行"消烟"。美国早期的"陶-Ⅱ""小榭树""响尾蛇"等以及法国的"米兰""霍特"等导弹均采用无烟复合双基推进剂。

中国从20世纪80年代开始进行此类研究，日本则在1982年开始应用于战术导弹。北约军事集团宣称所有新装备的导弹都要达到"低烟"的水平。

文献［14］介绍了一种GAP无烟推进剂配方的研究进展，GAP无烟推进剂是一种GP粘合剂/钝感含能增塑剂/硝胺基钝感微烟配方推进剂，该项研究通过不添加Al粉、AP的方法及添加合适的消烟剂的办法使推进剂的喷焰显著降低，对普通丁羟推进剂与无Al粉无AP的GAP/硝胺推进剂进行了对比试验研究，试验所得消烟效果如图3-44所示，中红外辐射强度：GAP无Al粉、AP，不含消烟剂降低71%，含消烟剂降低97.2%；远红外辐射强度：GAP无Al粉、AP，不含消烟剂降低83.4%，含消烟剂降低99%。红外和可见光隐身效果是很显著的。

丁羟推进剂　　　　　　　　　含消烟剂　　　　　　　　　不含消烟剂

图3-44　GAP无烟推进剂和丁羟推进剂发动机的喷焰对比

（3）利用黑夜环境实现导弹武器系统作战过程的可见光隐身

古往今来，黑夜环境一直是开展军事作战行动的天然条件，当然也是进攻性导弹武器的天然可见光隐身条件。即使军事技术最发达的美国，为了达成打击的突然性和隐蔽性，提高导弹的突防概率，也都在利用夜环境进行导弹远程打击，参战的海军舰艇和战机实行灯火和电磁频谱管制实现全系统隐身。美伊战场、美叙战场和当今以色列针对叙利亚等邻国的导弹打击都选择在夜晚进行。

3.3.2　导弹红外隐身伪装技术

导弹的红外隐身主要是为了对抗反导防御体系中的DSP、SBIRSW卫星红外探测系统和具有红外末制导功能的拦截武器或机载红外系统。从黑体辐射的理论可知，任何温度在绝对零度（-273.15 ℃）以上的物体都会向外辐射包括红外波段在内的电磁波，辐射能力与物体的温度和材料特性有关，温度越高辐射的能量越大。物体的红外辐射及可探测性深受环境因素影响，由于导弹工作的背景是天空或外太空，比地球表面环境单纯。

由第 2 章可知，红外探测主要有点源探测和红外成像探测。早期的红外导引头和红外侦察卫星都采用点源探测模式，点源红外探测系统的探测距离可用下式表示

$$S = (I_{\lambda_1 - \lambda_2} \cdot \tau_n)^{1/2} \cdot \left(\frac{\pi}{2} D_0 (NA) \tau_0 \right)^{1/2} (D^*)^{1/2} \left[\frac{1}{(\omega \Delta f)^{1/2} (U_S / U_n)} \right]^{1/2} \quad (3-35)$$

式中　$I_{\lambda_1 - \lambda_2}$——点光源在波长 λ_1 和 λ_2 之间的辐射强度值；

$\quad\quad$ NA——光学系统的数值孔径；

$\quad\quad$ D_0——光学系统的通光孔径；

$\quad\quad$ τ_0——光学系统的光谱透射比；

$\quad\quad$ U_S——信号电压；

$\quad\quad$ D^*——归一化探测率；

$\quad\quad$ U_n——探测器的噪声电压的均方根值；

$\quad\quad$ Δf——等效噪声带宽；

$\quad\quad$ ω——光学系统的视场。

文献中常用的凝视型红外系统探测距离计算公式如下

$$R^2 = \frac{\delta \left| \dfrac{L_t - L_{bg}}{N_t} \right| A_t A_0 \tau_a \tau_0 D^*}{(A_d / 2 t_{\text{int}})^{1/2} \cdot \text{SNR}} \quad (3-36)$$

式中　R——凝视型红外成像系统作用距离；

$\quad\quad$ L_t——目标的辐射亮度；

$\quad\quad$ L_{bg}——背景的辐射亮度；

$\quad\quad$ δ——信号提取因子；

$\quad\quad$ N_t——目标在探测器的焦平面上所占像元数；

$\quad\quad$ A_t——目标有效辐射面积；

$\quad\quad$ A_0——光学系统入瞳面积；

$\quad\quad$ τ_a——大气的透过率；

$\quad\quad$ τ_0——光学系统的透过率；

$\quad\quad$ D^*——探测器的探测率；

$\quad\quad$ A_d——探测器单个像元的面积；

$\quad\quad$ τ_{int}——探测器的积分时间；

$\quad\quad$ SNR——系统截获信噪比。

辐射亮度等于辐射源在与法线成 θ 角度方向上单位表面积单位立体角的辐射功率，单位为 W/（m² · sr）。物体总辐射功率可用斯忒潘-玻耳兹曼公式 $M_b(T) = \sigma_b T^4$ 计算，$\sigma_b = 5.67 \times 10^{-8}$ W/(m² · K⁴)，为黑体辐射常数；对 3～5 μm 和 8～14 μm 波段的辐射功率则需要根据波段范围和普朗克公式进行积分计算得到。

从式（3-35）或式（3-36）可看出，红外探测系统的最大探测距离与目标的辐射功率大小成正相关，探测距离与目标辐射功率 $I_{\lambda_1 - \lambda_2}$ 的开方成正比，而辐射功率与物体绝对

温度 T 的四次方成正比。因此目标温度越高、辐射越强，则被探测的距离就越远。文献［55］对 THAAD 拦截器的红外探测距离进行了计算，初始条件：红外波长 4 μm、洲际导弹弹头尺寸约 1 m、目标温度 300 K，则红外探测距离为 120 km；如果弹头实施液氮冷却将目标表面温度降至 77K，则红外探测距离缩至小于 1 km。1 km 的探测距离按弹头的速度 5 km/s 和拦截器的速度 2.7 km/s 计算，拦截概率几乎为 0。目标温度与红外探测距离、拦截概率计算结果如图 3-45 所示。

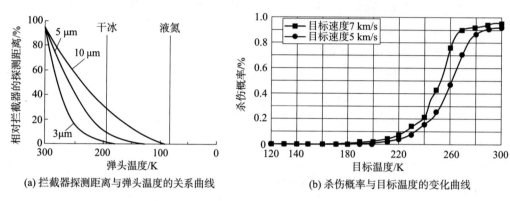

(a) 拦截器探测距离与弹头温度的关系曲线　　　　(b) 杀伤概率与目标温度的变化曲线

图 3-45　弹头温度与拦截器的探测距离及杀伤概率的关系曲线

　　从导弹红外隐身的角度，需要尽量降低其表面或喷焰的辐射温度，减小红外探测距离，使导弹接近目标才能被探测到，缩短拦截武器的反应时间。

　　红外隐身的基本方法是降温、遮蔽和改变发射率，下面介绍几种常用的导弹红外隐身技术方法。

　　①降低导弹表面辐射温度

　　前面已经介绍过，影响导弹表面温度的因素包括发射前导弹的贮存温度、飞行中的气动加热、发动机工作时的喷焰和热传导、辐射加热、地球和太阳的辐射热。

　　导弹的贮存温度是导弹起飞时的初始温度，一般与贮存环境温度基本一致，而且不同种类的导弹贮存温度差异很大：潜射导弹、舰载共架发射的导弹因为贮存在发射筒内，而发射筒装在舰艇内部，因此导弹的温度与舰艇内部的温度有关。陆基车载战术地地导弹、地空导弹、巡航导弹与其发射平台所处的环境相同，环境温度范围 −40～+65 ℃。在高温环境下，为了降低导弹的温度，可对发射筒内空间采取降温措施。俄罗斯的"白杨-M"战略弹道导弹发射车对发射筒进行调温，确保导弹温度在恶劣环境下维持在要求的范围内，工作原理如图 3-46 所示（注：中远程弹道导弹发射车对导弹调温的一个主要原因是导弹本身的性能需要，在高温自然环境下有利于降低导弹的热红外特征）。

　　地球辐射对导弹升温的影响可忽略不计，而太阳的辐射热在白天对有阳光照射的导弹部位起加温作用，远程和洲际弹道导弹在大气层外飞行时间较长，日照辐射会对导弹起到加热的作用，具体加热功率需要根据太阳辐射功率、大气透射率和导弹受热表面积等进行积分计算确定。例如客机由于巡航时间长、表面积大，必须考虑太阳光的加热作用，因此多在客机表面涂覆白漆或银灰色漆，可以起到反射阳光、降低吸收热的作用。与此类似，

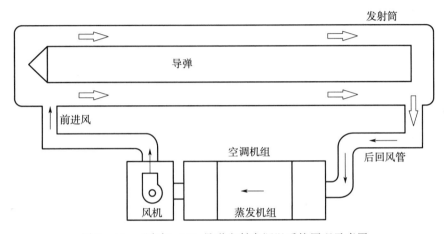

图 3 - 46　"白杨-M"导弹发射车调温系统原理示意图

远程巡航导弹表面也可以根据最大射程考虑是否涂覆低吸收率的涂料。由于对阳光的反射率越大，可见光亮度就越强，会导致目标的可见光特征的加强，因此短程弹道导弹、地空导弹可以不考虑阳光对弹体的加热作用，反而更需要考虑可见光隐身因素。

导弹的飞行马赫数越高，弹体的表面温度越高，因此降低弹体（含弹头）的气动阻力是降低表面温度的一条途径，涉及飞行弹道、姿态控制（攻角）等因素，可对弹头锥角及头锥的半径进行优化以降低驻点的热流密度，在弹头前端加减阻杆也是一个减少弹头气动加热的有效途径。

由于物体表面的辐射温度 T_r 比实际温度 T 小，存在着以下比例关系

$$T_r = \sqrt[4]{\varepsilon} \cdot T \tag{3-37}$$

式中　ε ——表面材料的发射率。

假设 $\varepsilon = 0.60$，根据式（3-37），实际辐射温度是表面温度的 88%，可见通过降低发射率降低辐射温度，发射率越低则辐射温度越低，有利于红外隐身。因此，通过采用低发射率的材料来达到降低辐射能量，尤其是发动机喷管等热点部位，是红外隐身研究的重点。国内外对红外隐身涂料的研究取得了很大进展，低红外发射率涂层的红外发射率一般要求低于 0.70，国外有的红外隐身涂料的发射率可达到 0.50~0.60，个别甚至达到低于 0.50。

早期的红外隐身材料选用金属涂料，对导弹等飞行器尽量选用密度小的轻金属，如铝粉＋低发射率粘接剂（丙烯酸、丙烯酸聚氨酯、氯丁橡胶等）。美国研制的一种低发射率红外隐身材料选用直径 $70~\mu m$ 的片状铝（质量分数 38%），掺杂到无机磷酸盐粘接剂中获得了 $10.6~\mu m$ 波段发射率 0.18 的理想效果。常见的几种金属材料的发射率见表 $3-12$。

表 3 - 12　部分金属材料的总发射率 ε 值

材料		温度	类型	总发射率 ε
铝	抛光	370～630	h	0.04～0.06
	重氧化	360～800	h	0.2～0.33
	阳极化(厚度 4～10 μm)	310	h	0.72～0.83
	氧化铝	80～500	n	0.76
锑(抛光)		300～350	n	0.28～0.31
铍		1100～1480	n	0.41～0.87
铋		350		0.34
铜	抛光	80～800	h	0.02～0.03
	氧化	300～600～800～1 100	h	0.38～0.47～0.59～0.87
黄铜	高度抛光	500～610	h	0.02
	抛光	373		0.06
青铜	抛光	450～1 270	n	0.03～0.06
	氧化	450～1 270		0.08～0.16
镉		80～300	h	0.03
铬		370～600～750～1220	n	0.06～0.10～0.42
钴		350～600～1 030	n	0.2～0.28～0.74
钛	抛光	900	h	0.24
	电抛光	250～370	h	0.10～0.13
	氧化	640～950～1 100	h	0.54～0.60
钨(抛光)		400～2 000～3 400	h	0.04～0.24～0.34
锌	纯,抛光	300～530		0.02～0.06
	氧化	300～470～800	n	0.28～0.14～0.11

注：h—半球总发射率，n—法向总发射率。

金属铝的熔点是 $660~℃$，可用于表面温度相对较低的部位。导弹发动机喷管部位的一般温度超过 $1\,000~℃$，弹道导弹再入弹头壁面温度可达 $1\,000～2\,000~K$（驻点可达 $7\,000~K$ 以上），超声速导弹的蒙皮温度能达到 $1\,000~℃$ 以上，因此所用的红外隐身材料需要具有耐高温性能，同时与雷达隐身材料、耐高温烧蚀材料兼容。由于金属氧化物耐高温性能好，因此兼容光学、红外、雷达隐身的半导体金属氧化物如掺锡氧化铟、掺锑氧化锡、掺铝氧化锌等得到了应用，涂料反射率可达到 0.6 左右。

蒸发降温是人类普遍采用的最直接的物理降温手段，与此原理类似，发汗冷却技术也被用于对再入弹头进行表面降温。通过降温一方面可降低弹头外壳耐烧蚀材料的研制难度，另一方面可用于降低弹头的红外辐射。据文献［10］综述，美国研究的洲际导弹发汗技术包括自发性、强迫性和自适应性发汗三种，通过发汗材料的相变吸热降低弹头的温度，发汗材料通常布置在弹尖鼻锥部位，也可根据弹道计算布置在其他气动加热温度最高的部位。

自发性发汗是把低熔点金属渗入难熔材料的多孔骨架中，当弹头气动加热温度达到熔点温度时，发汗材料熔化和蒸发吸收壳体表面的热量。

强迫性发汗是把液态冷却剂（水、氨、氦、液氮、干冰）贮存在气瓶中，利用高压气瓶的惰性气体将冷却剂挤到多孔鼻锥表面，通过液态到气态的相变吸收壳体热量降温，如图 3 - 47 所示。

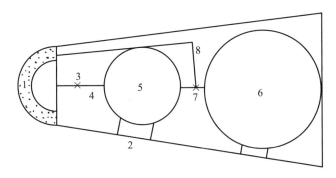

图 3 - 47　强迫性发汗鼻锥工作原理示意图

注：实际弹头内部安装空间很紧张，上述组成仅示意，不代表实际体积。

1—多孔头；2—壳体；3—冷却剂释出活门；4—冷却剂输送管道；

5—冷却剂及贮箱；6—压力源；7—电爆阀门；8—流量控制反馈系统

自适应发汗技术是一种不需要高压气瓶挤压发汗剂的发汗冷却技术。在弹尖壳体内贮存两种物质：一种常温下呈固态，相变潜热大，体积热容大，作为冷却剂；另一种常温下呈液态或固态（固态便于贮存），要求密度小，蒸汽压力高，用作驱动剂。在弹头再入期间，气动加热同时使驱动剂蒸发汽化、冷却剂熔化，驱动剂将熔化的冷却剂挤出，从鼻锥壳体微孔中排出，工作原理如图 3 - 48 所示。

从中国学术文献库可查到国内有很多学者在 20 世纪 80 年代对弹头发汗技术和理论进行了比较深入的研究，文献［11］还对弹头内腔的冷却剂的流体力学参数进行了计算，计算出了所需工质、压力以及流量变化曲线，并认为金属铟的冷却效果最好，水的冷却效果最差。

文献［27］提出了另一种弹头双壁锥形罩的物理降温红外隐身方案。在弹头外加装一个锥形的外罩，在弹头外壁和外罩之间空腔中释放液氮对外罩进行冷却，如图 3 - 49 所示，可使隐身后的目标红外信号强度缩减至原来的 $1/10^{12}$，使反导拦截 KKV 的 5 μm 探测器的作用距离从 1 000 km 缩减至 1 m，基本上使其红外导引功能失效。

姚连兴等计算了弹头降温后的红外辐射值：假设导弹发射前弹头表面温度制冷到

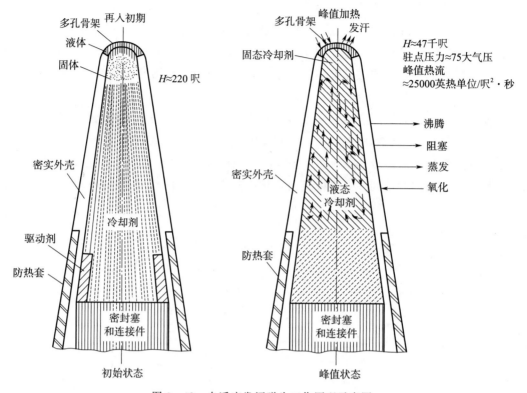

图 3-48　自适应发汗弹头工作原理示意图

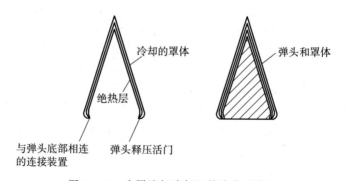

图 3-49　头罩液氮冷却红外隐身示意图

—50 ℃，并在飞行中维持该温度，假设弹头表面材料的发射率是 0.9，计算得到弹头在红外波段 8~12 μm 单位面积辐射强度为 8.1 W/sr，相对弹头 300 K 温度时辐射强度减小到 22%，敌方中段目标探测距离减小到 47%。

②采用低温或低喷焰的火箭导弹发动机

最典型的范例是隐身飞机和巡航导弹采用涡轮风扇发动机代替涡轮喷气发动机。由于涡轮风扇发动机在涡轮喷气发动机的基础上增加了外涵道，可以将经过压缩的冷空气不加热直接向后喷出，高速气流可以对尾喷管和尾焰降温，大幅降低发动机的红外辐射。涡轮风扇发动机实物及降温原理如图 3-50 所示。

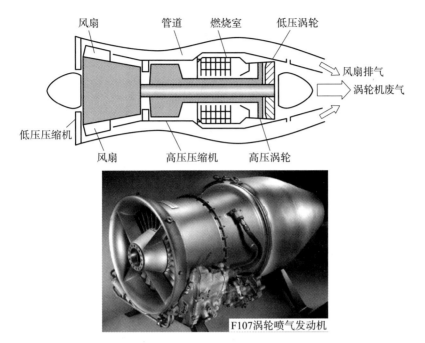

图 3-50　涡轮喷气发动机原理及实物图

美国的很多巡航导弹如 AGM-86A、AGM-109、AGM129A 以及隐身作战飞机 F22 都采用涡轮喷气发动机以降低发动机及喷焰的温度。

③采用无烟或少烟的发动机推进剂

由于导弹固体发动机的喷焰中未燃烧充分碳、金属氧化物形成黑色的"烟雾"引起的二次化学反应增加喷焰的温度，更容易被红外探测器探测和跟踪，同时对导弹发射平台也有不利影响。为了消除这些不利影响，西方国家从 20 世纪 60 年代就开始了无烟推进剂的研究，并且在固体导弹发动机中得到广泛应用，详见 3.3.1 节。

④红外遮挡

红外遮挡在地面装备中应用很普遍，是一种简单直接且有效的消除红外特征的办法，但是导弹与地面装备毕竟不同，因此弹上遮挡的办法应用范围相对有限，在导弹上的典型应用有以下几种：

1) 头体分离后的组合体底部采用底遮板遮挡：助推段结束时固体发动机与弹头＋制导舱组合体分离，此时组合体内部温度可能比壳体表面温度高，但是采用底遮板可以阻挡舱体内部的热辐射。

2) 导弹发动机及其进、排气口内置在弹体壳体内：早期的美国 AGM-158B "联合防区外空射"（JASSM）巡航导弹的进气口在导弹壳体下方与弹体齐平，涡轮喷气发动机在弹体内部，发动机喷口两侧的挡板可以遮挡侧向的红外辐射，如图 3-51 所示。

3) 美国 "全球鹰" 无人机的发动机布置在机身上方，既不占用机内设备安装空间，也能多装燃料增加续航时间和航程，同时机身还可以遮挡发动机及喷口的红外辐射，如图 3-52 所示。这种设计也曾用于巡飞弹或陆机巡航导弹。

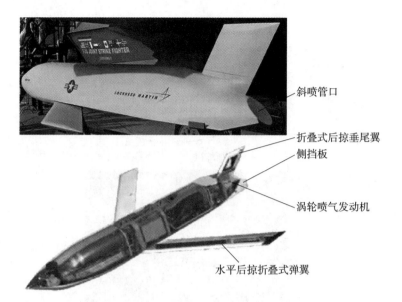

　　斜喷管口

　　折叠式后掠垂尾翼
　　侧挡板

　　涡轮喷气发动机

　　水平后掠折叠式弹翼

图 3-51　美国 JASSM 导弹红外隐身设计示意图

图 3-52　"全球鹰"无人机的发动机布置方式

3.3.3　导弹雷达隐身技术

　　雷达隐身是各种飞行器包括导弹提高突防和生存能力的重要措施。导弹雷达隐身的目的是增加导弹被雷达探测到的难度。

　　导弹的雷达隐身主要技术措施有：1）降低自身的雷达目标特征（RCS）；2）雷达假目标、诱饵、干扰装置；3）被动探测制导技术。其中 1）是最主要、最有效的措施。

　　影响导弹自身 RCS 的主要因素为导弹的导引头（天线、舱体）、进气道（腔体、唇口）、弹体、弹头、弹翼、喷管和喷焰的电磁散射。

　　一般采用下列途径来减弱和消除强散射源，降低其 RCS：

　　1）低 RCS 外形（赋形）设计；

　　2）消除外形结构上的角反射器、腔反射器效应；

3）采用层板型或蜂窝型复合材料结构代替金属骨架蒙皮结构；

4）低特征喷焰技术；

5）雷达吸波贴片和吸波涂层。

在导弹雷达隐身设计中，普遍采用基于三维虚拟样机模型的目标电磁散射数值仿真软件进行定量分析和设计方案的评估。国外的电磁仿真软件有 FEKO 软件、CST 软件等，国内的有东峻信息的 EastWave、飞谱电子科技的 Rainbow Studio、霍莱沃的 RDSim、中望的 ZWSim Wave 以及中算等公司的电磁仿真软件。这些商用化软件可进行元件级如天线（电小目标：几十个波长）到导弹（电大目标：几百个波长）、飞机甚至舰船大模型（超电大目标：几千个波长）的雷达散射仿真，可进行单站/双站 RCS、时域/频域计算，目标材料类型包括金属、电介质、涂层、复合材料等。一般在使用软件仿真之前会通过标准模型验证软件的仿真计算精度。文献［58］仿真与理论计算、实测结果对比如图 3 - 53 所示，以 NASA 公布的标准模型验证软件的仿真精度。

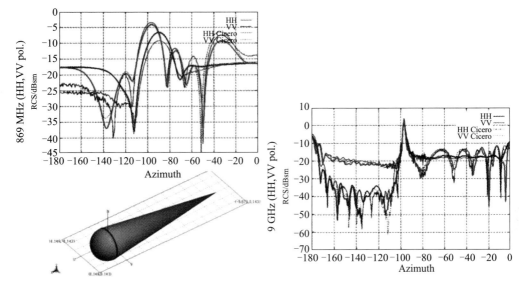

图 3 - 53　电磁仿真评估模型计算结果示意图（见彩插）

这些常见工程软件对导弹目标的 RCS 仿真方法可以归纳为以下步骤：

1）构建目标的简化三维虚拟样机模型，一般软件都支持直接输入利用其他三维建模软件已经建立的三维模型；

2）对三维模型进行网格化处理（需根据波长确定网格的尺寸，比如战斧巡航导弹模型可用 10 mm 网格）；

3）设置雷达激励源位置；

4）设置目标的材料参数；

5）设置后处理参数及结果显示要求；

6）选用求解器的算法模块类型、电磁波频率和仿真精度等参数；

7）仿真计算；

8）后处理显示（曲线、云图等）。

文献［29］采用 FEKO 软件对 BGM109 巡航导弹进行 RCS 仿真的模型及结果如图 3 - 54 所示。

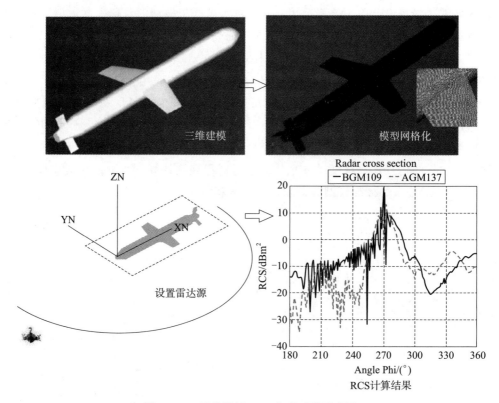

图 3 - 54　导弹目标 RCS 仿真过程示意图

3.3.3.1　低 RCS 外形（赋形）设计技术

低 RCS 外形（赋形）设计技术是通过目标外形结构和形状设计，使目标反射的雷达波能量偏离雷达发射方向，从而降低雷达接收天线接受到的目标的电磁散射能量。理论仿真和试验测试都表明，通过合理设计飞行器的外形能大幅度降低所关注的角度范围内的雷达回波的强度，据称可降低 RCS 值 80％以上，因此可大幅缩短雷达发现的距离。开展低 RCS 外形设计最著名的成果是洛克希德·马丁公司的 F - 117A 战斗机，其外形最大的特点是一改传统飞机的连续圆曲面外形，采用了小平面结构，如图 3 - 55 所示，使前向、侧向和后向入射的雷达波散射大幅降低。此外，F - 117A 机翼采用 67°后掠翼（fling wing）并且前缘采用弧形进一步分散散射能量，V 字形尾翼消除垂直角反射，发动机进气道布置在机身上方。B - 2 轰炸机也采用后掠翼和机身一体化结构，进气道与机身一体化，进气道采用 S 形吸波结构，翼尾后缘采用锯齿形进一步分散后向散射能量。

对于在大气层内飞行的导弹，其飞行性能与导弹外形密切相关，一般是在满足气动性能、总质量、总长和最大直径等约束条件基础上进行 RCS 最小化设计。影响导弹 RCS 的主要外形因素有：1）弹翼和尾翼的翼形、展弦比、后掠角、根弦比；2）弹头、弹身和尾

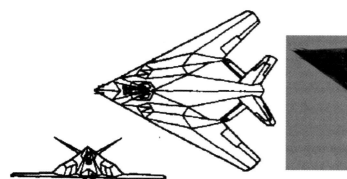

图 3 - 55 F - 117A 隐形飞机外形

段的外形、长细比、收缩比和长度；3）发动机进气道及尾喷口的布局、形状和尺寸；4）弹翼结构及与弹身的相对位置；5）水平尾翼、垂直尾翼的布局；6）弹体的结构缝隙。具体如下：

（1）弹翼和尾翼

导弹的气动布局主要考虑弹翼沿弹身的径向布置和翼面沿弹身的轴向配置。沿径向配置方式主要包括平面形、十字形、X 字形、背驼形、环形等，最常见的为十字形和 X 字形。沿轴向布置方式有正常型、无翼式、鸭式、全动弹翼式、无尾式、自旋单通式等，最常见的为正常型和鸭式。弹翼的气动设计主要从控制力矩和过载大小两方面考虑。

从雷达隐身的角度，弹翼由于其横向（翼展）尺寸大，弹翼的 RCS 在方位角、俯仰角方向变化很大，当入射波垂直于翼面、前缘或后缘时 RCS 出现极值点，会出现较强的雷达闪烁点，这种现象是翼面、棱边的电磁波镜面散射和边缘绕射引起的。可以通过调整弹翼的后掠角、展弦比和根梢比的大小来改变闪烁点强弱和位置，使闪烁点偏离雷达主要视角范围。为了实现全方位减缩，一般采取压低回波峰值的方法（RCS 角响应均值化）。可以通过实现翼面边缘棱线曲线化（变后掠前后缘）来达到 RCS 的均值化。

翼身隐身方案的选择要兼顾导弹的战术技术要求和威胁的角度范围。如低空突防，威胁主要来自前视和下视雷达，选择与弹身上表面齐平的上单翼较好；对于高空突防的导弹，威胁主要来自前视和仰视雷达，则选择下表面为平板构造的下单翼布局更好。当综合平衡的结果必须采用中单翼时，可采用翼身融合结构来消除角反射效应。

尾翼的平面形状选择方法与弹翼类似，尾翼布局要尽量避免直角组合以便消除角反射效应。增大弹翼前缘后掠角和前缘圆滑度，降低后向散射强度。文献［39］给出了六种尾翼布置形式（图 3 - 56）及其 RCS 测试结果曲线（图 3 - 57）和 RCS 测试统计结果（表 3 - 13）供参考，由图 3 - 57 可见方位角的变化对尾翼的 RCS 影响更大，因此隐身设计中必须考虑所面临的主要威胁方位角。

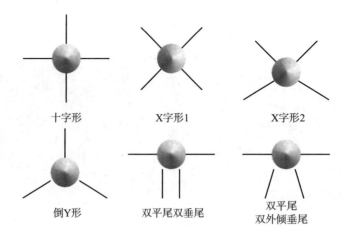

图 3 - 56 尾翼布置形式示意图

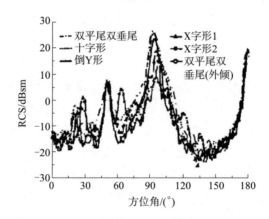

图 3 - 57 不同布局尾翼 RCS 测试结果示意图

表 3 - 13 不同尾翼布局 RCS 测试数据统计结果

尾翼布局	侧向±30°方位角区段均值统计/dBsm
双平尾双垂尾	16.48
十字形	16.73
倒 Y 形	12.9
X 字形 1	8.0
X 字形 2	6.09
双平尾双垂尾(外倾)	1.28

　　弹翼位置、与弹身的夹角以及长、宽、前后缘的圆弧半径等尺寸都是 RCS 最小化优化的参数，可根据前述电磁散射工程计算方法进行建模计算确定。

　　导弹隐身化设计后，早期的那种垂直布置的多组十字弹翼（舵）的结构已经基本消失了，代之以尽量少、小的弹翼或者翼身一体化的滑翔体结构，在满足射程、精度等作战性能的前提下达成雷达隐身的效果。

（2）进气、排气道

和飞机类似，早期巡航导弹发动机的进气道是一个雷达波强散射源，是导弹隐身设计的重要内容。在前视方位角内进气道的强散射中心主要有：进气道唇口的口面场和发动机压气机产生的镜面反射场。

进气口唇口隐身设计主要措施为把选形和 RAM（吸波材料）技术结合起来降低唇口回波强度。例如选择尖劈型唇口以便把镜面反射变为边缘绕射、调整尖劈型唇口的斜角使回波方向偏向。

进气道腔体选形主要包括横截面形状和腔体走向，利用腔体减弱或消除压气机的镜面反射，通常还把选形与 RAM 技术结合起来，在进气道内壁设计 RAM 结构或涂层。综合有关资料结论：1）进气道腔体越长，长细比越大，RCS 越小；2）弯曲型腔体比直筒式腔体的 RCS 小，通常采用 S 形进气道；3）在腔体中安装导流片可降低回波强度；4）埋入式进气道可大大缩小被雷达探测的视角范围，并降低被探测概率；5）采用网格式进气口，利用网格线度小于入射波长时雷达波难以进入腔体的原理，消除压气机镜面反射，达到降低 RCS 的目的。两种进气道电磁波反射形式如图 3-58 所示，进入曲线型进气道内的电磁波经过多次反射，逐步被 RAM 吸收能量，最后反射出去的电磁波能量大幅减少，而进入直线型进气道内的电磁波反射次数少，最后被压气机反射出去。

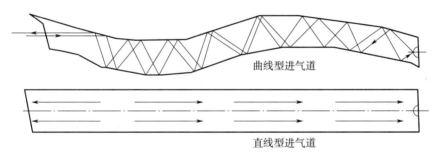

图 3-58　两种进气道电磁波反射形式示意图

文献［32］研制了一种玻璃钢吸波结构的 S 形进气道试验件，采用玻璃钢入射层＋吸波层＋金属反射层结构，吸波层厚度 1.2 mm，玻璃钢厚度 3.4 mm，吸收剂由南京大学提供，结构示意和测试结果如图 3-59 所示。

美国 AGM-158B "联合防区外空射"（JASSM）巡航导弹的进气口在导弹弹身的壳体下方与弹体齐平，进气口基本不贡献 RCS 值。发动机喷口两侧的复合材料挡板也可以遮挡侧向的雷达散射。

巡航导弹发动机喷口的后向散射是不能忽视的，喷口的形状、喷口内的涡喷或涡扇发动机结构都对后向散射 RCS 值产生较大影响。而空空导弹的毫米波、红外制导方式就是利用巡航导弹喷管的雷达、红外暴露特征进行目标锁定的，因此喷口及喷焰的后向雷达隐身需结合红外隐身进行一体化设计，后向 RCS 仿真计算方法与进气道计算方法相同。

（3）弹头、弹身

弹头的隐身是导弹隐身的重要一环，对弹道导弹尤其重要。不同导弹的弹头结构是不

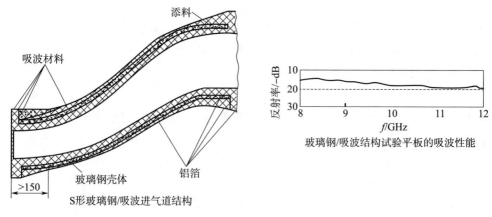

图 3 - 59　一种玻璃钢吸波结构 S 形进气道试验结果

同的，地空、空地等导弹头部有红外、光学等导引头，光学、红外导引头一般采用特种玻璃材料的头罩。地地、巡航导弹弹头有雷达导引头，地地导弹的头罩要求耐高温、耐烧蚀，因此一般采用非金属复合材料如石英、碳化硅等，不同头罩的透波性能要求是不同的，因此其前向雷达散射特性（RCS）也是不同的。

由于导弹的长细比较大，因此横向的散射是弹头与弹身的 RCS 主要贡献方向。弹身的 RCS 主要贡献来自弹身的镜面反射和爬行波。

对导弹的雷达探测主要来自前部，对大气层内的导弹主要来自导弹水平面上下 30°角度范围，因此 RCS 缩减的重点方向是前向±30°范围。

AGM - 129A 隐身巡航导弹采用多面体橄榄形头锥，类似四方体横截面圆滑过渡的弹身，据称使其前视、侧视大范围内 RCS 缩减了 20～30 dB；法国的 APTGD 导弹头部采用截顶四棱锥体结构。这些都是通过外形设计降低 RCS 的实例。文献［31］对不同巡航导弹的外形的 RCS 进行了计算，采用长球体弹头外形、25°橄榄体弹头外形、35°橄榄体弹头外形的 RCS 随方位角变化计算结果如图 3 - 60 所示，25°橄榄体弹头比长球形弹头 RCS 缩减 30dB。在弹头长度一定的情况下，一般半圆头的 RCS 比抛物线形头部高，抛物线形又比尖锥形高，锥角越小，RCS 越小，头部的长细比越大，RCS 越小。

文献［39］列出了几种弹头母线形状及其弹头模型 RCS 测试结果统计值，见表 3 - 14（该文献没有提供该结果的来源和计算方法，供读者参考）。

表 3 - 14　不同母线形状弹头 RCS 测试数据统计结果

母线外形	前向±60°方位角区段均值统计/dBsm
半椭球形	−7.7
常规导弹	−10.22
哈克形	−10.75
正切圆弧形	−11.03
抛物线形	−11.6

续表

母线外形	前向±60°方位角区段均值统计/dBsm
卡门形	−13.37
指数形	−18.83
锥形	−19.81

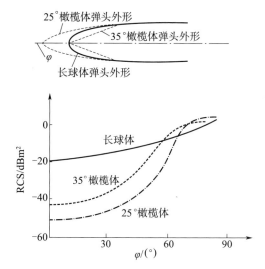

图 3 - 60　三种弹头形状的 RCS 值计算结果

　　雷达从导弹侧向照射时，不同角度圆剖面产生相同的反射，因此来袭导弹一旦进入雷达波跟踪范围就可以进行稳定跟踪，因此国外隐身导弹的弹身基本都采用非圆截面形状，例如椭圆剖面减弱了镜面反射，菱形剖面变镜面反射为边缘绕射，文献［39］给出了十种弹身截面（图 3 - 61）的侧面正向和侧向±30°方位角区段 RCS 值统计结果，见表 3 - 15，正方形、长方形、圆形截面效果差，凸凹曲面形、五边形、船形相对较好。

表 3 - 15　不同弹身剖面形状模型 RCS 测试结果统计

弹身截面形状	侧向±30°方位角区段均值统计/dBsm
正方形	20.51
长方形	19.94
圆形	5.85
椭圆形	5.12
菱形	−1.26
梯形	−1.71
三角形	−2.97
船形	−6.84
五边形	−7.4
凸凹曲面形	−10.12

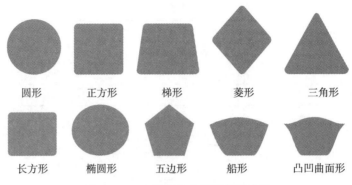

图 3 - 61　十种弹身截面形状示意图

由表 3 - 15，长方形弹身的 RCS 均值统计值较大，但是其峰值角度范围较小，其他角度 RCS 值较小，因此其隐身性能反而较好，美国的 AGM - 129A、法国的 APTGD 和英国的"风暴阴影"等导弹均采用类矩形截面弹身，如图 3 - 62 所示。AGM - 129A 隐身巡航导弹同时采用弹身下方内置式发动机进气道，减弱了进气口的边缘绕射以及腔体散射，大幅降低了导弹的前向强散射点；弹体采用气动和 RCS 外形优化的碳纤维复合材料一体化成型结构，消除了舱段接缝引起的局部散射，重量轻，表面质量好，一体化隐身效果好。而俄罗斯的 Kh101 巡航导弹弹身截面采用类似头盔形隐身结构，和美国的隐身巡航导弹类似也采用发动机进气口内置、下置折叠翼和后部倒置 V 形尾翼，如图 3 - 63 所示。其发动机在发射前收在弹体内，巡航时从下部伸出以增加进气量，因此也增大了其暴露特征，据报道在俄乌战争中大量 Kh101 巡航导弹被防空武器击落。

图 3 - 62　"暴风阴影"隐身巡航导弹外形

图 3 - 63　俄罗斯 Kh101 巡航导弹外形

AGM-158B 导弹采用下置可折叠式后掠翼，后尾翼与弹身一体化，有利于前视和仰视雷达隐身。

降低尾段 RCS 贡献的方法主要是选择以二次曲线为母线的收缩锥筒，因为外形不连续会形成较强的散射，使尾段母线与圆柱段平滑过渡是 RCS 减缩的方法之一。尾段底部的形状选择、尾段与发动机喷口的位置关系、喷口的尺寸等对 RCS 也有重要影响，需要一并考虑。

美国研制的远程反舰导弹（LRASM-A）就是一种集中体现最新红外、雷达隐身技术的导弹，其导弹外形如图 3-64 所示。

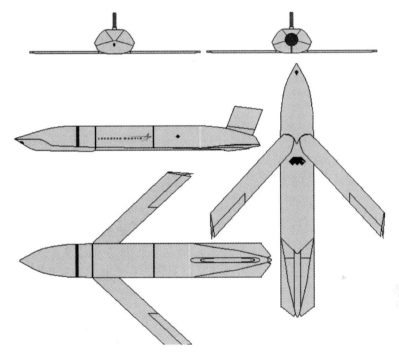

图 3-64　美国 LRASM 反舰导弹外形示意图

3.3.3.2　吸波/透波结构与吸波涂层技术

直接让照射的电磁波透过目标后进入天空，实现电磁波"透明"，是最理想的雷达隐身效果。透波结构材料为对电磁波透波率较高、发射率低和损耗低的复合材料，原来主要用于导弹的雷达天线罩和天线窗盖板，由于其具有低反射率的特点，因此也可用于导弹的部分结构雷达隐身设计，主要用于：1）亚声速战术导弹的弹翼、尾翼等部位，让雷达电磁波直接透过进入天空；2）用作多层吸波隐身结构（如复合材料弹体舱段、主翼、尾翼）的外蒙皮，让电磁波尽量进入结构内部被损耗掉而不是直接散射回去。目前所用结构透波材料有树脂基玻璃纤维结构、石英玻璃结构、高硅氧增强二氧化硅、氮化硅纤维结构、陶瓷基吸波结构等。其中树脂基玻璃纤维（E 玻璃纤维、S 玻璃纤维）结构成本低、透波效果好，透波率可达 95% 以上。

　　由于导弹主体结构材料具有反射（散射）电磁波的性能，因此目前的导弹技术达不到全部结构的电磁波"透明"要求，因此导弹雷达隐身设计采用了复合材料吸波结构和表面雷达吸波涂层技术，将探测雷达照射到目标的电磁波能量吸收并转化为热能，也可以得到稳定的 RCS 缩减，以弥补 RCS 外形缩减设计的不足。

　　导弹常用的损耗型雷达隐身设计技术途径主要有：吸波型复合材料结构、吸波型涂层和吸波贴片。这三种雷达隐身技术方案都离不开电磁波吸收剂。按吸收剂材料对电磁波损耗的机理，可分为电损耗型、磁损耗型和其他新型吸收剂。

　　电损耗型材料为电介质材料，在电场作用下产生电极化效应或极化电流，由极化引起的极化电流和弛豫会产生热损耗。电极化效应可用电位移 D 描述：

$$D = \varepsilon_r \varepsilon_0 E$$

式中　ε_r——电介质的相对介电常数，$\varepsilon_0 = 8.9 \times 10^{-12} \mathrm{C}^2 / (\mathrm{N} \cdot \mathrm{m}^2)$；

　　　　E——电场强度。

　　当电场为交变场时，随着交变频率的增加，介质的极化速度落后于外电场的变化速度，此时介电常数为一个复数

$$\varepsilon_r = \varepsilon' - \mathrm{j}\varepsilon''$$

式中，实部 ε' 大小近似静电场中的相对介电常数 ε_r，反映电介质的极化能力；虚部 ε'' 等效于导体的电阻，反映电介质在交变场作用下能量的热损耗水平。实部和虚部与频率有关，一般取 $\tan\delta = \varepsilon''/\varepsilon'$，$\delta$ 称为损耗正切角，要提高介电材料对电场能量的损耗，就要选用虚部大的材料。常用的电损耗型吸收剂材料主要有碳系材料（石墨、乙炔炭黑、碳纤维、碳纳米管等）和碳化硅、导电高聚合物（聚乙炔、聚吡咯、聚苯胺）、视黄基席夫碱等。其中炭黑是应用最早、最广泛的雷达吸波材料。

　　磁损耗型材料也称为磁介质，在磁场作用下可以被磁化，磁化过程中将电磁波能量转化为热能被损耗掉。介质的磁感应强度 B 和磁场强度的关系式为

$$B = \mu_r \mu_0 H$$

式中　μ_r——相对磁导率（导磁系数）；

　　　　$\mu_r \mu_0$——绝对磁导率。

　　当磁场为交变场时，磁介质的相对磁导率也为复数

$$\mu_r = \mu' - \mathrm{j}\mu''$$

和介电材料类似，磁导率的虚部反映铁磁材料对交变磁场能量损耗能力。因此，要提高铁磁材料对磁场能量的损耗，就要选用虚部大的材料。常用的磁损耗型吸收剂材料主要有铁氧体粉（钡系铁氧体、镍锌铁氧体、锰锌铁氧体、钴锌铁氧体等）、磁性金属粉、羰基铁粉、多晶铁纤维、片状铁粉、空心陶瓷微珠、纳米材料等。

　　雷达隐身用 RAM 的基本要求是：1）RAM 覆盖的频带越宽，吸波性能越强；2）吸收频率下限低；3）要适用使用环境的要求，包括温度、力学性能、贮存期、三防要求；4）兼容红外隐身性能；5）便于维护。单一的电损耗和磁损耗型材料都难以达到上述要求，因此经常采取吸收剂分层复合或者直接在一种损耗吸收剂中复合另一种性质的材料的

办法，国内有大量的研究如石墨烯与铁氧体材料复合：石墨烯/Fe_3O_4、还原氧化石墨烯/Fe_3O_4/SiO_2/SnO_2 等；导电高分子材料与铁氧体复合：$BaFe_{12}O_{19}$/聚苯胺粉体、$BaFe_{12}O_{19}$/$CoFe_2O_4$/聚苯胺粉体等；片状聚吡啶 $BaFe_{12}O_{19}$、片状聚吡啶/$BaFe_{12}O_{19}$/SiO_2 等，可以兼顾电损耗和磁损耗、拓宽吸波频率范围。

　　除上述传统吸波材料，雷达隐身超材料、超表面材料、隐身智能材料以及传统材料与超材料的复合性能研究也成为雷达隐身材料研究的热点。超材料指人工制备的亚波长周期性结构材料，具有天然材料不具备的超常物性，如负磁导率、负折射率、SAR 图像自适应控制等，几种超材料单元结构如图 3-65 所示，一种超表面材料结构及其吸波性能如图 3-66 所示。

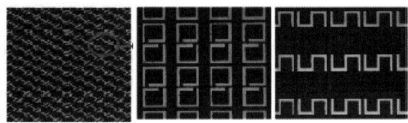

图 3-65　超材料结构示意图

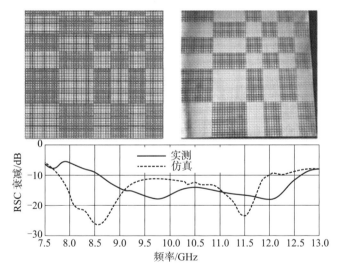

图 3-66　超表面材料结构示意图

（1）吸波结构

　　吸波结构常用于隐身飞机、导弹的雷达隐身设计，具有承受载荷、保持外形、吸收雷达波等多种功能。美国 JASSM 隐身巡航导弹的弹翼和尾翼采用透波的非金属复合材料，可以大幅减少翼面的电磁散射。法国 APTGD 导弹的尾翼采用六角形高温吸波材料结构，法国马特拉防御公司研制的 Matrabsorb 系列高温吸波材料可制成砖状用于亚声速导弹的喷管部位。碳化硅、陶瓷纤维常用作高温非金属结构吸波基体材料。

吸波结构由吸收剂、增强体、基体组合而成，它的吸波性能不仅取决于吸收剂的种类和多少，而且与增强体、基体的结构形式有关。按结构形式主要分为三类：吸收剂散布型、层板型和夹层型。

①吸收剂散布型

吸收剂散布型顾名思义是将雷达波吸收剂散布到陶瓷基体材料（碳化硅、氧化硅、氧化铝等）、玻璃纤维基或碳纤维基树脂结构、塑料结构中，通过发泡、RTM 工艺或缠绕、烧结、浸渍等工艺形成吸波复合材料结构件，这种复合材料结构件的力学性能、吸波性能与掺杂的吸收剂的含量（体积占比或质量占比）有关，一般用于交变载荷要求不高的部件如弹翼、边条、电缆罩、盖板、进气道、缝隙密封条、密封胶等或耐高温的局部结构。

吸波泡沫塑料材料是一种研究较多和应用较广泛的吸收剂散布型吸波结构，在发泡材料中加入导电性和磁性吸波纤维并搅拌均匀，经模具成型后形成具有一定结构强度的吸波结构零件，国内外有很多这方面的研究成果。文献 [33] 研究了利用模压成型法制备混杂吸波纤维填充环氧泡沫塑料，通过混杂不同百分比含量的导电吸波纤维、不同塑料厚度进行吸波性能对比测试（在塑料板后有光滑铝板作为反射层），不同频率下反射率测试结果如图 3－67（a）、（b）所示，试验结果表明：在一定范围内随着纤维含量的增加，导电和磁性吸波纤维的增加都能提高吸波性能；在吸波塑料表面增加不含吸收剂的蒙皮可以提高吸波性能，原因为蒙皮有利于电磁波进入吸波泡沫塑料，降低了电磁波的反射。还有多位研究者对不同短切碳纤维含量下的聚氨酯树脂复合材料膜的雷达吸波特性进行了研究，试验表明具有良好的吸波性能。

磁性纤维泡沫吸波材料具有较好的低频吸波性能，文献 [48] 将制备的羰基铁纤维填充到聚氨酯泡沫材料中，测试了不同纤维直径、厚度为 3.5 mm 的泡沫结构的 8～18 GHz 频率范围的吸波性能，如图 3－67（c）所示。

聚甲基丙烯酰亚胺（PMI）泡沫塑料是一种交联型硬质结构型泡沫材料，具有 100% 的闭孔结构，结构和力学性能稳定，耐热性能好（180～240 ℃），比强度高，与各种树脂体系兼容，易于热成型和机加，因此广泛应用于机车、船舶、航空和风力发电设备，美国和欧洲许多客机和军用飞机中都有应用，如果在这种 PMI 塑料中加入雷达吸收材料，就可制造雷达隐身结构件。文献 [35] 通过增稠和分散技术将吸波剂碳纤维添加到 PMI 泡沫塑料中，制备出具有吸波性能的 PMI 塑料，并进行了吸波和力学性能测试，吸波性能如图 3－68 所示，其 3% 吸收剂的试样具有较好的宽波段吸波性能。

中南大学的曾冠杰等采用碳化硅制成多孔陶瓷吸波泡沫，1 450 ℃制备的含纳米线泡沫陶瓷在低频和中高频波段有良好的吸收性能。国内还有很多学者对碳化硅改性陶瓷材料的力学和吸波性能进行了研究，参见文献 [51] 的综述。

将经过表面处理过的吸波剂与聚硫橡胶等混炼、压制成型、硫化后可得到具有吸波能力的弹性密封条，用于飞行器接缝处的密封和吸波处理。添加吸波材料的橡胶贴片或玻璃纤维布可以粘贴在飞行器非高温烧蚀部位，用于降低局部的雷达散射，吸波贴片如图 3－69 所示。

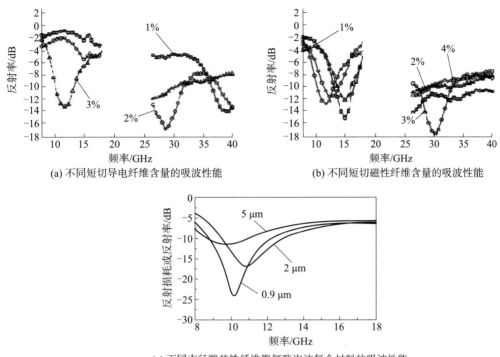

(a) 不同短切导电纤维含量的吸波性能　　　　(b) 不同短切磁性纤维含量的吸波性能

(c) 不同直径羰基铁纤维聚氨酯泡沫复合材料的吸波性能

图 3-67　不同纤维含量吸波泡沫塑料板的吸波性能测试结果

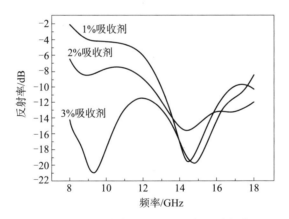

图 3-68　吸波碳纤维 PMI 塑料吸波性能

②层板型

层板型由透波层（面层）、N 层吸波层（损耗层）和反射层（底层）组成，类似三明治结构。透波层（面层）是外表面的一层，一般为反射率低的低介电损耗树脂基复合材料，承载材料为玻璃纤维、芳纶纤维或石英纤维，根据工作温度要求选择相应的承载材料和树脂基。吸波层（损耗层）属于中间层，吸波层的类型包括高密度发泡材料弥散吸收剂、树脂中弥散吸收剂或吸波布等结构形式，吸收剂的种类也很多，不同的吸波层位置及每层厚度都影响吸波性能，需计算确定。吸波层的总层数由吸波性能要求而定，从几层到

图 3 - 69 吸波贴片实物示意图

十几层，层与层之间通过胶或胶膜粘接，最后在热压罐中或室温固化成型。反射层一般为碳纤维增强复合材料或铝合金等轻质金属材料或金属漆，其目的是将未吸收的雷达波反射回中间层再次吸收。层板型吸波结构如图 3 - 70 所示。

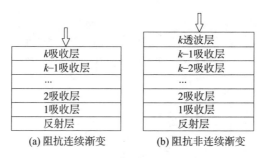

图 3 - 70 层板型吸波结构示意图

层板型吸波结构的反射率（从透波层垂直入射）一般按下式计算：

$$R = 20\lg \left| \frac{Z_k - \eta_0}{Z_k + \eta_0} \right| \qquad (3-38)$$

其中

$$Z_k = \eta_k \frac{Z_{k-1} + \eta_k th(iK_0 d_k n_k)}{Z_{k-1} th(iK_0 d_k n_k) + \eta_k}$$

$$Z_1 = \eta_1 th(iK_0 d_1 n_1)$$

式中 $Z_1, \cdots, Z_k$ ——第 $1, \cdots, k$ 层的输入阻抗；

$n_1, \cdots, n_k$ ——第 $1, \cdots, k$ 层的折射率，$n_1 = \sqrt{\varepsilon_1 \mu_1}$，$\cdots$，$n_k = \sqrt{\varepsilon_k \mu_k}$；

η_0 ——自由空间的本征阻抗，$\eta_0 = \sqrt{\mu_0/\varepsilon_0}$；

$\eta_1, \cdots, \eta_k$ ——第 $1, \cdots, k$ 层的本征阻抗，$\eta_1 = \sqrt{\mu_1/\varepsilon_1}$，$\cdots$，$\eta_k = \sqrt{\mu_k/\varepsilon_k}$；

K_0 ——自由空间波数，$K_0 = 2\pi f \sqrt{\varepsilon_0 \mu_0}$；

$d_1, \cdots, d_k$ ——第 $1, \cdots, k$ 层的厚度；

ε_0、μ_0——自由空间相对磁导率和相对介电常数；

ε_1、μ_1，…，ε_k、μ_k——第 1，…，k 层的相对磁导率和相对介电常数；

f——雷达电磁波的频率。

通常使 k 层（入射层）的阻抗 $Z_k = \eta_0 = 377\ \Omega$，可使电磁波全部进入吸波结构。一种层压板型吸波结构试验件示例如图 3-71 所示。

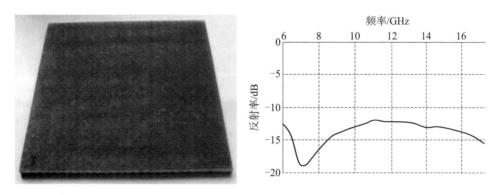

图 3-71　一种层压板吸波结构及试验结果

国内对层压板型吸波结构的力学和吸波性能研究也较多。例如，文献 [36] 等采用阻抗间断渐变结构和吸波泡沫设计、制作了层压板结构，透波层为玻璃布树脂基复合材料，$\varepsilon \approx 4.7$，$\tan\delta < 0.02$；吸收层为含有电损耗吸收剂的吸波胶膜，按吸收剂含量由低到高分为 A、B、C、D、E、F 共 6 种；按不同厚度和不同吸收层数制作了两种层压板（A1♯ 为 2 层吸收＋3 层透波，采用 B、F 吸收膜，A2♯ 为 3 层吸收＋4 层透波，采用 A、D、F 吸收膜），总厚度均为 4 mm。按 GJB 2038 规定的弓形法对样板进行了反射率测量，结果如图 3-72 所示，其中 A2♯板在 5～18 GHz 范围内反射率优于－10 dB。增加吸波层数，能拓展吸波频率范围，吸波效果更好。

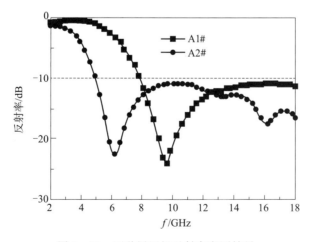

图 3-72　两种层压板反射率实测结果

③夹层型

夹层型吸波结构分为泡沫夹层型和蜂窝夹层型，属于层板型的一个特例，吸波结构由透波层、蜂窝吸波层和反射层组成。透波层和层板型的一样。吸波层为泡沫或玻璃纤维波纹形芯材、蜂窝复合材料板，其中蜂窝材料一般选用多边形芳纶蜂窝板，吸波损耗材料通过喷涂、浸渍到蜂窝内壁，或将电磁损耗材料掺入发泡剂，发泡材料填充到蜂窝中。反射层可采用碳纤维增强材料，也可直接利用弹体的金属表面作为反射层。结构形式如图3-73所示。

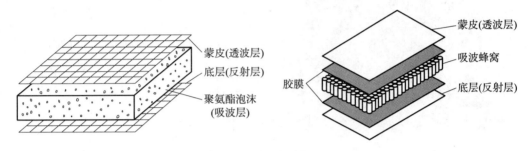

图3-73　夹层结构吸波板示意图

通过对蜂窝孔径、吸收剂比例、吸收剂参数等进行优化，可以获得需要的吸波效果，文献［50］对玻璃钢、芳纶蜂窝吸波结构的优化结果如图3-74所示。

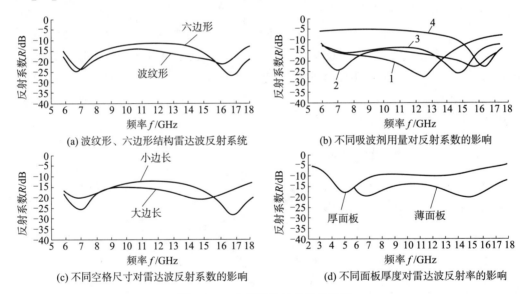

图3-74　夹层吸波结构优化结果

一种雷达隐身结构复合材料筒段试验件如图3-75所示，为玻璃钢环氧树脂外蒙皮＋芳纶蜂窝夹芯＋玻璃钢内筒结构，在蜂窝夹芯的孔中有雷达波吸收剂，内筒为主承载结构（内衬层为碳纤维布）。

文献［30］研究了夹层型巡航导弹弹翼吸波结构，如图3-76所示，弹翼外蒙皮为S

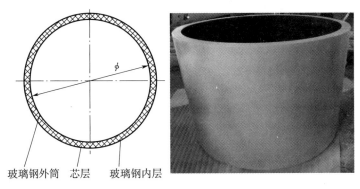

图 3-75　雷达隐身结构筒段试验件

玻璃钢纤维/环氧树脂透波结构，承力梁为金属骨架结构，吸波结构为聚氨酯吸波泡沫材料和吸波蜂窝材料。该结构的优点是前后缘以及翼面具有雷达隐身效果，缺点是承力梁上、下面部位没有吸波材料覆盖，电磁波通过透波层后会直接反射出去，不利于雷达隐身效果，可以考虑通过在承力梁上下表面涂覆吸波涂料进一步提高吸波性能。

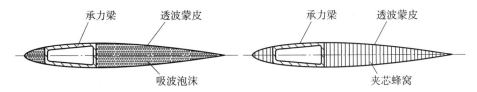

图 3-76　夹层型吸波结构弹翼结构示意图

蜂窝夹层结构具有较好的吸波性能，是一种应用最广的雷达隐身结构。

吸波结构用于导弹结构隐身有以下优点：

1）吸波性能好、重量轻；

2）可利用结构空间进行电性能设计；

3）可利用复合材料各向异性和比强度高的特点设计结构件，满足强度要求；

4）容易成型；

5）免维护。

由于结构隐身复合材料的优点，美国的隐身飞机和"战斧"、AGM-129 等巡航导弹都大量采用复合材料结构，在弹体结构、进气道、弹翼中都有应用。

树脂基复合材料的不足之处是树脂基材料不耐高温，如环氧树脂的耐环境温度一般在 $-50 \sim 180 \, ℃$，环氧树脂板的最高承受温度在 $300 \, ℃$ 左右，因此一般用在亚声速的巡航导弹上面。另一方面，耐高温的树脂和承载非金属材料不断被开发出来并得到应用。

（2）吸波涂层

雷达吸波涂层一般用于导弹承载结构外表面，吸收雷达波能量，降低雷达波的后向散射。涂覆部位包括导弹金属舱段、发动机壳体、连接环等表面。常用的吸波涂层通常由吸收剂、粘结剂和其他添加剂构成。高性能、低密度的吸收剂是吸波涂层的核心和关键。为了提高吸波性能，一般采用多涂层吸波结构，同时要求各层阻抗匹配，由于涂层总厚度不能太厚（2 mm 左右），因此层数有限（一般不超过 3 层）。吸波涂层计算优化方法和多层板吸波结构相同。

3.3.3.3   降低喷焰和再入尾迹的雷达特征

飞行的固体导弹发动机的喷焰（含等离子体成分）对探测雷达的电磁波有影响。再入飞行的弹道导弹弹头和再入产生的等离子尾迹都是反导雷达探测的对象。因此降低喷焰和再入尾迹的雷达特征也是导弹雷达隐身需要考虑的。

再入等离子尾迹是由于高速飞行的弹头前端的激波与气动加热引起的，因此可想到的第一个办法是减小气动阻力和气动加热。美国的三叉戟潜射洲际导弹弹头采用减阻杆技术，可大幅降低弹头的阻力（减阻效果可达 50%）和气动加热，并使导弹的射程增加 500 km，其原理如图 3 - 77 所示，不带减阻杆时大钝头的头部会形成强弓形激波，在弹头端头表面产生高压，形成气动阻力和气动加热；加装减阻杆后可以穿透正激波而形成斜激波，使弹头的阻力和气动加热大幅降低。文献 [37] 对带减阻杆的弹头的气动特性进行了仿真计算，$Ma = 4$ 时的阻力流场分布如图 3 - 78 所示，仿真计算表明减阻效果达到 50%。

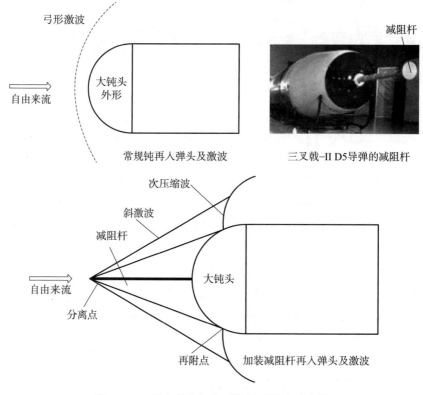

图 3 - 77   再入弹头加装减阻杆后激波示意图

文献 [38] 对加装减阻杆的再入弹头的减阻效果进行了高超声速风动试验，设计的减阻杆长度从 0～80 mm 共 9 种（对应模型 0、A0～A3，B1～B3，C3），相应的圆盘直径为

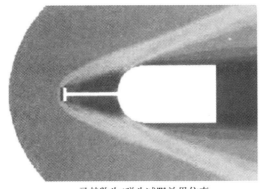

| 马赫数为4弹头减阻效果仿真 | 美国ISL实验室弹头减阻试验效果图 |

图 3 - 78　再入弹头减阻杆减阻效果仿真与试验结果示意图

0～18 mm，试验马赫数 $Ma = 4.937$。基本模型减阻流场效果如图 3 - 79 所示，并对不同杆长、不同迎角状态进行了试验，试验结论为：减阻杆前伸穿透钝体端头脱体弓形激波生成斜激波，加减阻杆的最大减阻率达到 60% 以上；并且在与球头直径一定比例范围内，在小迎角区域，减阻杆越长，顶端圆盘直径越大，减阻效果越明显。

采用减阻杆后弹头的激波压力大幅减小，因此气动加热也会大幅降低，弹头的红外特征和尾迹的雷达、红外特征都会显著降低。

由于尾迹的电子密度是决定 RCS 的主要因素，美国曾经研究采用弹头表面亲电子材料吸附表面的电子，主要材料包括特氟龙聚合物、氧化钨、氮化硼、氟利昂等。

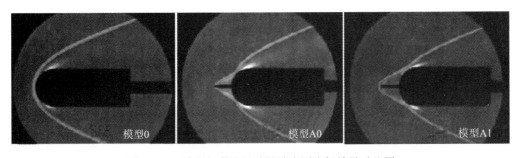

图 3 - 79　减阻杆高速风动试验实测流场效果对比图

3.3.3.4　低 RCS 或隐身飞行

弹道导弹助推段关机后进入较长时间的中段飞行，此时间段可能处于敌方反导雷达的探测监视之下。这期间可以通过调整头舱组合体的姿态，使其姿态针对地面搜索、跟踪雷达的 RCS 值最小，如图 3 - 80 所示。

巡航导弹的 RCS 值较小，由于其飞行高度低，可充分利用地形或建筑物的遮挡作用，其雷达特征信号可能被掩盖在地杂波和海杂波中，使预警雷达不易分辨出目标。

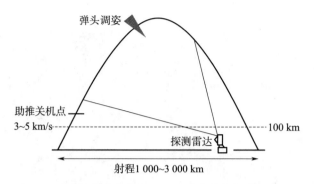

图 3 - 80　弹道导弹弹头 RCS 最小化姿态飞行示意图

3.3.4　诱饵、干扰装置和假弹头

红外/箔条诱饵弹、角反射器等在战斗机、运输机和地面装甲车辆、水面舰艇上应用较多，其用途是诱偏或迷惑、干扰有红外、雷达导引头制导的精确打击武器，使攻击武器跟踪的光学、红外或雷达目标隐藏在假目标中，从而导致难以从探测器得到的信号中分离出真目标，或者致盲对方的探测器敏感元件，这种诱饵的有效性在英阿马岛战争以及以色列与阿拉伯国家之间的战争中得到了检验，已经成为飞机、舰艇、装甲车辆等作战平台的标配干扰装置。由于诱饵弹滞留时间受风力影响，已经开始在军用飞机和舰船上试验用拖拽式红外、雷达假目标，使假目标较长时间内一直伴随真目标，起到诱骗导弹的红外、雷达导引头的目的。机载和舰载诱饵弹使用效果如图 3 - 81 所示。

（1）弹道导弹的诱饵干扰和假弹头隐身

中远程和洲际弹道导弹对抗红外侦察系统和红外末制导的手段除了降低导弹的红外辐射，减小雷达散射截面外，导弹的中段突防中普遍采用诱饵和干扰装置实现弹头隐身：通过红外和雷达诱饵，使真实弹头的红外和雷达散射特征淹没在众多诱饵目标中。按功能可分为红外诱饵干扰装置、雷达诱饵干扰装置或红外/雷达复合诱饵干扰装置，按干扰装置飞行模式又可分为内置式和伴飞式。文献［49］提出了伴飞式雷达诱饵干扰机的运用方法：1）释放时机选择在进入真空飞行后尽早释放，便于导弹立即采取调姿隐身；2）雷达诱饵干扰机释放的角度、速度需保证在反导雷达一个波束探测范围内；3）需要考虑干扰机的自旋稳定及攻角；4）干扰机应位于导弹前方。对伴飞式红外诱饵干扰装置也有类似的方法，其工作过程如图 3 - 82 所示，通过红外、雷达干扰装置使真实弹头的目标信号隐藏在干扰信号中。

文献［56］提出了一种弹道中段分布式多点源角度欺骗假目标干扰机工作原理，四干扰机模式如图 3 - 83 所示，其原理是利用干扰机接收到探测雷达的信号后延迟转发时间对探测雷达实现角度欺骗。多个干扰机和弹头可形成多点源角度欺骗干扰。

美国"民兵-Ⅲ"弹道导弹可以携带多个弹头，在中段末助推舱的控制下多次进行子弹头分导释放和诱饵释放，释放一次子弹头后末助推舱进行变轨飞行，使真子弹头隐藏在多个飞行轨迹的众多诱饵和假目标中，民兵导弹的充气式立式诱饵弹头如图 3 - 84 所示。

图 3-81　机载和舰载诱饵弹的示意图

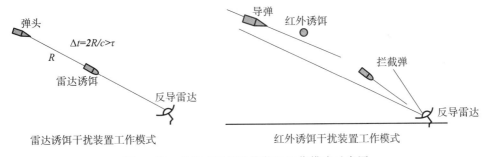

图 3-82　伴飞式诱饵干扰装置工作模式示意图

充气式诱饵弹头在释放前处于收拢状态，释放后诱饵弹头内的气体发生器工作，产生一定温度的燃气使诱饵弹头充气成型，外形与真弹头外形基本一致，同时红外、雷达目标特征（RCS 值）也与真弹头基本一致，假弹头与真弹头相隔一定距离伴飞，真假难辨，可提高真弹头中段突防的概率。

但是由于充气式轻诱饵进入大气层后抗烧蚀能力差，在进入大气层的过程中被烧毁，对末端反导系统不起作用，因此再入段的假目标一般采用重型诱饵或假弹头，通过假弹头欺骗反导雷达和反导拦截弹。充气式轻诱饵的另一个缺点是气动阻力会引起诱饵与真弹头的速度、高度的差异，轻诱饵无旋转运动，此类差异能被雷达探测和识别出来。

诱饵在导弹头部的安装方式与弹头数量以及弹头释放方式有关，有的安装在末助推舱

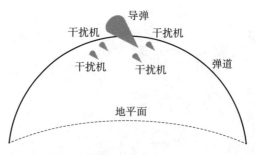

图 3-83　弹头和干扰机分布示意图

图 3-84　民兵导弹的充气式诱饵

内，有的和真弹头并联安装在弹托架上，英国的一种潜射弹道导弹子弹头及诱饵安装方式如图 3-85 所示。诱饵的释放时机和所对抗的反导武器以及突防策略有关。

图 3-85　英国的潜射弹道导弹多弹头及其诱饵

随着反导技术的提高，短、近程弹道导弹为了提高突防能力也开始采用诱饵干扰。在2022 年爆发的俄乌战争中，乌克兰媒体报道俄罗斯的伊斯坎德尔导弹采用了诱饵弹用于欺骗乌克兰的 S-300 防空系统，如图 3-86 所示残骸，据分析诱饵弹可能安装在导弹的尾段（如图 3-87 所示，利用喷管与尾段壳体的间隙安装，可装 6 枚），在发动机停止工作后从底部释放诱饵弹，诱饵弹伴随导弹做惯性飞行。从图片看出该诱饵弹有电子装置，尾部有黑色燃烧痕迹，属于伴飞式有源诱饵。

图 3-86　伊斯坎德尔导弹的诱饵弹

图 3-87　伊斯坎德尔导弹的诱饵安装位置

（2）自航式诱饵弹

空基作战平台除了使用曳光弹、无动力滑翔诱饵弹、拖拽式诱饵弹外，还有使用自航式诱饵弹的，典型产品为美国的 MALD 微型空射诱饵弹，其外形类似导弹，并有微型涡喷发动机，采用 GPS 和惯性制导，具有主动电磁干扰功能，既可用于保护重要的空基作战平台，也可作为火力侦察手段诱骗对手的战机或者防空系统雷达开机进而暴露其目标，或者用于消耗对方的防空导弹的储备，这种自航式诱饵弹也属于一种导弹假目标。

3.3.5　多模复合制导隐身

在强对抗作战环境下，采用单一的雷达或红外制导的导弹很容易被干扰导致失效，而且主动制导雷达容易暴露导弹的行动。因此一般采用多种制导模式的多模复合制导技术进行信息融合提高制导效能，同时还起到导弹隐身的效果。

多模导引头类型主要包括光学多波段复合、雷达多波段复合、光学与雷达复合等。主被动雷达导引头是精导导弹中应用最广泛的一种，将主动雷达和被动雷达两个部分进行融合设计，被动雷达不主动发射电磁波，只接收目标的电磁波，因而具有隐蔽性，主被动雷达导引头组成如图 3 - 88 所示。主被动导引头的工作模式为：在距离打击目标较远时被动雷达开机工作接收目标的雷达信号，测量打击目标的载频、脉宽、到达时间、角度等参数。在进入主动雷达开机距离（与打击目标距离较近）后，主动雷达开机工作，根据被动雷达测得的方位角等信息对目标进行搜索，利用信息融合算法稳定跟踪目标直至命中。目前，反辐射、地地、地空、空空、反舰巡航导弹都采用主被动雷达制导模式和其他制导模式融合。

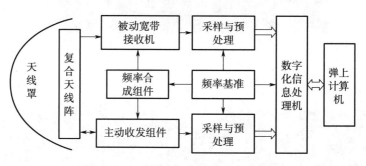

图 3 - 88　主被动复合导引头组成框图

3.3.6　主动控制电磁信号发射

在中国东、南沿海周边抵近侦察的各种侦察机、电子战飞机会收集各种通信和雷达电磁信号，通过对这些信号进行大数据分析提取有用信息。因此，必须对我方导弹武器系统的电磁信息进行严格管理，可采取的措施：

1）及时传递空情信息，在敌机、敌卫星抵近时隐蔽和静默。

2）对导弹搜索、预警、制导雷达的频率、极化、功率、调制方式等进行保密处理。

3）导弹试验和训练中发射的遥测信号必须加密，同时控制弹上发射机的信号传递方向和功率，确保通信信号无法被侦听或无法被破译。

4）采用基于民用照射源（例如广播、电视信号）的被动雷达系统探测目标。

5）有针对性地控制搜索和制导雷达开机时间、工作模式、辐射方向和功率，避免提前暴露目标。

6）部署有源诱饵欺骗反辐射武器或敌方侦察，其电磁辐射特征与真实雷达相似或相同。如爱国者导弹的 AN/MPQ53 相控阵雷达同时使用两部有源诱饵。

3.4　导弹隐身技术的应用

导弹隐身技术的实际应用过程是一项综合性的工作，除隐身技术本身，导弹的隐身设计还涉及导弹总体、动力、结构、气动、弹道与姿态控制、突防等相关专业，即导弹的隐身设计需要与导弹总体结构方案、气动方案、弹道与姿态控制方案、突防方案等协调，由导弹各相关专业设计共同实现隐身目标。导弹隐身设计与试验一般流程如图 3-89 所示。

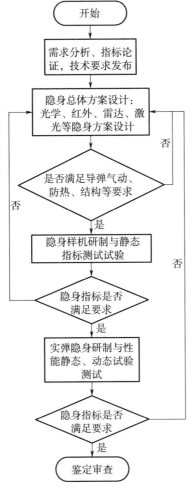

图 3-89　导弹隐身设计与试验流程

　　导弹隐身效能的实现还与作战环境和运用相关。例如弹道导弹能否实现导弹的顺利突防，除导弹本身的内在式隐身禀赋外，还需要导弹使用者根据打击目标及对抗环境通过弹道规划、突防策略规划（装几个诱饵、诱饵如何释放）等配合实施才能取得预期效果；为了使隐身巡航导弹更顺利突防，选择在夜晚突袭比白天好，选择低飞比高飞好，变轨飞行比直飞好。总之，良好的隐身性能加上灵活的战术运用，才能取得导弹作战的胜利。

参 考 文 献

[1] 刘晓磊，董小萌，王通，等. 天基红外系统对滑翔式高超目标探测性能分析 [J]. 红外技术及应用，2018，48 (8)：999 - 1004.

[2] 牛青林. 连续流域高速目标辐射现象学研究 [D]. 哈尔滨：哈尔滨工业大学，2019.

[3] 姜毅，等. 发射气体动力学 [M]. 北京：北京理工大学出版社，2015.

[4] 姜毅，等. 固体火箭发动机尾喷焰复燃流场计算 [J]. 宇航学报，2008.3.

[5] 李霞. 火箭发动机喷焰三维流动与光热辐射效应研究 [D]. 合肥：中国科技大学，2019.

[6] 禄晓飞，盛捷. 弹道导弹在飞行过程中的表面温度研究进展 [J]. 红外，2016，37 (1)：1 - 6，22.

[7] 李煜，等. 固体火箭发动机喷管两相流动下的热固耦合研究 [J]. 空天防御，2020，3 (1)：1 - 9.

[8] 徐南荣，卞南华. 红外辐射与制导 [M]. 北京：国防工业出版社，1997.

[9] 石晓光，王彬，杨进华. 红外系统 [M]. 北京：兵器工业出版社，2005.

[10] 李泽田，徐道揆. 浅谈洲际导弹弹头的发汗冷却鼻锥 [J]. 中国航天，1982 (2)：20 - 22.

[11] 任芬，唐景荣. 发汗冷却弹头内腔流动的简化计算 [J]. 航空学报，1988 (8)：401.

[12] 李霞. 固体火箭发动机喷焰流场及辐射特性实验 [J]. 现代防御技术，2019 (1)：15 - 19.

[13] 王长起. 复合固体推进剂无烟化述评 [J]. 推进技术，1992 (3)：66 - 71.

[14] 项丽，吴京汉，等. GAP 无烟推进剂配方研究. 2014 年含能材料与钝感弹药技术研讨会.

[15] 徐志明. 雷达目标特性及 MATLAB 仿真 [M]. 北京：电子工业出版社，2021.

[16] 杨正龙，倪晋麟，等. 短波雷达目标散射截面的计算 [J]. 现代雷达，2003 (11)：1 - 3.

[17] 张云飞，武哲. 导弹的 RCS 计算研究 [J]. 北京航空航天大学学报，2000，26 (3)：325 - 328.

[18] 赵卫华，邓发升. 飞航导弹雷达截面 (RCS) 计算 [J]. 电子对抗技术，2001，16 (4)：39 - 42.

[19] 耿志勇，吕丹，等. 不同形状弹头的导弹目标雷达散射截面积的计算 [J]. 航天电子对抗，2006，22 (1)：21 - 23.

[20] 盛川，张永顺，等. 弹道导弹再入段动态 RCS 特性分析 [J]. 火力与指挥控制，2017，42 (6)：93 - 95.

[21] 刘波，金林，等. 导弹等离子体羽流的 RCS 数值分析. 2005 全国微毫米波会议论文集.

[22] 戴军，方晖，等. 基于 RCS 的弹道导弹中段目标联合识别研究 [J]. 南京大学学报 (自然科学)，2015，51 (1)：20 - 24.

[23] 陈钱，钱惟贤. 红外目标探测 [M]. 北京：电子工业出版社，2016.

[24] 李群章. 弹道导弹弹道中段和再入段弹头红外光学识别方法研究 [J]. 红外与激光工程，1999，28 (5)：1 - 5.

[25] WEN BO TANG，LEI YU. Radar Rarget Recognition of Ballistic Missile in Complex Scene. 2019 IEEE International Conference on Signal，Information and Data Processing.

[26] YUAN JUN CHAO，ZHANG XIAO KUAN. Research on RCS Time Series of Ballistic Missile Warhead in Reentry Phase，IEEE2016.

[27] 刘石泉. 弹道导弹突防技术导论 [M]. 北京：中国宇航出版社，2003.

[28] 陈玉春，曾肇根. 火箭喷焰高频雷达截面分析 [J]. 电子学报，1987 (4)：119.

[29] 尹志林. 某隐身巡航导弹气动及雷达目标特性分析 [D]. 南京：南京航空航天大学，2009.

[30] 李志坚. 巡航导弹吸波结构弹翼设计与试验研究 [D]. 西安：西北工业大学，2007.

[31] 方有培，赵霜，汪立萍. 隐身巡航导弹及其目标特性 [J]. 航天电子对抗，2005，21 (1)：15 - 18.

[32] 许健翔，刘俊能. S 型进气道用吸波材料的研制 [J]. 材料工程，2001 (11)：41 - 43.

[33] 宋宇华，等. 混杂纤维填充环氧泡沫塑料吸波性能研究 [J]. 工程塑料应用，2020，48 (1)：42 - 46.

[34] G SASI BHUSHANA RAO，SWATH NAMBARI. Monostatic Radar Cross Section Estimation of Missile Shaped Object Using Physical Optics Method al 2017 IOP Conf. Sci. Eng. 225 012278.

[35] 黄小忠，等. 吸波 PMI 泡沫复合材料的制备及性能研究 [J]. 材料导报，2015 (1)：245 - 247.

[36] 赵宏杰，等. 结构吸波材料多层阻抗渐变设计及应用 [J]. 第八届中国功能材料及其应用学术会议，2013.8.23.

[37] 涂伟，金东海. 导弹减阻杆减阻的数值仿真研究 [J]. 计算机仿真，2014，31 (4)：87 - 91.

[38] 姜维，杨云军，等. 带减阻杆高超声速飞行器外形气动特性研究 [J]. 2011，25 (6)：28 - 32，53.

[39] 高文坤，等. 导弹隐身外形布局设计方法初步研究 [J]. 战术导弹技术，2009 (4)：7 - 12.

[40] 王景辉. 某导弹同心筒发射噪声特性分析及其控制方法研究 [D]. 南京：南京理工大学，2012.

[41] 王飞，徐勇，等. 导弹喷气噪声的数值模拟及算法研究 [J]. 战术导弹技术，2006 (5)：16 - 19.

[42] 郭琼，等. 导弹喷焰流场与凝结尾迹的工程计算方法 [J]. 弹箭与制导学报，2016，36 (2)：83 - 86.

[43] 徐南荣，卞南华. 红外辐射与制导 [M]. 北京：兵器工业出版社，1997.

[44] 闫磊. 导弹尾焰紫外辐射中的相关物理机制的研究 [D]. 北京：北京邮电大学，2013.

[45] 国爱燕，白挺柱，等. 固体火箭发动机羽焰紫外辐射特性分析 [N]. 光学学报，2012.10.

[46] 贯丛，高金宇，曲艺. 天基导弹预警紫外玻段尾焰信号与大气背景分析 [J]. 现代防御技术，2010，38 (2)：82 - 84.

[47] 张建新，张宝军. 导弹紫外辐射特性模拟方法研究 [J]. 光电技术应用，2014 (2)：90 - 94.

[48] 于远航，王文生，等. 基于日盲紫外的导弹模拟系统研究 [J]. 光学仪器，2011.10.

[49] 陈方予，等. 弹道导弹突防干扰装置工程应用技术 [J]. 航天电子对抗，2016 (5)：33 - 35，55.

[50] 孙占红，郭春艳. 复合材料夹层吸波结构 [J]. 航空制造技术，2002 (1)：38 - 40，68.

[51] 陈政伟，等. 高温吸波陶瓷材料研究进展 [J]. 现代技术陶瓷，2020，41 (1 - 2)：1 - 98.

[52] 何路. 宽带极化转换与红外/雷达兼容隐身超材料的研究 [D]. 武汉：武汉理工大学，2014.

[53] YU M X，LI X C，GONG R Z，et al. Magnetic properties of carbonyl iron fibers and their microwave absorbing characterization as the fiber in polymer foams [J]. Journal of Alloys and Compounds，2008，456 (1 - 2)：452 - 455.

[54] CUI T，QI M，WAN X，et al. Coding metamaterials，digital metamterials and programming metamaterials [J]. Light - Science & Applications，2014，3 (10)：e218.

[55] 马骏声. 弹道导弹弹头攻防技术的新较量 [J]. 航天电子对抗，2004 (4)：1 - 7.

[56] 宗志伟. 弹道中段目标极化雷达识别方法 [M]. 长沙：国防科技大学，2016.

[57] 冯德军，等. 弹道中段雷达目标识别研究进展综述 [J]. 中国电子科学研究院学报，2013 (2)：142 - 148.

[58] A C WOO，H T G WANG，M J SCHUH. Benhmark Radar Targets for the Validation of Computional Electromagnetics Programs，IEEE AP Magazine，Vol. 35，NO. 1，Feb. 1993.

第 4 章 导弹地面车辆的典型目标特征及隐身伪装技术

4.1 导弹地面装备面临的侦察威胁

侦察、监视及情报搜集一直是美西方加强作战能力建设的重要领域之一。美军舰机常年对亚太地区国家实施抵近侦察和情报搜集活动。随着亚太"再平衡"战略的深入实施，美国在亚太部署了更多性能先进的各型侦察机、无人机、电子侦察船、核潜艇及轨道侦察卫星和地基远程探测雷达等，侦察和情报搜集能力得到大幅提升。

中国已成为美国实施抵近侦察活动频度最大、范围最广、形式最多的国家，而且次数逐年增长。据不完全统计，2009 年美军侦察机对中国实施抵近侦察约 260 余架次，2014 年已超过 1 200 架次，2021 年超过 1 200 架次。

在 2022—2023 年爆发的俄乌冲突中，卫星、无人机、有人侦察机对地（海）侦察成为冲突双方必不可少的重要手段，通过对目标进行探测定位实施精确打击已经成为战场常态，没有经过伪装和隐蔽的军事行动会增加失败的风险。

对导弹武器系统发射平台等作战装备构成威胁的侦察装备和作战平台主要分为两类：

一是侦察卫星。对我国发射平台构成威胁的主要光学侦察卫星包括：美国锁眼-12、NROL-71、日本 IGS-O（2 颗光学）、法国 CSO 星座（3 颗光学卫星）、意大利 OptSat-3000、印度 CartoSat-3 等。雷达侦察卫星包括：美国 FIA-R-5、日本 IGS-R（5 颗雷达）、ALOS、意大利 CSG-1、欧洲（PAZTerraSAR-X、TanDEM-X 构成高分辨率 SAR 星座）、印度 RISAT 等。

二是军用飞机。常在中国沿海周边活动的飞机类型包括 F-15C/D 战斗机、F-16C/D 战斗机、C-130H 运输机、RC-135V/W 侦察机、F-22 战斗机、E-3B/C 预警机、B-52 战略轰炸机、RQ-4B 全球鹰无人侦察机等。

4.1.1 天基侦察威胁及特点

据有关文献统计，截至 2019 年年底，国外共计有 106 颗军用侦察监视卫星在轨运行，其中，美国 39 颗、欧洲 21 颗、俄罗斯 11 颗、日本 9 颗、印度 11 颗、以色列 6 颗、韩国 4 颗、其他国家和地区 5 颗。美国仍是拥有侦察监视卫星最多的国家。按类型统计，光学成像侦察卫星 42 颗，雷达成像侦察卫星 28 颗，电子侦察卫星（包括海洋监视卫星）36 颗，光学成像侦察卫星仍在侦察监视卫星中占比最多。

目前美军太空力量在成像侦察方面主要有 5 颗"锁眼"、3 颗"长曲棍球"、3 颗"未来成像体系"等多个系列军用卫星，电子侦察方面有 3 颗"水星"、5 颗"门特"、4 颗

"号角"等卫星，海洋监视方面有 12 颗海军海洋监视卫星。导弹预警卫星则是继续发展 DSP 星座、"天基红外系统"星座，"下一代过顶持续红外"卫星、"高超声速和弹道跟踪太空传感器"卫星等，可在导弹发射后 20 s 内将警报信息传送给地面部队。主要侦察卫星性能参数见表 4-1、表 4-2。

表 4-1　国外光学侦察卫星主要参数

序号	卫星名称	国别	分辨率/m		测绘带/km	
			全色	多光谱	普查	详查
1	KH-12 系列	美国	0.1~0.15	—	15	3
2	IKONOS 2	美国	1	4	11×100	13×13
3	WorldView-1	美国	0.5	—	60×60	16
4	Quickbird-2	美国	0.61	2.44	165	16.5×16.5
5	GeoEye-1	美国	0.41	1.65	—	15.2
6	OrbView-3	美国	1	4	—	8×8
7	Cosmos2441	俄罗斯	0.3	—	—	—
8	HELIOS-2A	法国	0.5	—	—	—
9	EROS-B	以色列	0.7	2.8	—	7
10	Cartosat-2A	印度	1	—	—	—
11	IGS-O	日本	0.3	—	—	—
12	Kompsat 2	韩国	1	4	—	—

表 4-2　国外雷达侦察卫星主要参数

序号	卫星名称	国别	分辨率/m			波段	测绘带/km		
			扫描	条带	聚束		普查	详查	聚束
1	Lacrosse-5	美国	3	1	0.3	L、S、X	100~200	20~40	2~3
2	Topaz-5	美国			0.3				
3	LightSAR	美国	13	2.6	1.6	X、L	117	22~27	10×4
4	IGS-R6	日本			0.5				
5	ALOS-2	日本			1×3	L			
6	SAR_Lupe 系列	德国	—	1	0.5	X	—	60×8	5.5×5.5
7	TerraSAR-X	德国	16	3	1	X			
8	Cosmo-Skymed	意大利	30	3~15	1	X	100	40	10×10
9	TecSar	以色列	8	3	1	X	100	—	—
10	RadarSAT-Ⅱ	加拿大	30	25	3	C	150	100	20
11	RISAT-2B	印度			0.3	X			

4.1.1.1　光学侦察卫星

查阅近些年发射的光学侦察卫星，包括：美国 NROL‒71 绝密间谍卫星、日本 IGS‒O5、IGS‒O6 卫星、法国 CSO‒1 卫星、意大利 OptSat‒3000 卫星、俄罗斯 Presona‒3、琥珀‒4K2M‒10 卫星、印度 CartoSat‒3 卫星等相关参数资料。光学成像卫星的主要发展趋势包括：多卫星星座，高低轨结合的光学成像侦察卫星体系，光学、红外分辨率提升，连续成像能力提升（日本 1 帧/s 的连续成像）。

目前先进光学遥感侦察卫星一般包括以下几个特征：

（1）空间分辨率高

目前一般卫星多光谱遥感的空间分辨率已达到米级，全色遥感已达到亚米级。最高的卫星成像能力已在 0.1 m 左右。米级分辨率卫星照片如图 4‒1 所示。

图 4‒1　WorldView 4 多光谱卫星高分影像（缩小至 2 m，实际分辨率 1 m）

（2）多光谱

一般具有 4 个或以上的光谱波段，除包括红（R）、绿（G）、蓝（B）三个可见光通道外，还包括红外（IR）等通道。如美国洛马公司为 DigitalGlobal 研制的民用 0.3 m WoldView3 卫星就具有 16 个光谱通道。

（3）高度重访

高分光学卫星技术成熟，因此可以多星组网，同时通道具有双向变姿能力，因此可以实现对全球任意一点的快速重访。目前商业化的民用高分卫星已具备每天重访同一地点的能力。

（4）定位精准

在这样的分辨率条件，大型车辆的外形、结构和色彩特征都能很清晰地被分辨，其主要尺寸特征可以较为精确地被度量和比较。同时红外通道和其他多光谱通道的存在也使得它具有了一定程度上区分目标伪装目标或不同材质目标的能力。

4.1.1.2　红外侦察卫星

前面已介绍，红外遥感侦察的谱段范围一般在 $3\sim15\ \mu\mathrm{m}$ 之间，在这个光谱区间，由于大气窗口的因素，通常遥感的大气窗口为 $3.0\sim3.6\ \mu\mathrm{m}$，$4.2\sim5.0\ \mu\mathrm{m}$ 和 $8\sim14\ \mu\mathrm{m}$。$3\sim5\ \mu\mathrm{m}$ 区域为中红外遥感波段，适用于相对高温的物体。

在热红外区域，目标的辐射信号由其发射率和温度决定。同温的物体发射率越高，红外辐射越强。同一物体的温度越高，辐射信号越强，并且辐射峰值会向短波方向移动。目前红外遥感卫星广泛应用于地面火灾监测，通过红外侦察卫星可发现夜晚活动的军用车辆轨迹和行动，探测火箭、导弹的发射地点，为实施打击提供坐标定位。

4.1.1.3　雷达侦察

对导弹地面车辆探测的雷达主要是 SAR。SAR 在飞行过程中通过对地面车辆目标发射、获取雷达波进行成像，其成像特征主要由 SAR 参数（分辨率、波段、极化方式、入射角）与车辆状态（速度、几何外形、道路铺装面）两者共同决定，图 4-2 为 SAR 对地面车辆目标成像的示意图。

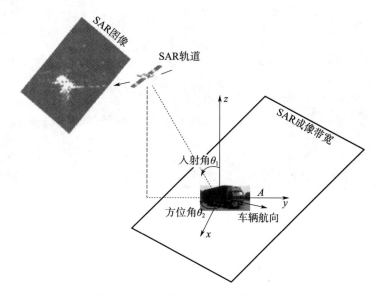

图 4-2　SAR 传感器车辆成像关系图

由计算机辅助的 SAR 图像车辆目标识别需要经过两个过程：检测与甄别。检测的目的是将车辆与周围背景（建筑、树木、地形）区别开来。甄别的目的是在车辆图像之间进行分类，确认出特定型号的车辆（如：客车、油罐车等）。

雷达侦察的特征包括以下几方面：

（1）穿透能力

受大气窗口限制，仅有较窄的几个微波谱段可以较小衰减穿透大气，用于星载 SAR

成像。从 1978 年第一颗 SAR 卫星发射以来，常用的星载 SAR 谱段有 L、C、S、X 四个波段（参数见表 4 - 3）。

表 4 - 3　常用微波波段穿透性

波段	标称波长	波长范围/cm	穿透性
L	20	15～30	可穿透草皮
S	10	7.5～15	
C	5	3.75～7.5	不能穿透树冠,树冠顶层成像
X	3	2.5～3.75	不能穿透树冠

雷达的穿透能力与波长成正比，并与媒质含水量成反比，其特性如图 4 - 3 所示。

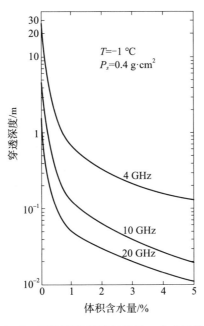

图 4 - 3　雷达穿透深度与波长、含水量关系

（2）SAR 和 GMTI 协同

SAR 是主动微波成像雷达，利用雷达平台对地面的相对运动引起的多普勒历程对静止地面场景进行成像。地面动目标指示（Ground Moving Target Indication，GMTI）既包括目标的检测，也包括目标的聚焦成像及精确定位。因此，通过 SAR 对目标成像，并将运动目标标注在静止场景图像上，有助于检测运动目标，SAR 和 GMTI 结合从而产生SAR 地面动目标指示（SAR - GMTI）。搭载在卫星上的 SAR - GMTI 系统可以在大范围内对伪装运动的地面车辆进行检测，同时标定在 SAR 图像上进而对目标的运动轨迹进行跟踪，如图 4 - 4 和图 4 - 5 所示。

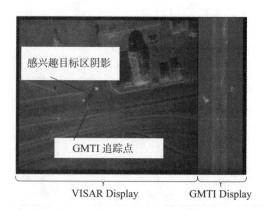

图 4 - 4　ViSAR 和 GMTI 协同

伊拉克撤军图　　　　　　　　　　　　SAR-GMTI叠加图

图 4 - 5　典型 SAR - GMTI 观测结果

4.1.2　空基机载光电系统侦察威胁

对导弹地面装备构成威胁的空基机载光电系统，主要包括在轨时间长、不受领空限制的空间飞行器（如 X - 37B，在轨时间长达 780 天），穿透式打击能力强的隐身飞机（如 F - 22、F - 35、B - 2），抵近侦察无人机（全球鹰）等。

国外机载 SAR 波段主要覆盖 L、C、X、Ku 波段，极化方式包括：HH、VV、HV、VH，工作模式包括条带、聚束、GMTI 等，美国 UAV 载机平台搭载的 Santia - miniSAR 系统在 10 km 作用距离条件的分辨率可达 0.1 m，美国全球鹰平台搭载的 HISAR 系统采用广域动目标指示模式，成像幅宽可达 90 km，作用距离可达 120 km。表 4 - 4 给出了国外机载 SAR 系统的总体参数、工作模式、指标和载机参数。

机载光学侦察系统分辨率可达 0.1 m，能见度高的天气条件，光学侦察水平作用距离为 50~60 km，机载红外侦察系统温度分辨率为 0.02~0.1 ℃，受大气吸收和散射作用，若要对地面目标进行识别，作用距离一般在 20 km 以内，美国正在试验阶段的机载高光谱图像收集实验仪地面分辨率优于 1 m，通过多波段综合侦察对发射平台构成严重威胁。

表4-4 国外机载SAR系统总体参数汇总表

序号	设备名称	国家	作战半径/km	飞行高度/m	最大外挂载荷/kg	最大航速/(km/h)	光电载荷名称	雷达载荷名称	侦察半径/km	雷达工作模式
1	MQ-4C"海神"	美国	15 200	17 000	1 452	575	MTS-B	AN/ZPY-3	370	海面搜索(MSS)模式、逆合成孔径雷达(ISAR)模式
2	MQ-9"收割者"	美国	5 926	15 000	1 700	482	MTS-B	AN/APY-8Lynx II	80	在聚束模式下分辨率为0.1 m，条带模式下分辨率为0.3 m
3	RQ-4"全球鹰"	美国	5 500	18 300		574	MS-177	HISAR.MTI	100	1)广域动目标指示模式，成像幅宽90 km，作用距离30~120 km 2)广域搜索模式，距离分辨率20 m，成像幅宽74 km，作用距离37~110 km 3)组合SAR/MTI条带成像模式，分辨率37 km，成像幅宽37 km，作用距离20~110 km 4)聚束模式，分辨率1.8 m，成像幅宽4.8 km，作用距离20~110 km
4	F-35战斗机	美国	2 200	18 288	8 000	1 930	EOTS	(AESA)AN/APG-81	150	150 km范围内检测到1 m²的雷达横截面(RCS)的机载目标
5	P-8侦察机	美国	2 222	12 496	9 000	907		APY-10		
6	P-3C巡逻机	美国		8 625		761		AN/APY-6	200	1)陆地条带SAR模式，分辨率1~8 m，成像幅宽6~48 km，作用距离200 km 2)陆地聚束SAR模式，分辨率0.3~1 m

4.1.3　侦察流程与协同

　　高轨卫星覆盖范围大，空间分辨率相对低，主要应用于大范围特定区域情报信息保障。低轨卫星覆盖范围小，空间分辨率较高，可用于精细化情报获取。对面积较大的目标区域，卫星控制系统可通过俯仰和滚动联合快速调节，使得光轴快速、平稳地从一个指向移动至另一个指向，调整到位后仍保持提供凝视成像条件。特别地，也可根据任务需求，对视场内特定条带或区域进行编程扫描，而无须进行全视场扫描，以此缩短成像周期，提高任务刷新速度。

　　卫星侦察任务下达工作流程由地面指控系统上注数据指令和卫星自主数据分析共同完成。在情报部门确定大致搜索区域后上注指令，卫星数管系统根据指令将任务分解到控制系统用于确定卫星指向，根据成像信息设置在轨系统工作参数，完成成像数据采集，该数据在下发指定数据接收站的同时还将由星上自主数据分析形成目标信息下发地面，为协同调用其他低轨卫星、电子卫星或视频卫星等做执行参数数据来源。

　　卫星侦察任务工作流程示意图如图 4 - 6 所示。

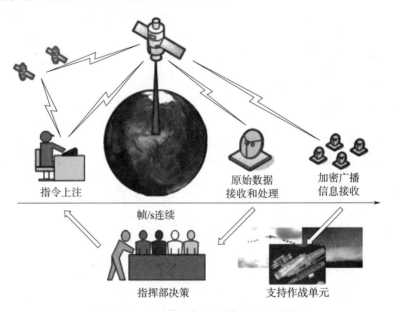

图 4 - 6　卫星侦察任务工作流程示意图

　　卫星通常一次成像能覆盖整个工区，卫星数据经过星上处理或地面处理系统处理后，形成卫星数据产品，可供情报判读。获取目标位置后，可调集区域内的航空侦察手段对目标进行更高精度的成像。地面侦察方式可以作为空中打击目标引导，目标确认或毁伤效果评价的补充。

4.2　导弹地面装备的典型目标特征

4.2.1　目标光学特征

机动式导弹地面装备包括：导弹发射车、指挥车、雷达车、通信车等作战装备和导弹运输车、转载车、电源车等支援保障装备，导弹地面车辆目标的典型光学特征主要包括：外形、尺寸、表面涂装、外加伪装器材、阴影、车辙痕迹等方面。

固定式导弹地面装备包括发射井、固定建筑物等。

（1）外形

导弹地面车辆根据不同任务、功能设计不同的外形。导弹发射车的主要外形特点是有发射筒（发射箱）、设备舱等典型结构，发射筒（发射箱）可起竖，驾驶室顶部安装用于通信的机构和天线，一般有用于导弹发射车调平的支腿、油缸等结构，部分导弹发射车为履带式结构，如图 4-7 所示。指挥车、通信车、电源车的主要外形特点是有方舱式结构。雷达车的主要外形特点是有雷达阵面结构。导弹运输车与导弹发射车的外形基本一致，转载车有用于筒弹转载的吊臂等。地下井的井盖装置，如图 4-8 所示。

与导弹地面车辆同类外形尺寸规格的民用车辆主要包括：全封闭式集装箱车、仓栅式运输车、液体运输车、客车等。全封闭式集装箱车厢体为长方体全封闭式集装箱结构，仓栅式运输车厢体为顶部敞开式栅栏式结构，液体运输车厢体为圆柱体全封闭结构，客车整体为全封闭式长方体结构，如图 4-9 所示。通过军、民用车辆轮廓外形对比可辨别出军用目标，如图 4-10 所示。阅兵活动、航空航天装备展览等活动中展出的各种导弹发射车实物或模型都是对装备外形轮廓光学特征的一种暴露，采用机器学习和人工智能算法的目标检测算法可将各种车辆外形图片信息作为样本信息培训目标识别模型，提高识别的准确性。

图 4-7　典型导弹发射车外形

图 4-8　谷歌地图中的导弹发射井地图

图 4-9　与导弹地面车辆同类外形尺寸规格的民用车辆外形

（2）尺寸

客车底盘均采用标宽 2.55 m 设计，一般为 2～6 轴，整车长度不超过 12 m，轮胎直径一般约为 1.2 m。大型厢式货车采用半挂/全挂式设计，标宽不大于 2.55 m，一般不大于 5 轴，整车长度一般不超过 20 m，轮胎直径一般为 1.2 m。导弹发射车底盘一般为履带式/轮式 4～8 轴，整车长度最大可达 20 m，不同型号导弹发射车宽度不同，特种车辆最大宽度可超 3 m。

（3）表面涂装

民用车根据功能类型一般表面为纯色涂装，并在车身部位有厂家名称/车辆名称标识，导弹发射车等地面车辆表面主要为迷彩涂装，根据作战区域不同喷涂不同的迷彩，主要类型包括：林地型、荒漠型、雪地型等，迷彩图案为变形迷彩或数码迷彩，地面车辆表面迷

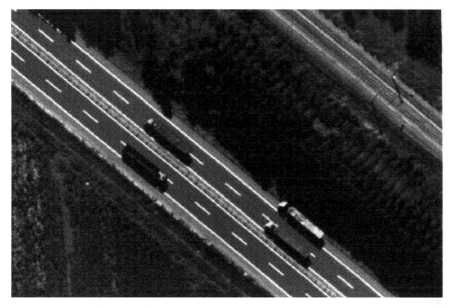

图 4 - 10　民用车辆光学图像

彩颜色、亮度等与背景相匹配。如图 4 - 11、图 4 - 12 所示，在公路上行驶的车辆，通过颜色可分辨出军民车辆。

图 4 - 11　民用车表面涂装

图 4 - 12　导弹发射车表面涂装

（4）外加伪装器材

导弹地面车辆根据任务不同，表面安装篷布/伪装遮障等外加式伪装器材，用于遮蔽军用目标的外形、轮廓等暴露特征，且外加式伪装器材表面颜色、亮度等与背景相匹配，如图 4-13 所示。

图 4-13　萨博公司"梭鱼"多光谱伪装系统（见彩插）

（5）阴影

导弹发射车等地面车辆在野外环境下一般会采用伪装遮障等伪装措施，降低目标特征的显著性，但在太阳斜入射时，装备的阴影特征通常难以消除，在目标自身暴露特征不明显的情况下，可通过阴影等辅助手段对目标进行识别。

4.2.2　导弹地面车辆的红外特征

红外线波长介于微波与可见光之间，波长范围为 0.76~1 000 μm，覆盖室温下物体所发出的热辐射的波段。按照地球大气对红外线的透明性，红外线可划分为 4 个小波段：近红外（波长 0.76~3 μm）、中红外（波长 3~6 μm）、远红外（波长 6~15 μm）、极远红外（波长 15~1 000 μm）。在近红外、中红外和远红外内，每个区域都包含一个以上的大气窗口，而在极远红外（15 μm 以上）则没有对红外辐射很透明的窗口，即红外辐射传输很短的路程就会被大气吸收殆尽[4]。对红外探测器而言，大气传输有 2 个典型的窗口，分别是 3~5 μm 和 8~12 μm 波段。因此，导弹地面车辆的红外特征主要考虑在 3~5 μm 和 8~12 μm 波段红外大气窗口的暴露特征。也许是自然的巧合，地表的辐射平均温度为 290 K，相应的峰值波长为 $\lambda_m \approx 10$ μm，恰好是第二个大气窗口的中间值。另一窗口的中间值 $\lambda_m \approx 4$ μm，与 720 K 的温度相对应，正好与发动机、动力设施和燃气等热源相匹配。

对地面车辆目标的红外探测过程各要素包括：红外探测系统、大气、地面车辆目标和背景，目标和背景间的红外辐射对比特征是红外探测系统发现和识别目标的重要依据，影响地面车辆目标和背景的红外辐射对比特征的因素，主要包括：目标昼夜温度、工作状态（静止、热待机、机动）、背景类型、气象条件、红外探测系统波段。

（1）目标昼夜温度特征

目标的红外辐射温度是昼夜变化的。由于太阳对目标的加热和昼夜环境温度的变化，目标表面温度随时间的变化而变化。通常，在日出前的 5 时至 6 时，自然状态下的目标表面的温度最低；日出后，在太阳的照射加热下，表面温度逐渐升高，大约在下午 2 时至 3 时，目标表面温度最高，红外辐射最强；随后目标温度慢慢下降，一直降至日出前的最小值。目标不同表面由于方位不同，接受并吸收的太阳辐射也不同，因而在不同的时间内，目标本身的不同部位红外辐射也不同。以装甲车辆为例，不同时间点的表面温度云图如图 4 - 14 所示，导弹发射系统等作战车辆具有类似的暴露特征。

图 4 - 15 为文献 ［19］ 对一种导弹发射车建模进行红外热辐射仿真的结果示意图，不同探测波段在不同时间点的红外图像是不同的。

（2）目标工作状态

导弹发射车等地面目标与红外辐射特征相关的工作状态包括：静止、热待机和机动。静止状态时，车辆表面的温度分布比较均匀，各部分的温度差别不大，直接接受太阳辐射的部位温度较高。热待机状态，发动机、柴油机组等热源工作，表面温度较高。机动状态，发动机、柴油机组、轮毂、轮胎等部位表面温度较高。如果车辆上有空调设备、发电机组设备，这些都可能是有强烈红外辐射的部位。

（3）背景类型

在太阳照射下，不同地物背景（如土壤、沙漠和植被等）昼夜 24 小时内红外辐射温度的变化规律是不同的。水泥地面相对于土壤和沙漠，在昼夜时间内的温度变化波动范围较大，植被在昼夜时间内的温度变化相对较小。因此，对于同一目标，在昼夜时间内与不同背景的红外辐射温度差也是不同的。

（4）气象条件

雨、雾、雪、霾和沙尘等复杂气象条件对目标与背景红外辐射特征及其对比特性有以下两方面的影响：1）雨、雾、雪、霾和沙尘等特殊条件下大气中相应粒子群对辐射的吸收、散射、衰减作用；2）由于雨、雾、雪、霾和沙尘等液/固颗粒在目标与背景表面沉积或吸附，从而形成相应颗粒的液滴、液膜或固体颗粒沉积层，对目标与背景对流传热传质过程及目标与背景表面原有辐射特性产生影响，最终影响目标与背景的红外辐射特征及对比特性。瑞典国防研究所采用 CAMEO - SIM、Muses 和 McCavity 等仿真软件研究目标与背景的红外辐射特征，研究不同地域不同天气条件对 MTLB 步兵战车与背景红外辐射特征的影响，如图 4 - 16 所示。

（5）红外探测系统波段

中波红外波长范围为 $3 \sim 5\ \mu m$，导弹地面车辆在该波段范围的红外图像暴露特征主要体现在高温热源部位，包括：发动机、轮毂、轮胎等，如图 4 - 17 所示。敌方侦察、制导武器可根据热源部位的红外图像和温度特点识别目标、引导导引头打击目标。

长波红外波长范围为 $8 \sim 12\ \mu m$，长波红外对常温目标的灵敏度较高，因此，导弹地面车辆在该波段范围的红外图像暴露特征主要体现在整车轮廓特征，地面车辆在一天中不

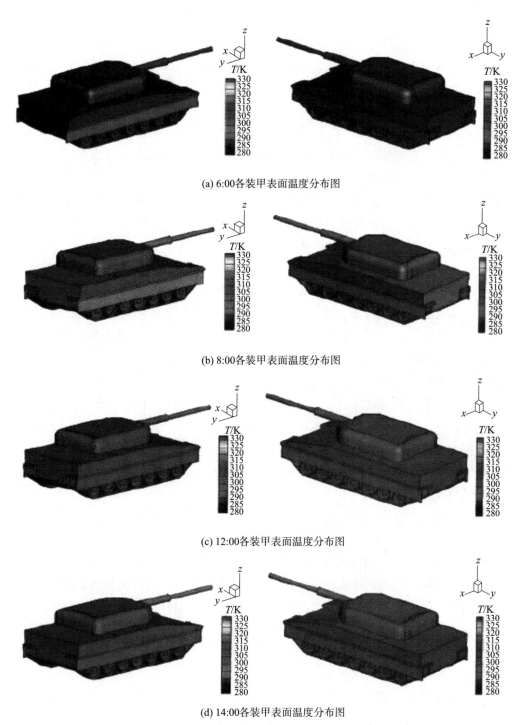

(a) 6:00各装甲表面温度分布图

(b) 8:00各装甲表面温度分布图

(c) 12:00各装甲表面温度分布图

(d) 14:00各装甲表面温度分布图

图 4 - 14　不同时刻装甲车表面温度分布示意图（见彩插）

同时刻的红外特征受地面、环境的热辐射、反射特性的影响，因此，在长波红外图像判读时，需关注地面车辆与地面、环境间的耦合效应，如图 4 - 18 所示。

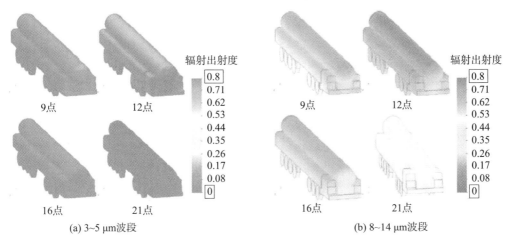

图 4 - 15　发射车静止状态稳态波段半球辐射出射度示意图（见彩插）

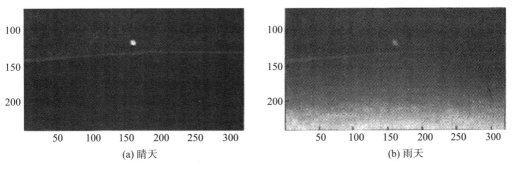

图 4 - 16　不同天气条件对目标与背景红外辐射特征的影响

图 4 - 17　热源部位红外热图（见彩插）

图 4 - 18　整车轮廓红外热图

4. 2. 3　导弹地面车辆的雷达特征

　　这里导弹地面车辆的雷达特征主要指侦察、打击装备的雷达波入射到地面车辆表面后接收到的回波特征，不包括地面车辆主动发射的电磁波信号（如雷达车的雷达波信号）。地空导弹武器系统的雷达车辆因在工作时需要雷达开机，其雷达波信号属于一种特殊的雷达特征，是机载反辐射导弹设计时必须研究的课题。导弹地面车辆的雷达特征与目标自身散射特征、背景类型、阴影和目标运动状态等因素相关，不同因素条件下的雷达特征如下：

（1）目标散射特征

导弹地面车辆待机在静止状态，空中飞机、卫星的 SAR 侦察、打击装备以一定速度对地面车辆扫描成像，因地面车辆多数为长方体结构，雷达散射特征较强的方位是左、右侧向，驾驶室头向方向和车尾部方向，因此，上述四个方位的 SAR 图像和 RCS 信号较强，在较高地面分辨率（可达 0.1 m）的 SAR 图像中，可清晰辨识地面车辆的细节特征，且雷达波受天气影响较小，如图 4-19 所示。常见车辆目标的 RCS 大概值见表 4-5。

表 4-5　常见地面车辆目标的 RCS 值

序号	频率/GHz	目标	方位	擦地角	RCS/dBm²	备注
1	37.5	坦克	0°～360°	10°	25	RCS 值为 0°～360° 方位角平均值
2	37.5	装甲车	0°～360°	10°	23	
3	9.375	小面包车	0°～360°	0°	6	
4	9.375	军用卡车	0°～360°	0°	17	

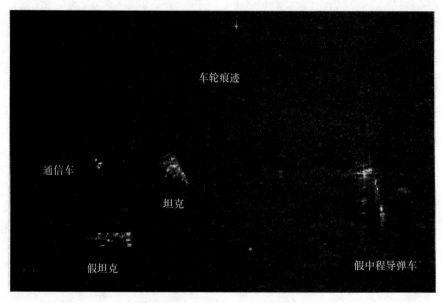

图 4-19　军用车辆 SAR 图像

（2）背景类型

SAR 通过接收地物目标反射的雷达波来进行成像，对地面背景中的车辆目标存在多次反射现象，可形成目标的一次反射图像、二次反射图像等，因此，车辆目标的 SAR 图像不仅与自身的目标散射特征有关，而且与背景的散射特性也息息相关。美国 *Handbook of Radar Scattering for Terrain* 书中详细地给出了草地、沙石、公路、雪地等不同背景的雷达后向散射系数值，见表 4-6，可根据背景的后向散射系数，结合装备的 RCS 和雷达对地面目标的识别阈值，得出装备的雷达隐身指标要求。

表 4 - 6　X 波段不同背景表面的雷达后向散射系数

序号	极化方式	角度	公路背景雷达后向散射系数均值/dBsm	沙石背景雷达后向散射系数均值/dBsm	草地背景雷达后向散射系数均值/dBsm
1	HH	20°	−16.1	−4.8	−6.3
2		30°	−18.7	−8.1	−8.8
3		40°	−21.1	−9.1	−11.7
4		50°	−23.8	−10.8	−12.8
5		60°	−26.4	−16.3	−13.2
6	VV	20°	−15.5	−6.9	−7.7
7		30°	−17	−9.5	−11.1
8		40°	−18.5	−11.0	−14.2
9		50°	−20.3	−11.1	−13.8
10		60°	−22.1	−14.8	−14.5

（3）阴影

当地物与目标局部以一个大于或等于发射波形的入射角（$\alpha^- > \gamma$）的角度向雷达倾斜时，雷达图像就会出现阴影，如图 4 - 20 所示。

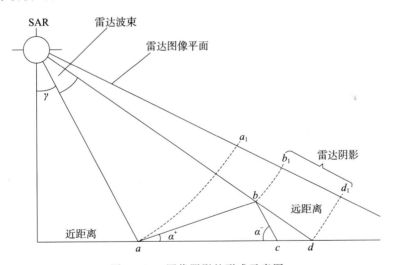

图 4 - 20　图像阴影的形成示意图

山峰和高大目标的背面（对雷达入射波而言）照射不到微波能量（雷达盲区），故无雷达回波，则在图像相应位置上出现暗区，即雷达阴影，如图 4 - 21 所示。

（4）运动特征

导弹地面车辆作为时敏目标，机动运输状态是全作战流程中的重要环节。美国在《针对难以捉摸的地面目标的空天作战》一书中提到，"在可能的情况下，最好在移动中检测到 TEL，然后再摧毁它，而不是等到藏在隐蔽地后并冒着消失在隧道，市区或建筑物中

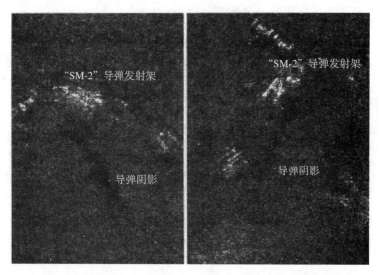

图 4 - 21　地空导弹发射架 SAR 图像

的风险。"

　　由于 SAR 图像在进行子孔径合成过程中（即成像过程中）仅考虑了静止目标，运动目标在 SAR 图像中的成像会出现严重的模糊现象。具体讲，若目标具有恒定的垂直于 SAR 飞行轨道的速度，成像位置在方位向则会发生明显的偏移；若目标具有恒定的沿 SAR 飞行轨道的速度，则会导致目标的模糊，如图 4 - 22 所示。

图 4 - 22　运动汽车 SAR 图像

　　星载/机载 SAR 一般均具备动目标指示（MTI）功能，可用于检测、识别机动目标，通过 MTI 和 SAR 相结合，实现机动地面车辆的识别。对地面动目标的成像可归结为三步：第一步是检测到地杂波中的运动目标，第二步是对动目标聚焦成像，第三步是放置该动目标到它的真实位置，干涉法动目标聚焦的流程，如图 4 - 23 所示。

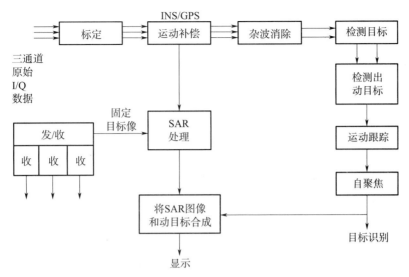

图 4-23　干涉法动目标聚焦检测框图

4.2.4　导弹地面车辆的高光谱特征

高光谱遥感器通常指光谱分辨率很高（达到 10^{-2} μm 量级），在 400～2 500 nm 的波长范围内其光谱分辨率一般小于 10 nm 的成像遥感器，其空间分辨率一般较低，目前星载高光谱传感器的空间分辨率最高为 2～5 m。

物体的光谱反射特性是由自身材料组成、结构决定的，每种物质具有特定的吸收/反射峰，即光谱特性具备指纹特征。导弹发射车等地面车辆宽度方向一般为亚像元目标，因此，星载高光谱侦察设备获取的地面车辆光谱通常为装备与背景的混合光谱。地面车辆在整个画幅中所占的面积比较小且通常表面有伪装遮障等器材的遮蔽，因此地面车辆目标的高光谱图像特征通常为低概率出露目标。因此，对地面车辆类亚像元、低概率出露目标，传统的基于空间形态的目视解译方法无法实现对该类目标的探测识别，需要采用高光谱图像和光谱相结合的目标探测处理技术，如图 4-24 所示。

地面车辆的高光谱特征主要体现在装备表面的迷彩伪装涂料/伪装遮障的高光谱特征，上述人工材料与植被、沙土等自然地物的光谱反射特性在光谱曲线、特征吸收位置等方面存在一定的差异，如图 4-25 所示。

植被与迷彩伪装涂料的光谱反射特性的区别主要包括：1）在可见光波段，叶片光谱特性受各种色素影响，其中叶绿素起主要作用，叶绿素以以 0.45 μm 和 0.65 μm 为中心的蓝、红两个谱段内吸收大部分入射能量，在这两个叶绿素吸收谷间即 0.54 μm 附近形成一个反射峰，使得叶片呈现绿色；迷彩伪装涂料可模拟 0.54 μm 附近的反射峰，反射率数值与植被有一定差异。2）在近红外波段，植物光谱特性主要取决于叶片内部构造，叶片的反射率与透射率都很高（各占 45%～50%），吸收率低（小于 5%），在红波段与近红外波段间反射率急剧上升，形成所谓的"红边"，这是植物光谱反射率最明显的特征，也是

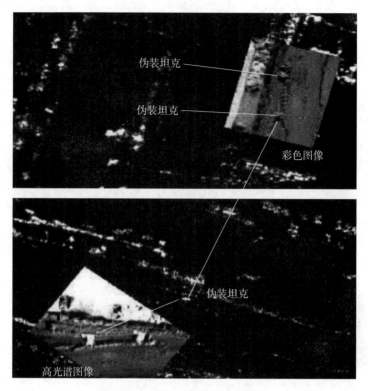

图 4 - 24　地面车辆的高光谱图像

植被遥感中最重要的谱段范围；迷彩伪装涂料虽可模拟植被的"红边"，但反射率上升程度弱于植被。3）在短波红外波段，绿色植物的光谱特性主要取决于叶片的总含水量，1.4 μm、1.9 μm 和 2.7 μm 是水吸收带，受大气水汽吸收影响，该谱段通常不被应用。

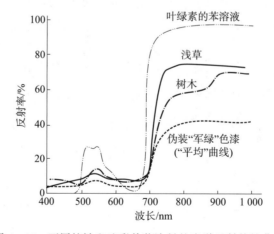

图 4 - 25　不同植被和迷彩伪装涂料的光谱反射特性曲线

4.2.5　声特征

传统机械底盘的导弹发射车等地面车辆机动过程发动机、车轮等部位噪声特征明显，近距离可通过噪声辨识装备，因此，声特征也是地面车辆的典型目标特征，可能被近距离敌特侦察时获取。

4.2.6　主动电磁辐射特征

导弹发射车等地面车辆一般安装有通信设备，与上级指控等设备通信过程，会主动发射/接收电磁信号，因此，存在主动电磁辐射特征。雷达车等地面车辆搜索目标过程会主动发射电磁波，有较强的电磁辐射暴露特征，有可能被敌方的电子侦察设备和反辐射导弹导引头识别、定位。

4.2.7　活动特征

导弹发射车等地面车辆机动过程行驶区域主要在偏远山区、荒漠、林区等人烟稀少地区，一般是多车编队行驶，体现为典型的群目标活动特征。待机过程，多车按类型、作战需求等要求以一定的规则排布，与民用车辆的活动特征有较大差异，且机动过程产生车辙等痕迹，因此，可通过群目标、行动特征、车辙痕迹等来识别地面车辆，如图 4-26～图4-29 所示。

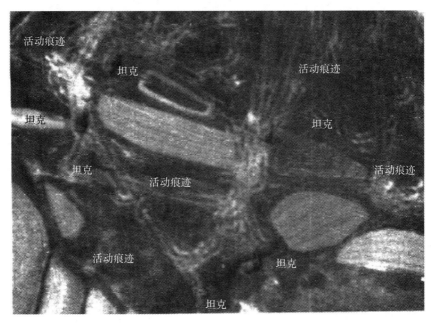

图 4-26　疏散隐蔽的坦克活动痕迹可见光图像特征

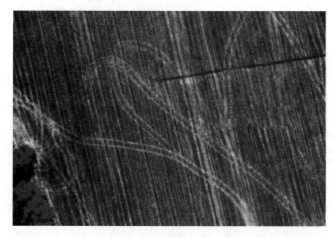

图 4 - 27　轮式车辆活动痕迹彩红外图像特征（见彩插）

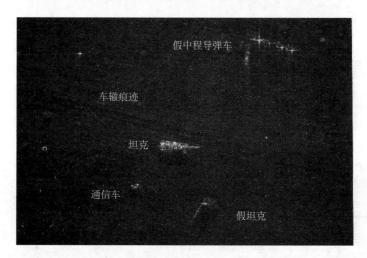

图 4 - 28　车辆活动痕迹 SAR 图像（见彩插）

图 4 - 29　轮式车辆与履带式车辆活动痕迹高光谱图像特征

4.3　导弹地面车辆的隐身伪装技术

4.3.1　导弹地面车辆的光学隐身伪装技术

光学隐身伪装的目的是消除、减小、改变或模拟目标和背景之间的光学反射特性的差别，以对付光学探测识别。

导弹地面车辆的光学隐身伪装采用的技术手段，主要包括：

（1）迷彩伪装涂料

在颜色和外形上使车辆与作战背景融合的迷彩伪装是最有效的光学伪装手段。迷彩伪装涂料通常用于地面车辆表面或伪装遮障面，用于改变表面颜色或其他性能，实现降低目标显著性或歪曲目标外形的效果。迷彩伪装涂料按波段分，包括：可见光迷彩伪装涂料、可见光-近红外迷彩伪装涂料、可见光-中远红外迷彩涂料；按主要成分分，常用的迷彩伪装涂料，包括：丙烯酸聚氨酯迷彩伪装涂料、氟碳迷彩伪装涂料；按类型分，包括：林地南方型、林地北方型、草原型、荒漠型、雪地型等。地面车辆常用的迷彩图案类型，包括：变形迷彩、数码迷彩等。

变形迷彩是指由与背景相似颜色的不规则斑点构成的多色迷彩，是最常用的迷彩方法，由中间色和亮、暗差别色组成，这三种斑点的面积比例、颜色选定由背景中的优势颜色决定。变形迷彩斑点中的亮、暗差别色和中间色之间的亮度对比应不小于 0.4，各颜色与背景中相似颜色之间的亮度对比小于 0.15。通过背景采集确定背景主色，背景主色提取内容主要包括：背景主色、各颜色所占面积比，采用数码相机通过聚类方法统计得到背景主色及各颜色所占面积比，采用地物光谱仪测试各颜色的光谱反射曲线，计算三刺激值 XYZ 和颜色 $L^* a^* b^*$，以此作为迷彩伪装涂料的颜色及各颜色面积占比输入。

为了防止各种颜色迷彩斑点产生空间混色现象，迷彩斑点的尺寸必须在预定的观察距离上可以看见，GJB 4004 规定：

$$A \geqslant 0.000\,9D$$

式中　A——斑点可见尺寸；

　　　D——观察距离。

地面车辆变形迷彩的设计观察距离为 800～3 000 m，对应的迷彩斑点尺寸应在 0.72～2.7 m 之间。

斑点的形状与配置的原则主要有：

1）变形迷彩斑点的形状由不规则的曲线轮廓构成；

2）同一颜色的斑点宜采用形状不同、大小不等的斑点；

3）中间色斑点和对比色斑点在装备上应交错配置；

4）变形迷彩斑点应不对称配置；

5）斑点不应在装备轮廓边缘终断，应延伸至另一表面去，延伸时斑点的长径与装备的棱线应以锐角相交，如图 4-30 所示；

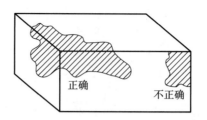

图 4 - 30　斑点在装备轮廓边缘的配置

6）装备突出部宜配置暗斑点，且斑点的中心不应与凸出部的顶点相重合，如图 4 - 31 所示；

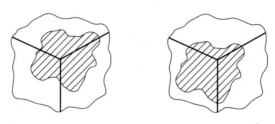

图 4 - 31　凸角上的斑点

7）装备顶部宜多配置暗斑点，阴暗面宜多配置亮斑点，且将暗斑点延伸；

8）装备的孔口部位应配置暗斑点，但不得重复孔口部位的轮廓。

典型导弹发射车的林地迷彩图五视图如图 4 - 32 所示。

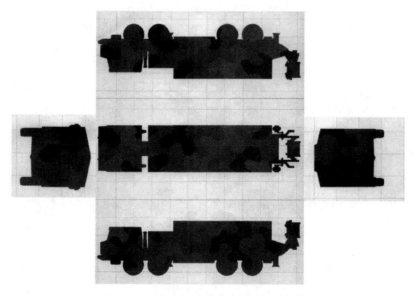

图 4 - 32　典型导弹发射车的林地迷彩图

有很多自动生成迷彩图案的方法，将北京工业大学辛淙、王勇的迷彩图案自动化处理方法介绍如下：

1）迷彩斑点自动生成方法：变形迷彩斑点具有轮廓随机、大小不一、曲线平滑过渡、曲率半径小于给定值等特性。斑点颜色填充满足用户给定颜色面积比,并且生成的斑点需自动分布到整幅画布中。采用三阶 Bezier 曲线模拟无规则斑点线,通过两点法自动生成 Bezier 曲线的关键点,根据曲率平滑过渡规则,利用线性函数自动计算控制点位置;利用区域分割思想计算不规则斑点面积从而计算斑点面积比;对模型公共棱边缘斑点做出处理,满足自然衔接;利用碰撞检测思想分布迷彩斑点图,随机生成分布图形。迷彩斑点图生成效果如图 4-33 所示。

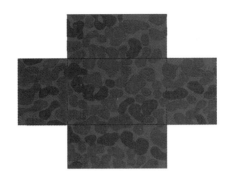

图 4-33　自动生成迷彩图

2)三维模型渲染方法:迷彩图案生成之后要匹配到三维模型中检验效果,实现系统自动贴图,载入作战背景效果。分别研究有纹理和无纹理的模型文件的贴图方法,提出了三维模型基于 X 轴、Y 轴、Z 轴三个不同方向的贴图,实现了立体模型的顶视图、前视图、后视图、左视图、右视图的五面展开贴图方法,并载入模拟场景中检验效果,如图 4-34 所示。最终将迷彩图案以 AutoCAD 格式打出,生成 AutoCAD 格式图纸,如图 4-35 所示。

图 4-34　立体贴图

数码迷彩指采用规则的最小可分辨色块,进行排列组合生成的一种能在不同分辨率下和背景特征相匹配的迷彩图案。根据地域背景类型,可分为:林地型、草原型、荒漠型、

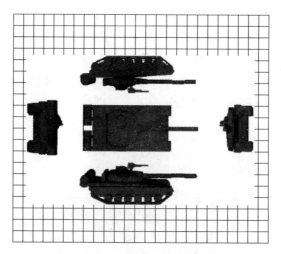

图 4 - 35　装备五视图

雪地型和城市型，如图 4 - 36 所示。数码迷彩的斑点配置，应遵循下列原则：

①分割原则

1）每个视图中应至少有两个明显亮度对比的主体斑点，达到分割目标外形的目的；

2）若装备表面交界处的主体斑点尺寸超过 30 cm，应自然延伸至另一面；

3）斑点的走向、形状、大小、分布应呈现无规则性；

4）斑点拼接组合应错落有致，避免出现规则、等边长"锯齿"和大段的直线。

②多层次原则

1）在面积较大的主体斑点内部，应适当配置亮度对比度大的修饰斑点；

2）在面积较大的主体斑点外围，应适当配置同一颜色的修饰斑点；

3）在若干同色主体斑点间，应适当配置同色修饰斑点；

4）在面积较大的凹进部位，应多配置亮色斑点；

5）在面积较大的突出部位，应多配置暗色斑点。

③对热红外伪装有要求时

1）应满足光学和热红外伪装兼容；

2）应通过不同红外发射率斑点的合理配置，分割目标红外热图。

备注：a. 主体斑点：分割目标外形轮廓特征的连续封闭图案。b. 修饰斑点：模拟背景斑驳特征的离散分布图案。

（2）篷布

为遮蔽导弹发射车等地面车辆的外形、结构组成等光学特征，在地面车辆长距离公路、铁路运输时，装备表面通常安装篷布，颜色根据不同背景和伪装需求设置，如绿色、水泥灰色等颜色。

（3）伪装遮障

伪装遮障一般用于导弹发射车等地面车辆的短距离机动过程和静止状态伪装，对装备实施掩盖遮障。伪装遮障按类型分，包括：植被型伪装遮障（含林地型、草原型）、荒漠

图 4 - 36　装备数码迷彩照片

型伪装遮障、雪地型伪装遮障等。按波段分,包括:防光学侦察伪装遮障、防中远红外侦察伪装遮障、防雷达侦察伪装遮障、防多波段侦察伪装遮障。地面车辆通常采用的是防多波段侦察伪装遮障,即伪装装饰材料的光谱反射、热辐射及雷达波散射等特性均与背景相匹配,具备防光学、中远红外和雷达侦察能力。

伪装网光学迷彩斑点尺寸范围以及对抗距离参见表 4 - 7。

表 4 - 7　某伪装网迷彩斑点尺寸范围以及对抗距离

伪装网	迷彩斑点尺寸/m	对抗距离/m
车身迷彩涂料	0.6~3.2	670~3 500
伪装遮障	0.6~3.8	670~4 200
伪装变形伞	0.6~2.0	670~2 200

车辆机动状态使用车身网,待机状态使用车身网+裙网,如图 4 - 37 所示。

伪装遮障通常都由伪装面和骨架两部分组成。伪装面是伪装遮障中起伪装作用的主要部分,可用编有伪装材料的伪装网、草席、树枝编条等各种材料制作。其形式有密集和通视两种。密集的伪装面基本没有透光空隙;通视的伪装面则有一定的透光空隙。由于通视的伪装面在保证目标伪装效果的前提下,还具有便于观察、便于采光和阻力小、重量轻、节省材料等优点,所以在伪装遮障中得到广泛应用。骨架是伪装遮障中起支撑作用的部分,用来支撑伪装面,保证伪装面所需形状和紧张状态,通常由支承结构、支柱、控绳和固定装置组成。

导弹地面车辆选用的伪装遮障应符合如下要求:使车辆的平面和各处侧面都能达到变形的伪装效果;结构坚固且轻便,不妨碍车辆机动,能够迅速张设和收拢,伪装面用柔性伪装网或伪装布制成。伪装面应根据在车辆的不同部位设计成相应的形状,且涂染迷彩。伪装遮障有时可设计成两面使用的状态,以满足在两种不同的背景下使用。

　　伪装遮障具有重量轻、操作简便、几乎能够防护整个波段且不影响装备使用机动等优点，如美国和瑞典的伪装遮障中第四代伪装网的单位质量仅为 135 g/m²，两名士兵就能携带一套这样的伪装网系统。伪装遮障的发展趋势为宽波段、重量轻、方便架设撤收等。机动状态使用车身网，待机状态使用车身网和裙网。

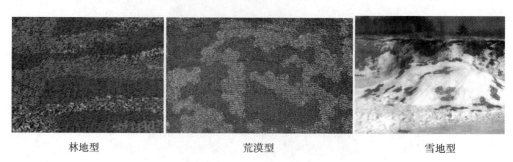

林地型　　　　　　　　　　荒漠型　　　　　　　　　　雪地型

图 4 - 37　伪装遮障图片

　　国外具有代表性的伪装遮障产品为瑞典和美军的产品。如瑞典 Barracuda 公司的热伪装系统、BMS - C90NET 伪装系统、ULCANS 超轻型多波段伪装遮障等产品，这些产品大多具备全谱段防护能力，包括 8～100 GHz 雷达、热红外、近红外和可见光波频段；瑞典 Barracuda 公司的多光谱伪装产品"高机动性车载系统"，包括 TOPCAM、COMCAM、COVCAM、RAPCAM 等型号，能给诸如火炮之类的装备在其开火和重新部署时提供防护，它最多可能减少90%的暴露征候，对热发射的抑制可以让发动机引擎和发电机保持在空转状态（便于能快速启动）。如 COMCAM 组合式系统由容易操作的附加模块组成。虽然附加组件的形状会破坏目标的匀称性，但这样可使目标的图像更适应其环境。

　　美军各种地面作战装备都大规模运用伪装遮障器材。美国 Brunswick 公司研制的 Brunswick Defence 超轻型伪装遮障，在 6～140 GHz 有雷达波散射能力。针对坦克炮塔和裙板使用了超轻型伪装遮障系统，表面组织结构垫席能抑制裸露的金属表面的雷达暴露征候，并且在可见光波段提供一个自然的表面组织结构，同时允许武器装备的全面操作。美军研制的一种组合式轻型林地、荒漠和雪地合成材料伪装遮障系统，装饰材料内含有导电元（细微的不锈钢纤维），这些导电元按各向同性的取向分布在装饰材料内，散射并吸收部分雷达波能量，从而使被伪装的目标具有与地形物体大致相同的雷达反射特征，可达到防雷达侦察的目的。

　　德国 Texplorer 公司最新设计的多光谱伪装系统旨在能够适应林地、沙漠和北极/冬季的环境。其中，远红外型的伪装遮障可用于对抗 UV（紫外线）、VIS（可见光）、NIR（近红外）、TIR（热红外）波段的探测。远红外/雷达型可用于对抗 8～12 GHz、35 GHz 以及 94 GHz 的雷达波探测。

　　美陆军已经装备了大量的伪装遮障系统，主要包括瑞典 Saab 公司的"超轻型伪装遮障系统"与以色列 Fibrotex 公司的"超光伪装遮障系统"，主要性能参数见表 4 - 8。

表 4-8　美陆军伪装遮障系统主要指标

伪装系统名称	超轻型伪装遮障系统	超光伪装遮障系统
主要性能/参数	重量比约为 300 g/m²	重量比约为 165 g/m²
	配备有温控系统和降温装置,能够适应－21～80 ℃的温度变化,并能够在一定温度范围内与周围环境同时发生变化,足以应对红外探测	雷达单程透射率为 3 dB,最大阻燃时间 2 s,最大无焰燃烧时间 20 s
	组成:一层纤维材料＋一层网格结构,可减少近 80％的热传递	系统材料为 100％聚酯纱,采用了双向设计,使系统正反两面具有不同模式和能力,可让士兵、车辆和武器系统在各种作战环境中实现隐身
主要特点	可减弱使用者的电磁信号,吸收部分雷达波,屏蔽热辐射	提供可见光、近红外、雷达、热红外等多谱段伪装,能提供持久的抗红外和反雷达功能
	重量轻,具备快速部署的功能	使用时不需要任何支撑杆等辅助器材,不会钩挂在车辆的尖角、弯头上
	适用于多种恶劣环境,外部涂层耐腐蚀,可长时间保持本色	作业性能良好
	有林地绿、沙漠黄和雪地白三种伪装可供选择	在野外只需简单的缝纫线即可修补

（4）光学智能隐身技术

光学智能隐身技术是指能够使装备自主、快速与所处背景的光学特性相匹配的技术手段。常用的技术手段包括：反射式、自发光式等。

①反射式

美国 CRYE Precision 公司参与了美国陆军"未来作战系统"（FCS）的第一阶段项目"天蝎计划"（Scorpion），目前已设计并生产出一种名为 MultiCam 的最新式、全地形迷彩。由于这种迷彩的面料中加入了 CP 公司的一种专利技术，让它具有在自然光下变色的效果，使它的伪装效果超过了现有的其他迷彩，如图 4-38 所示，CP 公司的新型迷彩在强烈日照下产生了高反射效果，很好地适应了高亮的环境背景，与美军林地型迷彩表现出的暗色特征形成了强烈的对比。

图 4-38　Scorpion 项目效果图

2011 年英国 BAE 系统公司在 CV90 装甲车上加装"电子墨水"系统,通过将战车周围地形、颜色、线条和形状投射至战车,使战车表面图像随周围环境的变化实时发生改变,其概念图如图 4 - 39 所示。

图 4 - 39　"电子墨水"可见光智能隐身效果示意图

②自发光式

德国也曾在奔驰车上贴覆柔性发光二极管屏幕进行动态隐身演示,如图 4 - 40 所示。这种基于显示背景的隐身理念,具有实时动态特性,技术较为成熟,但存在观测角度变化时,显示屏的图像与背景会存在位移差的问题。

图 4 - 40　德国奔驰车柔性显示屏及隐身演示

荷兰陆军联合德国、加拿大开展了 Chameleon 项目的研制。Chameleon 项目使用了聚合物电致发光二极管(Polymer Light Emitting Diode,PLED),并将其以阵列形式布置在固定颜色滤片的后方。每个 PLED 的亮度水平可以借助摄像机感知的背景亮度进行优化调节,从而使其与背景的亮度相匹配。Chameleon 项目后续考虑了带有可调滤色片的电致变色材料,但该项研究仍然处于研究阶段,如图 4 - 41 所示。

(5)烟幕

烟幕是一种有效的光电无源干扰物,通过遮蔽干扰使光电扫描、跟踪装备和精确制导武器失去跟踪和攻击的目标。很多国家都已陆续用多种类型的干扰弹、烟幕弹、发烟弹和发烟机等装备部队,几乎所有先进的坦克和装甲车上都配有发烟装置。

图 4 - 41　Chameleon 项目效果图

通常按照对抗波段的不同，烟幕可以分为可见光烟幕、红外烟幕、宽波段烟幕等。根据干扰材料成分的不同，烟幕干扰材料通常有雾油类、HC 及其改进型、磷烟型、固体粉末类烟幕材料。其中固体粉末类烟幕材料主要有无机盐类、石墨粉、金属粉等。按装备形态划分，烟幕装备主要有烟幕弹、发烟罐和发烟机等几种形式，见表 4 - 9。

表 4 - 9　烟幕装备分类及特点

	HC 及其改进型	赤磷	雾油类	粉末类（铜粉、石墨粉、陶瓷粉等）	特点
烟幕弹	燃烧型	燃烧型	—	爆炸分散型	成烟快，持续时间短
发烟罐	燃烧型	燃烧型	—	冷烟型	成烟速度、持续时间适中
发烟机	—	—	发烟机	涡喷发烟机	面积大，持续时间长，成烟慢
特点	可见光面积大；红外遮蔽效果差。有明火，隐蔽性差		可见光效果好，红外效果差	红外遮蔽效果好，安全无害	

美国 M56 土狗发烟车是一种安装在轮式车辆上的大面积发烟系统。M56 土狗发烟车能遮蔽高价值的固定目标，例如机场、桥梁和弹药库等，同时也能遮蔽装甲车等机动目标。该系统采用模块化设计，用一个涡轮引擎作为动力源来散布从可见光到近红外范围的烟剂材料。可见光遮障模块通过蒸发雾油来形成烟幕，时间最长可达 90 min；所散布红外波段干扰材料，最长干扰时间为 30 min，如图 4 - 42 所示。

美军 M58 狼式发烟车是一种安装在 M11343 装甲人员输送车上的大面积发烟系统。在最大喷射情况下，发烟车能够提供至少 90 min 的可见光波段和 30 min 红外波段的机动烟幕遮障。在较低喷射的情况下，烟幕遮障持续时间更长。升级后，可对毫米波进行遮障。发烟效果如图 4 - 43 所示。

美军的 M76 红外烟幕弹，产生的烟幕在可见光、近红外、中远红外波段都具有优良的遮蔽效果，并能用安装在坦克上的 M239、M243、M250、M257、M259 等烟幕发射装置发射。海湾战争中美军 M1 和 M60A1 坦克均配备了这种红外烟幕弹。

M76 红外烟幕弹组成及效果示意如图 4 - 44 所示，主要由点火具、发射药、传爆装

图 4 - 42　M56 土狗发烟车

图 4 - 43　美军 M58 狼式发烟车

置、延期雷管、中心爆管、干扰剂等组成。烟幕弹接收到发火电流后，发射药燃烧产生高压气体将烟幕弹以一定速度发射出。达到一定延期后，中心爆管作用，战斗部内装填的铜粉干扰材料在中心爆管的爆炸作用下分散成烟，对平台进行遮蔽。

德国莱茵金属公司研制的 ROSY 快速烟幕遮蔽系统，能在视场中产生瞬时、广泛的、多光谱遮蔽，而且还能产生动态烟幕，为移动平台提供持久的防护，保护其系列战车。ROSY 系统可有效干扰电视、红外、红外成像、激光和瞄准线半自动指令（SACLOS）制导的武器。ROSY 系统烟幕遮蔽效果如图 4 - 45 所示，其发烟剂仍为磷基发烟剂，通过爆炸分散后燃烧成烟。

（6）自然地物遮蔽

可根据导弹发射车等地面车辆隐蔽待机所在地域的特点，选取典型自然植被，覆盖于车辆表面，达到与背景环境相融合、匹配的效果，实现车辆光学特征的伪装隐身，如图 4 - 46 所示。也可利用自然地物的特点，将地面车辆隐藏于树林、树林/山体阴影区等，实现车辆的隐蔽。

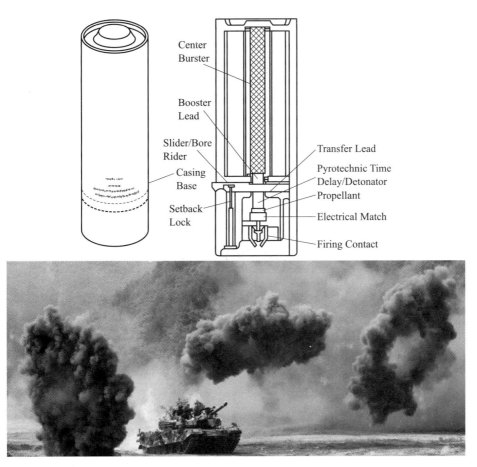

图 4 - 44　美军 M76 烟幕弹成烟效果

图 4 - 45　ROSY 快速烟幕遮蔽系统

图 4 - 46　采用自然植被覆盖车辆伪装

4.3.2　导弹地面车辆的红外隐身伪装技术

红外隐身伪装的目的是消除、减小、改变或模拟目标和背景之间中、远红外波段两个大气窗口（3～5 μm、8～14 μm）辐射特性的差别，以对付热红外探测识别。

导弹地面车辆的红外隐身伪装采用的技术手段，主要包括：

（1）迷彩伪装涂料

迷彩伪装涂料主要通过不同颜色迷彩斑块的发射率差异实现红外伪装，低发射率涂层与高发射率涂层相结合，在装备表面形成热红外迷彩，使装备表面在热图中呈现不同的亮度级别，从而歪曲目标轮廓，在斑驳的背景中降低装备目标的显著性。通常中、远红外的迷彩伪装涂料可与光学近红外的迷彩伪装涂料兼容设计。

获取低红外发射率涂料的方法，主要包括两种，一是采用红外透明的粘合剂，伪装涂料中粘合剂的含量很高，约在50％以上，因此伪装涂料的发射率受粘合剂的影响很大，粘合剂的热红外性能可用其热红外透光度来表征，透光度越高则吸收越弱，其发射率也越低；二是选择低发射率的颜料或在涂层中添加片状铝粉等低发射率填料。

（2）伪装遮障

导弹发射车等地面车辆采用的伪装遮障通常为防多波段侦察伪装遮障，中、远红外波段伪装遮障的发射率设置一般与装备所在地区典型地物的发射率范围一致，不同地物的辐射系数见表 4 - 10。通过不同颜色迷彩斑块的发射率差异歪曲装备的轮廓特征实现红外伪装。在发动机、发电机组等热源部位一般采用隔热毯等措施降低该部位的热辐射特征。

表 4 - 10 某些地面覆盖物不同波段的辐射系数的平均值

覆盖物种类	辐射系数		覆盖物种类	辐射系数	
	3～5 μm	8～13 μm		3～5 μm	8～13 μm
绿色针叶树枝	0.96	0.97	绿叶	0.90	0.92
干草	0.82	0.88	干叶	0.94	0.96
沙	0.64～0.82	0.92～0.98	压平的枫叶	0.87	0.92
树皮	0.87～0.90	0.94～0.97	绿叶(多)	0.90	0.92

隔热毯由热反射层和隔热层组成，主要用于电站、发动机等强热源部位的热红外伪装。隔热毯对热红外辐射具有屏蔽和阻隔作用，能降低目标与背景的辐射温差，改变目标的热图特征，使目标与背景融合。

（3）红外特征抑制

应把发动机排气管、排烟口设置在装备车辆下方，使敌在较大视角范围内不能直接看到这些热部件。对于发电机组等热部件，应尽量布置在车辆装备下方，避免对空暴露，必要时采用遮挡罩进行遮挡，发电机组所在的设备舱结构可采用隔热等措施，降低舱体表面红外辐射，舱体的散热可采用百叶窗式结构，既避免敌通视热部件，又尽量避免影响对流散热。

（4）红外智能隐身技术

红外智能隐身技术是指能够使装备自主、快速与所处背景的红外特性相匹配的技术手段。常用的方法是在装备表面安装智能变温、智能变发射率的材料，通过整车温控管理系统实现装备总体的红外特征智能变化，是地面车辆未来红外伪装隐身技术的发展趋势。

英国 BAE 公司研制了新型红外隐身样机，如图 4 - 47 所示，在装备表面安装基于可编程快速改变温度的六角像素板，装备表面的摄像机抓取周围影像，并将红外图像显示在装备表面。此外，还可伪装成其他车辆，如民用卡车、农用车等。

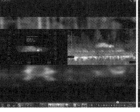

图 4 - 47 装备红外变形效果图

2010 年 5 月，以色列 Eltix 公司研发出"黑狐"红外自适应隐身系统。该系统能发挥斗篷的作用，能够隐藏大型车辆，使它们与背景融合或模仿民用物体或车辆。此外还可以增强和塑造小型车辆的热特征，使其看起来更大，比如路虎可以看起来像坦克，如图 4 - 48 所示，Eltix 公司改装了一辆"路虎卫士"，安装了多个"黑狐"面板和目标特征管理系统（模块显示在引擎盖上）。该系统可以从热传感器的视野中消除整个车辆，或者用于描绘虚假图像，将坦克"转换"为吉普车，反之亦然。

图 4 - 48　　"黑狐"系统隐身效果

（5）烟幕技术

烟幕对红外辐射的作用机制一般包括：一是干扰作用，利用烟幕本身发射的更强的红外辐射，将目标及背景的红外辐射遮盖，干扰热成像或其他探测设备的正常显示，结果呈现烟幕本身的一片模糊景象；二是消弱作用，利用烟幕中多达 $10^9/cm^3$ 数量级的微粒对目标和背景的红外辐射产生吸收、散射和反射作用，使进入红外探测器的红外辐射能低于系统的探测门限，从而保护目标不被发现。烟幕对红外制导系统的视频信号处理系统及跟踪系统都能实现有效干扰，烟幕气凝胶微粒对红外能量的消弱作用使得成像系统的信噪比下降，成像跟踪系统的任何一部分受到干扰都会使其不能正常工作，因此烟幕是对抗红外制导武器的有效手段。但是烟幕的有效面积必须足够大，持续时间必须足够长才能取得效果。烟幕效果见 4.3.1 节图片。

4.3.3　导弹地面车辆的雷达隐身伪装技术

雷达隐身伪装的目的是隐匿、减小、改变或模拟目标和背景之间微波散射特性的差别，以对付雷达探测识别。

导弹地面车辆的雷达隐身伪装采用的技术手段，主要包括：

（1）内在式隐身

①目标

导弹地面车辆在地面上机动，雷达波入射到车体表面后，与地面间存在多次反射，雷达接收到的回波是雷达波入射到车辆目标表面，与地面背景间多次反射后的回波。因此，对地面车辆目标，在摸清雷达识别能力的基础上，掌握车辆的目标特征及与背景的耦合作用，至关重要。

开展导弹地面车辆的内在式雷达隐身设计，首先要明确装备面临的主要威胁，包括：

平台、雷达识别阈值、俯仰角域、方位角域、雷达频率等，同时，需要掌握装备目标本身和背景环境的雷达散射特性，并和雷达识别阈值做对比，得出装备目标雷达隐身设计的目标值范围，根据雷达威胁的频率、俯仰角、方位角等参数，结合车辆雷达隐身设计的原则开展装备的内在式雷达隐身设计。

②威胁

导弹地面车辆的雷达侦察威胁主要包括卫星平台和飞机平台，其中卫星雷达侦察威胁的主要技术参数，包括：

1）侦察波段：L、S、C、X；

2）分辨率：雷达侦察设备宽带扫描模式下分辨率为 3 m，标准和聚束条件下达到 0.3～1 m；

3）威胁擦地角：20°～70°；

4）威胁方位角：－180°～180°（车头方向为 0°）。

以高空无人机和隐身战机为例，雷达侦察威胁的主要技术参数，包括：

1）侦察波段：L、S、C、X、Ku；

2）分辨率：雷达侦察设备宽带扫描模式下分辨率为 1～3 m，标准和窄带模式下分辨率为 0.3～1 m，聚束状态下分辨率达 0.1～0.3 m；

3）威胁擦地角：10°～45°（以全球鹰无人机为例，随飞机不同而不同）；

4）威胁方位角：－45°～45°（车头方向为 0°，以敌迎头侦察为例，随具体工况而变化）。

③装备目标雷达特征

导弹地面车辆的强雷达散射特征，如图 4－49 所示，主要包括：

图 4－49　导弹地面车辆的雷达散射特征

1）驾驶室腔体散射；

2）舱体侧面和顶面的镜面散射；

3）发射装置表面的散射；

4）驾驶室侧面和顶面的镜面散射；

5）车体各表面间的多次散射；

6）车体与地面间的角反射。

雷达隐身设计中常开展 RCS 仿真计算，例如：频率 10GHz，擦地角 45°，极化方式为 HH，某车辆 RCS 计算结果如图 4-50 所示，从图中可看出，前后左右侧向方位 RCS 较大，左右侧向最大可达 40dB 以上。

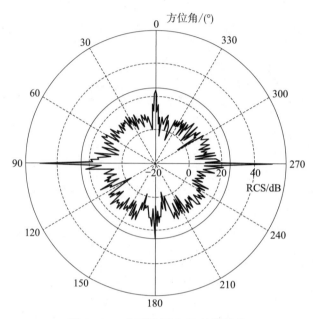

图 4-50　典型车辆 RCS 计算结果

④背景雷达特征

不同背景表面的雷达后向散射系数，见表 4-6，X 波段，典型威胁俯仰角域范围，公路背景的雷达后向散射系数均值范围－15.5～－26.4 dB，沙石背景的雷达后向散射系数均值范围－4.8～－16.3 dB，草地背景的雷达后向散射系数均值范围－6.3～－14.5 dB。

⑤雷达识别阈值及装备目标雷达隐身设计目标值

根据雷达检测阈值理论，以目标在雷达图像中不被发现为目的，计算典型装备目标在典型背景中的雷达隐身设计目标 RCS 值。例如：

参考表 4-6 X 波段，不同背景表面的雷达后向散射系数，假设：1）公路背景的雷达后向散射系数为－19.95 dB，沙石背景的雷达后向散射系数为－10.24 dB，草地背景的雷达后向散射系数为－11.41 dB；2）装备目标在雷达入射方向的投影面积为 70 m^2；3）假设一个雷达分辨单元在雷达入射方向的投影面积为 70 m^2。根据公式 $\sigma_t \leqslant (1.5 \sim 3)\sigma_b$（式中，$\sigma_t$ 为一个雷达分辨单元中目标的雷达截面积，σ_b 为一个雷达分辨单元中背景的雷达截面积），计算 X 波段装备目标在公路背景中的雷达隐身设计目标 RCS 值为小于等于－13～3.22 dB，在沙石背景中的雷达隐身设计目标 RCS 值为小于等于 9.99～13 dB，在草地背景中的雷达隐身设计目标 RCS 值为小于等于 8.79～11.8 dB。

⑥装备目标雷达隐身设计方法

导弹地面车辆常用的内在式雷达隐身方法，包括：雷达隐身外形设计、结构一体化吸波材料等。整车外形设计应避免车辆与地面间、车辆各平面间形成二面角/三面角的角反射器，各平面的倾斜角度设计应避免在主要雷达侦察威胁的角域范围内有强散射回波。在采用雷达隐身外形设计的基础上，采用结构功能一体化吸波材料，进一步降低整车的雷达散射特征。

a. 减少角反射器效应的外形组合

导弹发射车构成角反射器效应的外形，主要包括：设备舱与地面间的角反射器效应、发射车表面各平面间构成的角反射器效应，可通过多平面拼接的外形组合设计降低角反射器效应。

b. 腔体隐身设计

对驾驶室因玻璃透波引起的腔体散射部位，可在不影响玻璃透光率的前提下，在玻璃表面采用粘贴导电薄膜等方式降低腔体散射。

c. 用多平面拼接代替曲面以避免强的镜面回波

发射筒曲面部位在各俯仰角度 RCS 均相同，可采用多平面拼接外形，替代发射筒现有圆柱体外形，降低雷达主要威胁角域范围的 RCS。

d. 雷达隐身材料的结构一体化设计

车身主要部位可采用结构隐身一体化材料、吸波涂料等，在 RCS 缩减外形赋形设计的基础上，进一步降低 RCS。

（2）伪装遮障

导弹发射车等地面车辆采用的伪装遮障通常为防多波段侦察伪装遮障，雷达波段的伪装性能实现分为散射型、吸收型。散射型是伪装遮障面网涂层含金属反射层，为满足通视要求面网采取切花形式，金属反射层切花后，电磁波入射到其表面会产生散射效应，通过散射降低雷达回波强度；吸收型是伪装遮障面网涂层含吸波涂料，电磁波入射到其表面时产生电损耗/磁损耗，使雷达回波强度降低。

（3）雷达智能隐身技术

雷达智能隐身技术是指能够使装备自主、快速与所处背景的雷达特性相匹配的技术手段，通常采用反射率/频率可调智能隐身材料实现，改变整车的雷达散射特征，目前仍处于研究阶段。

通过雷达智能隐身材料加载电压、电流信号强度的变化，实现雷达智能隐身材料电磁散射特征的动态调控，一种雷达智能隐身材料及在不同电流驱动下的反射率测试曲线如图 4-51 所示。从图中可以看出，根据驱动电流大小不同，雷达智能隐身材料反射率幅度产生相应变化，其中 $I=0.024$ mA 时，反射率最低，基本达到 -22 dB 以下。

在装备表面结构材料中复合人工制备的薄膜型雷达隐身超材料（亚波长周期性结构材料），通过电压控制可以控制其雷达后向散射系数，不断改变目标的 SAR 图像，可增大对手侦察雷达 SAR 图像的识别难度。

（4）雷达主动干扰技术

雷达主动干扰技术是指导弹发射车等地面车辆对战场侦察打击威胁的电磁信号实时感

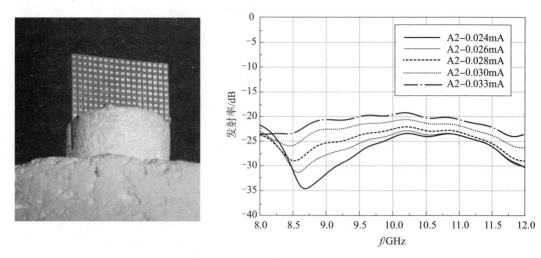

图 4-51　雷达智能隐身材料及在不同电流下的反射率曲线

知，根据感知获取的电磁信号生成干扰策略，对敌方星载、机载侦察、打击装备等实施干扰，保护自身，免于被侦察、打击。

　　在导弹地面车辆上安装雷达干扰器材，形成密集假目标相干干扰、SAR 信号干扰，可改变导弹地面车辆的雷达特征，可干扰星载、机载雷达信号、弹载导引头信号和导航信号。雷达干扰器材包括侦察主控分系统、干扰分系统、伺服分系统、显控分系统等，如图 4-52 所示，可安装于设备舱内，需要时通过伺服分系统将侦察、干扰设备升至设备舱外，能够对战场电磁信号进行实时侦察，掌握整体的战场态势；根据侦察信息生成干扰策略，对敌方卫星、机载雷达及其发射的弹载导引头等目标实施干扰。

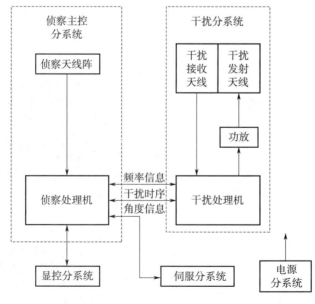

图 4-52　雷达干扰器材组成框图

SAR 单点目标欺骗干扰原理如图 4 - 53 所示，其中 H 为雷达高度；$R_i(\eta)$ 为 η 时刻第 i 个目标点与雷达之间的距离；$R_j(\eta)$ 为 η 时刻雷达距干扰机的距离；Δx，Δy 为干扰机距离虚假目标的方位向与距离向位置偏移量。雷达干扰机在位置 A 处接收到雷达信号，经过一些处理，然后发射给 SAR 接收机。SAR 成像系统再对干扰机发射的信号进行处理，在 B 处产生一个虚假目标。

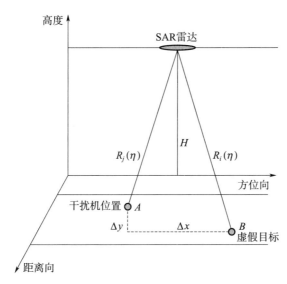

图 4 - 53　SAR 单点目标欺骗干扰原理示意图

4.3.4　导弹地面车辆的高光谱隐身伪装技术

高光谱隐身伪装的目的是消除、减小、改变或模拟目标和背景之间的光谱（0.3～2.5 μm）反射特性的差别，以应对高光谱探测识别。

导弹地面车辆的高光谱隐身伪装采用的技术手段，主要包括：

（1）迷彩伪装涂料

装备表面通过喷涂迷彩伪装涂料实现高光谱伪装，以绿色植被为例，迷彩伪装涂料高光谱特性模拟的设计思路是模拟背景植被的光谱曲线形状、反射率强度及"近红外高原"等典型光谱特征。

（2）伪装遮障

伪装遮障的面网涂层材料含高光谱功能的迷彩伪装涂料，通过高光谱迷彩伪装涂层实现高光谱伪装。

（3）自然植被伪装

因装备的高光谱特性主要是表面材料属性决定的，因此在林地、草地等背景中，可采用将背景自然植被等覆盖至装备表面的方式实现高光谱伪装。

4.3.5　导弹地面车辆的假目标技术

导弹地面车辆的假目标是指模拟真实导弹地面车辆各种暴露征候的模型或装置。

按成形方式可分为充气式假目标和装配式假目标。充气式假目标是指用灌冲气体的方式使其快速成形的目标模型，如图 4-54 所示。装配式假目标是指由若干部件按预定程序和方法组合装配成形的目标模型，又称组合式假目标，如图 4-55 所示。

图 4-54　充气式假目标

图 4-55　装配式假目标

按机动性能可分为静止式假目标和伴动式假目标等。静止式假目标是指不具备自主机动能力的目标模型，可通过导弹发射车或保障车辆携载，在指定地点部署展开。伴动式假目标是指可机动行驶，显示虚假军队行动，诱使敌方做出错误判断的目标模型。

按工作波段可分为光学假目标、红外假目标、雷达假目标和多谱段假目标。光学假目标是指能够模拟真目标光学暴露征候的装置或设备。红外假目标是指能够模拟真目标红外辐射特性的装置或设备。雷达假目标是指能够模拟真目标雷达回波特征的装置或设备。多谱段假目标是指能够模拟真目标光学、红外和雷达暴露征候的装置或设备。

4.3.6 躲避卫星过顶侦察

通常，侦察卫星按既定的轨道执行对地侦察任务，卫星轨道和星下点轨迹可通过观测、计算等方式获取，因此，可据此开展地面车辆机动路线和机动时间的规划，躲避卫星过顶侦察，提升车辆的生存能力。

卫星轨道和星下点轨迹计算的方法，主要包括：一是轨道确定，是利用观测数据确定卫星轨道的过程，一般包括观测数据获取和预处理、初始轨道确定（初轨确定）、轨道改进三个步骤；二是轨道外推，是通过当前卫星轨道根数信息对卫星的速度、位置等信息进行预测的过程；三是战时敌方卫星轨道根数、轨道特性完全未知，在己方观测上一次过顶情况数据的基础上，自行设置时间基准和空间基准，利用纯位置矢量定规方法得到相应的轨道根数，从而实现轨道预测和星下点轨迹的计算。

以部队行军方案优化方法为例，计算行军方案示例如下：

某部队需要从新疆的阿勒泰隐蔽地经喀什运动到和田并在和田执行某任务，24 小时后再从隐蔽地返回阿勒泰（不必经喀什），部队可以按需要选择在高速公路或普速公路上行进，假设部队出发时（2016 年 11 月 1 日凌晨 5 时整）Q 型卫星、L - 1 卫星均位于各自轨道的近地点。行车时车队最大长度 2 km，部队每开进 10～12 h 可选择途经的县级以上（含县级）城市休息 10 小时以上。要求设计合理的行军时机、路线和宿营地，避开 L - 1卫星侦察，并预测 Q 型卫星的过顶时刻，以便及时做好隐蔽工作，尽可能快地安全到达目的地。

（1）机动路线选择

根据题目约束条件，综合考虑行军距离、城市条件等因素，首先对行军路线和休息点进行初步选择，如图 4 - 56 所示。

（2）机动时机选择

①规避模型

如图 4 - 57 所示，我方车队最大长度 $L = 2$ km，当车队中心 O 点与侦察卫星星下点距离大于 273 km 时，可以避开卫星的侦察，实现车队的隐蔽机动。因此，将车队简化为质点，坐标位于车队中心，计算过程中侦察卫星的成像宽度为 273 km。

令某一时刻敌方侦察卫星在惯性空间的位置坐标为 $r_{i, L1}$，我方车队中心在惯性空间中的坐标为 $r_{i, \text{troop}}$，则车队不被卫星侦察的条件为 $< r_{i, L1}, r_{i, \text{troop}} > \theta_{\text{critical}}$。

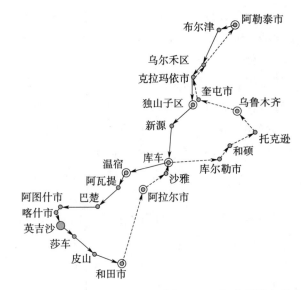

休息点	城市	行程/km	间距/km
0	阿勒泰市	0	–
1	独山子区	522.68	522.68
2	温宿	1 109.55	586.87
3	英吉沙	1 662.83	553.28
4	和田市	2 054.10	391.27
5	阿拉尔市	2 453.65	399.55
6	库车	2 729.76	276.11
7	乌鲁木齐	3 363.45	633.69
8	阿勒泰市	4 074.90	711.45

图 4 - 56 初步路线和休息点道路信息

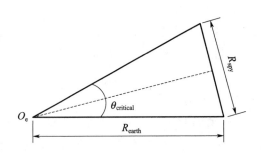
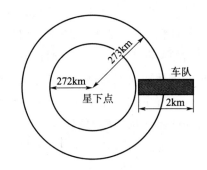

图 4 - 57 部队机动规避模型

②优化模型

优化变量

$$t = [t_1, \cdots, t_m, t_{m+1}, \cdots, t_{2m+1}]$$

式中，$t_i (i = 1, 2, \cdots, m)$ 为车队在各停车点的休息时间；$t_{j+m} (j = 1, 2, \cdots, m+1)$ 为车队在各路段上的行驶时间，其中，m 为停车点个数。

目标函数

$$J = \mathrm{sum}(x_i \cdot J_i), i = 1, 2, \cdots, 4$$

式中，x_i 为第 i 个规避指标所占的权重，并有 $\mathrm{sum}(x_i) = 1$；$J_i (i = 1, 2, 3, 4)$ 为各方面的规避性能指标，分别描述如下：

1）车队行进过程中任意时刻是否被敌方侦察卫星发现，用 J_1 表示为

$$J_1 = \inf \times \varepsilon \left(\frac{r_{i,L1} \cdot r_{i,\mathrm{troop}}}{|r_{i,L1}| \times R_{\mathrm{earth}}} - \cos(\theta_{\mathrm{critical}}) \right)$$

式中，$\varepsilon(\cdot)$ 为单位阶跃函数。

2）卫星逼近时，车队与侦察卫星的星下点距离，用 J_2 表示为

$$J_2 = \text{sum}\left(\frac{r_{i,L1} \cdot r_{i,\text{troop}}}{\mid r_{i,L1} \mid \times R_{\text{carth}}} - \cos(\theta_{\text{critical}})\right)$$

3）车队总的行驶时间，用 J_3 表示为

$$J_3 = \text{sum}(t_i), i = m+1, m+2, \cdots, 2m+1$$

4）车队在不同路段行驶速度的波动大小，用 J_4 表示为

$$J_4 = \text{cov}\left(\frac{L_i}{t_i}\right), i = m+1, m+2, \cdots, 2m+1$$

式中　L_i——第 i 段路上的行驶距离；

　　cov（·）——方差函数。

优化模型

$$\min_t \quad J(t)$$

$$s.t. \begin{cases} 10\text{h} \leqslant t_i \leqslant 12\text{h}, i = 1, 2, \cdots, m \\ 10\text{h} \leqslant t_{j+m} \leqslant 12\text{h}, j = 1, 2, \cdots, m+1 \end{cases}$$

优化思路：全程优化和分段优化。采用全程优化的方式，优点在于可以从全局出发，得到全局最优解；缺点在于优化变量太多，运算量较大，并且较难得到最优解；采用分段优化的方式，优点在于优化变量相对较少，可以较快得到优化结果；缺点在于优化结果可能不是全局最优解。

③行车方案验证及 Q 型卫星过顶预测

在对优化模型进行求解时，受到计算资源的限制，无法对时间步长的无关性进行验证，采用验证模型的方式，对优化结果进行验证，根据优化得到的车队连续行驶时间和休息时间，沿统一的时间轴向前推进，分别计算车队和侦察卫星的位置，并判断车队是否被卫星发现，仿真流程如图 4-58 所示。

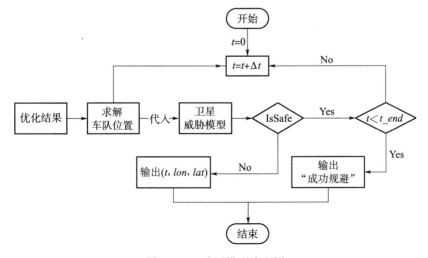

图 4-58　验证模型流程图

对 Q 型卫星的过顶预测，与上述验证模型的思路类似，输入为行车方案，输出为车队被卫星发现的时刻和经纬度。

④优化结果

采用两种方式进行求解，结果见表 4-11，从结果对比可以看出，全程优化的结果优于分段优化的结果。

表 4-11 车队往返所需时间对比

路段	阿勒泰-和田	和田-阿勒泰	阿勒泰-和田-阿勒泰
全程时间/h	89.53	72.37	185.90
分段时间/h	75.48	106.92	206.40

（3）最终行军方案

综合行军路线和行军时间优化结果，得到车队行程，见表 4-12，Q 型卫星的过顶预测时间见表 4-13。

表 4-12 车队行程时刻表

编号	路段	开始时间	到达时间	休息时间/h
1	阿勒泰市-独山子区	11-01 05:00:00	11-01 15:46:12	24.23
2	独山子区-温宿	11-02 16:00:00	11-03 04:00:00	10.0
3	温宿-英吉沙	11-03 14:00:00	11-04 02:00:00	10.0
4	英吉沙-和田市	11-04 12:00:00	11-04 22:31:12	24.0
5	和田市-阿拉尔市	11-05 22:31:12	11-06 09:19:12	10.0
6	阿拉尔市-库车	11-06 19:19:12	11-07 05:19:12	10.0
7	库车-乌鲁木齐	11-07 15:19:12	11-08 02:07:12	10.0
8	乌鲁木齐-阿勒泰市	11-08 12:07:12	11-08 22:53:24	

表 4-13 Q 型卫星过顶预测时间表

编号	过顶时刻	历时/h	经度/(°)	纬度/(°)	行程/km	路段	上一个城市
1	11-03 20:21:00	39.35	83.18	42.98	735.26	2	新源
2	11-06 20:16:12	135.27	81.59	40.54	2 479.66	6	阿拉尔市
3	11-06 20:16:48	135.28	81.59	40.54	2 479.93	6	阿拉尔市
4	11-07 19:52:12	158.87	86.17	41.78	2 996.14	7	库尔勒市
5	11-07 19:52:48	158.88	86.17	41.78	2 996.73	7	库尔勒市

参 考 文 献

［1］ 高贵，王肖洋，欧阳克威，等. 干涉合成孔径雷达运动目标检测与速度估计［M］. 北京：科学出版社，2017.

［2］ 李永祯，黄大通，邢世其，等. 合成孔径雷达干扰技术研究综述［J］. 雷达学报，2020，9，（5）：753－754.

［3］ 姬金祖，黄沛霖，马云鹏，等. 隐身原理［M］. 北京：北京航空航天大学出版社，2018.

［4］ 宋贵才，全薇，宦克为，等. 红外物理学［M］. 北京：清华大学出版社，2018.

［5］ 皮特. 地面目标和背景的热红外特性［M］. 吴文健，胡碧茹，满亚辉，译. 北京：国防工业出版社，2004.

［6］ 徐根兴，姚连兴，仇维礼，等. 目标和环境的光学特性［M］. 北京：宇航出版社，1995.

［7］ 宣益民，韩玉阁. 地面目标与背景的红外特征［M］. 北京：国防工业出版社，2020.

［8］ 张建奇，方小平，张海兴，等. 自然环境下地表红外辐射特征对比研究［J］. 红外与毫米波学报，1994，13（6）：418－424.

［9］ 张红，王超，张波，等. 高分辨率 SAR 图像目标识别［M］. 北京：科学出版社，2009.

［10］ 张直中. 机载和星载合成孔径雷达导论［M］. 北京：电子工业出版社，2004.

［11］ CATHALA T，GOFF A L. Simulation of Active and Passive Infrared Images Using the SE－WORKBENCH［C］// Proc. of SPIE，2007，6543：654302－01－654302－15.

［12］ 欧文，谭伟民，郁飞，等. 无铬环保新型伪装涂料的研制［J］. 涂业，2013，43（12）：48.

［13］ 张兵，高连如. 高光谱图像分类与目标探测［M］. 北京：科学出版社，2011.

［14］ 邢欣，曹义，唐耿平，等. 隐身伪装技术基础［M］. 长沙：国防科技大学出版社，2012.

［15］ 刘静，刘东杰. 可见光烟幕面积测量及方法研究［J］. 红外与激光工程，2006，35（10）：254.

［16］ 邱继进，梅建庭. 烟幕对红外制导武器的干扰研究［J］. 红外与激光工程，2006，35（2）：213－215.

［17］ 顾乃威，王丽伟，何悦，等. 地面车辆雷达目标特性研究［J］. 导弹与航天运载技术，2018，3：93－94.

［18］ 陶雪峰，张琦，郭锐. 军事行动避空侦察的时机和路线选择［J］. 数学的实践与认识，2017，47（15）：1.

［19］ 牛春洋. 特种车辆红外辐射特性仿真及发射率测量［D］. 哈尔滨：哈尔滨工业大学，2013.

第5章 导弹武器的隐身伪装试验评估技术

对导弹武器伪装隐身效能的定量评估主要涉及两方面的内容：首先是确定评价性能（参数）指标体系，然后是通过试验对目标的隐身伪装性能进行评估。本章首先简单介绍导弹武器装备隐身伪装的评价指标，然后围绕评价指标从数值仿真和实物试验两个方面介绍导弹武器装备隐身伪装试验验证和评估的方法。

5.1 导弹武器装备隐身伪装的评价指标体系

一般导弹武器地面装备隐身伪装评价指标汇总见表 5-1。

表 5-1 导弹武器地面装备隐身伪装评价指标汇总表

波段	等级	项目	指标要求
光学伪装	一级	对抗波段	$0.3\sim2.5\ \mu m$
		目标与典型背景优势颜色的色差	不大于×L＊a＊b＊
		目标伪装面与背景可见光平均亮度对比值	不大于×
		迷彩斑点各颜色斑块之间的亮度对比值	不小于×
		基于 0.1 m 分辨率的空中光学图像判读的识别概率	不大于×%
	二级	对抗波段	$0.38\sim1.2\ \mu m$
		目标与典型背景优势颜色的色差	不大于×L＊a＊b＊
		目标伪装面与背景可见光平均亮度对比值	不大于×
		迷彩斑点各颜色斑块之间的亮度对比值	不小于×
		基于 0.1 m 分辨率的空中光学图像判读的识别概率	不大于×%
	三级	对抗波段	$0.38\sim0.76\ \mu m$
		目标伪装面与背景可见光平均亮度对比值	不大于×
		迷彩斑点各颜色斑块之间的亮度对比值	不小于×
红外伪装	一级	对抗的侦察波段	$3\sim5\ \mu m$、$8\sim14\ \mu m$
		伪装表面与作战区域典型背景的平均辐射温差绝对值（待机状态，一昼夜 80% 的时间内）	不大于×℃
		变形迷彩各颜色斑块的发射率之差	不小于×
		基于 0.5 m 空间分辨率、0.1 ℃温度分辨率的空中红外图像判读的识别概率	不大于×%

续表

波段	等级	项目	指标要求
红外伪装	二级	对抗的侦察波段	$3\sim5\ \mu m$、$8\sim14\ \mu m$
		伪装表面与作战区域典型背景的平均辐射温差绝对值（待机状态，一昼夜 80％的时间内）	不大于×℃
		变形迷彩各颜色斑块的发射率之差	不小于×
		基于 0.5 m 空间分辨率、0.1 ℃温度分辨率的空中红外图像判读的识别概率	不大于×％
	三级	对抗的侦察波段	$3\sim5\ \mu m$、$8\sim14\ \mu m$
		采取隔热、散热或导热等措施来改变目标热特征，歪曲目标热轮廓	
雷达伪装	一级	对抗波段	Ka、Ku、X、C、S、L 等波段
		雷达伪装材料室内测试的反射率（90°垂直入射）	Ka、Ku 波段不大于×％；X、C 波段不大于×％；S、L 波段不大于×％
		伪装前后外场测试的平均雷达散射截面积衰减值	Ka、Ku 波段不小于×dB；X、C 波段不小于×dB；S、L 波段不小于×dB
		伪装后对毫米波雷达捕获距离的减缩比	不小于×％
		基于 0.5 m×0.5 m 分辨率 X 波段 SAR 图像判读的识别概率	不大于×％
	二级	对抗波段	Ka、Ku、X、C 等波段
		雷达伪装材料室内测试的反射率（90°垂直入射）	Ka、Ku 波段不大于×％；X、C 波段不大于×％
		伪装前后外场测试的平均雷达散射截面积衰减值	Ka、Ku 波段不小于×dB；X、C 波段不小于×dB
		伪装后对毫米波雷达捕获距离的减缩比	不小于×％
		基于 0.5 m×0.5 m 分辨率 X 波段 SAR 图像判读的识别概率	不大于×％
	三级	对抗波段	Ka、X 等波段
		雷达伪装材料室内测试的反射率（90°垂直入射）	Ka 波段不大于×％；X 波段不大于×％
		伪装前后外场测试的平均雷达散射截面积衰减值	Ka 波段不小于×dB；X 波段不小于×dB
高光谱伪装	一级	对抗波段	$0.4\sim2.5\ \mu m$
		光谱反射率满足绿色植被参考标准光谱通道要求	×％以上
		光谱距离	不大于×
		各波段光谱角度	$0.4\sim0.78\ \mu m$ 不大于×rad；$0.78\sim1.35\ \mu m$ 不大于×rad；$1.45\sim1.78\ \mu m$ 不大于×rad；$2.0\sim2.35\ \mu m$ 不大于×rad

续表

波段	等级	项目	指标要求
高光谱伪装	二级	对抗波段	$0.4\sim1.2\ \mu m$
		光谱反射率满足绿色植被参考标准光谱通道要求	×%以上
		光谱距离	不大于×
		各波段光谱角度	$0.4\sim0.78\ \mu m$ 不大于×rad；$0.78\sim1.2\ \mu m$ 不大于×rad
	三级	对抗波段	$0.4\sim0.78\ \mu m$
		光谱反射率满足作战区域内典型优势背景光谱通道要求	×%以上
作装备辆假目标	充气式	重量(单个模块/总重)	不大于×kg/×kg
		体积(单个模块/总体积)	不大于×m^3/×m^3
		光学示假概率	×%
		红外示假概率	×%
		雷达示假概率	×%
	装配式	重量(单个模块/总重)	不大于×kg/×kg
		体积(单个模块/总体积)	不大于×m^3/×m^3
		光学示假概率	×%
		红外示假概率	×%
		雷达示假概率	×%

注：表中×为指标值，由设计技术要求(任务书)规定。

导弹的隐身伪装指标主要包括红外伪装指标和雷达伪装指标。红外伪装指标主要针对对抗侦察波段、红外辐射强度、红外辐射亮度、光谱辐射强度进行分析研究确定；雷达伪装指标主要针对测试频率、极化方式和角度威胁，明确需要满足的雷达散射特征如后向散射特征衰减值（分贝数）等。

5.2　伪装效果仿真试验技术

根据导弹武器装备光、电、磁特征控制和等效模拟的机理、方法，开展导弹武器装备的多波段隐身伪装效果仿真分析，可以为导弹武器装备的隐身伪装和攻防对抗设计、性能评估提供依据。仿真试验具有成本低、效率高、试验环境条件自主可控等优点，因此得到广泛的应用。

5.2.1　光学隐身伪装效果仿真验证技术

（1）导弹武器装备光学特征等效模拟方法

目标光学仿真的目的是绘制一幅与光学相机拍摄得到的图像基本一致的合成图像。目标光学特征的等效模拟，主要通过对导弹武器装备的光学图像仿真实现，需模拟的技术参数主要包括颜色、亮度、反射率和外形轮廓等。

因为大中型装备目标接收到来自太阳的直接辐射，以及地面背景、天空背景的散射，所以，建立可见光波段的成像模型，首先需建立目标在背景可见光波段的散射特性模型，得到装备目标在背景中的反射率和散射亮度分布，最后得到装备目标的光学特征图像。

影响目标可见光散射特性的物理因素有很多，主要包括：目标的几何尺寸，材料表面的光谱反射率，目标所处地理环境背景和天气条件，对太阳直接辐射的散射、背景辐射、表面散射，探测装置的探测视角等。为建立目标的可见光散射特性模型，需将描述这些因素的物理量和物理过程集成起来。

图 5-1 为某型导弹武器装备目标的可见光散射特性建模框图。分析装备目标在可见光波段的散射特性，得到目标的散射亮度分布，建立导弹武器装备目标可见光成像模型，进而得到装备目标的可见光仿真图像，图中箭头显示装备目标的可见光散射特性建模顺序。

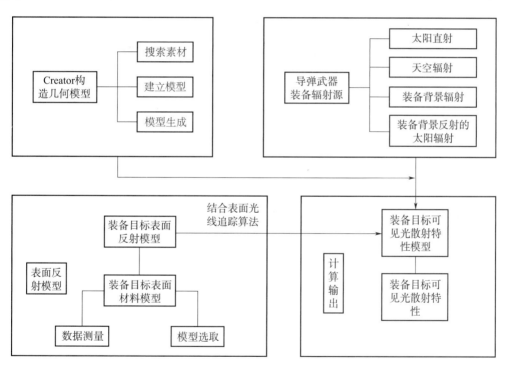

图 5-1　某型导弹武器装备目标的可见光散射特性建模框图

导弹的光学特征模拟方法与上述相同，主要差异在于导弹与地（舰）面装备的背景、外形几何尺寸和轮廓特征。主要仿真要素包括：导弹目标的几何外形，目标表面涂料的光谱反射率，目标工作时所处天气背景条件、喷焰等。将描述这些要素的物理量和工作过程（如发动机喷焰特征）集成起来，建立导弹目标的可见光散射特性模型。

（2）目标可见光伪装效果仿真

以某装备目标在典型林地型和荒漠型背景中建模，仿真获取分辨率为 0.3m 的航空/卫星照片，经地表特征建模处理，然后合成地物背景的光学三维图片。一种目标可见光伪装效果仿真方法介绍如下。

1）获取卫星影像数据：根据所需林地地理坐标区域，通过相应的工具手段从互联网或其他渠道上获取相应分辨率级别的卫星影像资料，如图 5-2 所示。

图 5-2　卫星影像数据采集

2）高程数据获取：从互联网或其他渠道上获取对应区域的高程数据资料，如图 5-3 所示。

图 5-3　高程数据采集

3）将卫星影像数据和高程数据整合为一体：打开 Terra Vista 软件，点击新建工程命令按软件提示的步骤，将前期采集到的卫星影像数据和高程数据加载到 Terra Vista 软件中。由于卫星影像数据幅宽较大，像素点数量超出软件承载的最大分辨率范围，因此需要对原始卫星影像数据进行分块切割，如图 5 - 4 所示。

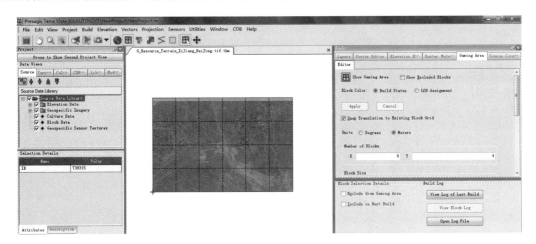

图 5 - 4　Terra Vista 生成地形

4）通过 creator 软件编辑，人工提取分层：打开 creator 软件，加载地形三维立体模型，选取我们需要的最精细层级的 lod 细节分层，将该层级数据提取进新建的 creator 文件中，将该文件存入相应文件夹，如图 5 - 5 所示。

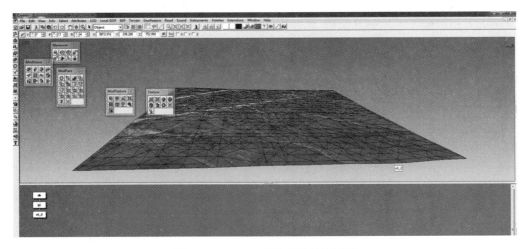

图 5 - 5　creator 软件编辑地形模型

5）将相应物理材质和地形三维立体模型进行关联：在 SE - WORKBENCH 中提供了一个名为 SE - CLASSIFICATION 的模块，可以进行物理材质匹配，首先，加载地形三维立体模型，通过 ROOT 加载材质库文件，选择其中一个贴图进入编辑物理材质功能添加所需材料，如图 5 - 6 所示。

6）由于三维模型格式一般储存为 FLT 格式，需要通过 SE - WORKBENCH 等带有的格式转换工具 SE - FFT 软件模块进行格式转换，将格式为 FLT 的地形三维立体模型拖拽到 SE - FFT 软件模块的图标上即可转换，等待转换完成后，在项目地形三维立体模型文件中新增了格式分别为 BDD，CMT，MAT 的文件。

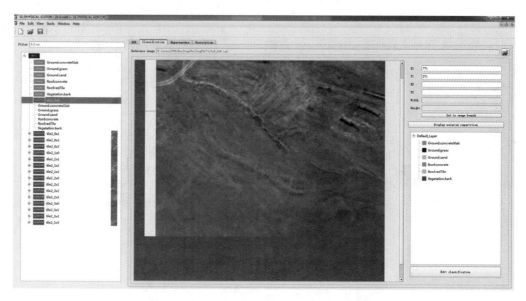

图 5 - 6　SE - CLASSIFICATION 材质编辑

7）检查一下格式转换完成后的文件是否符合软件使用要求。一般仿真软件都提供可对初始模型进行编辑的程序模块，该程序模块可以进行模型检查、细微调整和修改。如可以在 SE - WORKBENCH 软件中的 SE - PHYSICAL - EDITOR 的模块中将转换好的格式为 BDD 的地形三维立体模型加载进来，并可以使用鼠标从多个角度检查模型，如图 5 - 7 所示。至此，便生成了逼真程度高的高动态范围背景环境模型。

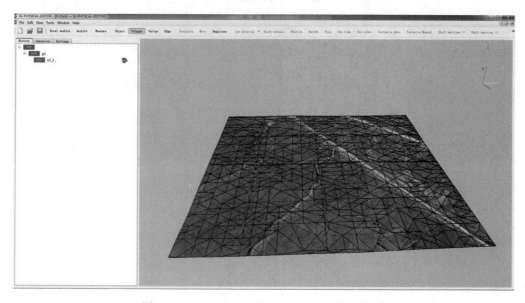

图 5 - 7　SE - PHYSICAL - EDITOR 检查模型

8）将预先建立好的装备三维目标模型导入到上述背景环境模型中，形成混合的战场环境模拟，在模拟的三维混合战场中，可调节装备目标模型的位置、大小和亮度等参数，并在模型上进行迷彩贴图、伪装网叠加等，调用程序合成最终的二维虚拟伪装场景，导出多种逼真度跨度效果的全景高动态范围图像，以供特性参数分析。

　　基于以上流程及方法，完成了虚拟战场环境和装备模型按 1∶1 比例构建。图 5-8 为构建的真实比例虚拟战场环境和装备模型，红框内为虚拟装备目标，装备目标贴图为迷彩生成图片效果，至此，完成了虚拟样机模型的搭建。应用此方法可快速完成伪装目标与环境的融合模拟，并可实时改变三维虚拟伪装目标在背景中的位置、角度，查看伪装效果。具体效果如图 5-8 所示。

图 5-8　伪装目标与环境的融合模拟（斜上 60°观察方位）（见彩插）

　　获取虚拟战场环境和装备模型，导出所需要的全景高动态范围图像，通过图像处理软件图像的亮度、色度等光学特性参数，可分析提取出目标与背景的色差，目标伪装面与背景可见光平均亮度对比值，迷彩斑点各颜色斑块之间的亮度对比值。具体计算方法见 5.2.4.1 节。

5.2.2　热红外隐身伪装效果仿真验证技术

（1）导弹武器装备红外热特征等效模拟方法

导弹武器装备红外热特征等效模拟方法可采取如下三种：

第一种，实验室通过测试缩比目标不同工作状态和工况的红外热特征，获取真实目标对应部位的红外热特征，按比例缩减目标的物理尺寸，提高模拟辐射源的温度，在模拟辐射源与真实目标的辐射能量相同的情况下，引入真实大气路径和真实场景，复现目标红外特征。

第二种，采用物理方法模拟真实目标的热源部分目标特征。例如，某军建设的红外靶标的物理尺寸和真实目标相当，用高发射高吸收膜材模拟装备目标，用高温设备模拟装备的发动机等热源部位，模拟器的结构、材质和真实目标更简化，成本更低，可在红外热像仪系统中复现装备目标的主要红外特征。

第三种，通过仿真计算获取目标特征。红外成像仿真技术替代部分现场测试，不仅能大幅度节约财力、人力和时间成本，而且能对一些复杂条件及一些无法进行试验的环境进行模拟。

红外仿真的目的是绘制一幅与采用红外热像仪拍摄得到的图像基本一致的红外合成图像考察红外效果。一般流程：首先，求取目标的表面温度，计算物体表面的辐射能量，包括自身辐射、被反射的周围环境辐射以及场景中物体之间互相遮挡的红外阴影效果；其次，获取辐射在到达探测器之前所经历的路径上的衰减效应和路径媒介的辐射；再次，考虑热像仪的光学系统作用和探测器效应；最后，实现高动态范围的红外辐射值到显示设备的亮度或伪彩色的映射。建模仿真流程图如图 5-9 所示。

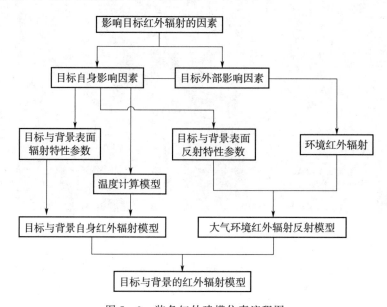

图 5-9　装备红外建模仿真流程图

（2）目标热红外伪装效能仿真

现在有很多商用软件可用于开展导弹武器装备红外伪装效能仿真，也有专用的导弹武器红外仿真系统，主要用于仿真导弹武器装备在背景环境中的红外辐射特性和进行隐身效果评估。系统主要功能如下：

1）能够进行满足红外辐射特性计算要求的目标及背景场景建模；

2）能够提供大气环境计算和建模工具，具备目标和地面热特性计算模块，提供传感器建模模块，支持目标、背景耦合的红外场景生成和红外辐射特征图像渲染；

3）支持多种仿真结果输出：包括红外热图、辐射亮度、辐射强度、温度等，并能支持二次开发。

导弹武器装备红外伪装效能仿真系统在以色列、法国和美国研究较多，以色列、法国和美国的红外伪装效能仿真系统分别对应 IR-1、IR-2、IR-3，见表 5-2。

表 5-2 导弹武器装备红外伪装效能仿真系统对比表

序号	主要功能指标	IR-1	IR-2	IR-3
1	用户界面	用户界面友好,提供安装向导,可自动配置环境变量	无安装向导,软件需手工拷贝至硬盘配置运行	用户界面友好,提供安装向导,可自动配置环境变量
2	能否生成全天候图像	支持,可设置雨、雪、云、雾的能见度、湿度等参数	支持,可设置云、雾的能见度参数,但云雾为平面非立体	支持,可设置云、雾的能见度参数
3	植被仿真	植被由各方向的多边形组成,顶视图可正常显示树木	植被由若干与地面垂直的多边形组成,顶视图无法正常显示树木	
4	图像内容	海、陆、空等多种目标及背景地形		
5	光谱分析	支持,波段分辨率可调		
6	表面温度、累计热量计算	支持,考虑多层材料叠加		
7	目标数据库	支持海陆空多种目标,并可提供以色列部分红外目标模型	不超过 10 种	
8	材质库	包含砂土、林地、草地、雪地、雨、沥青、水泥等材料		
9	材质分类	支持材质分类和纹理映射功能		
10	生成结果	支持生成红外热图,支持输出辐射亮度、辐射强度、温度等计算结果		
11	目标模型层次细节	支持三层层次细节		
12	特殊效果	支持火焰、光源、烟雾等特效的仿真效果		
13	地形数据库	提供沙漠、城市、郊区等多种地形,精细程度高	3 种	无
14	红外传感器仿真	支持		
15	场景想定编辑	支持在场景中添加目标、目标运动轨迹等相关内容,极大减少开发工作量	不支持,需要进行二次开发,开发周期不详,成本较高	

以 IR-1 系统为例,简要介绍导弹武器装备红外伪装效能仿真流程,系统各模块及数据处理流程如图 5-10 所示。

该软件主要功能/模块介绍如下:

①材质数据库

材质数据库分为背景地形材质和模型材质两大类,系统可提供泥土、植被、岩石、水、道路、建筑材料、一般涂料、颜料等 256 种常见材质的光谱特性和热特性。

②目标模型库

模型调用或输入:通过场景编辑模块可对模型进行调用,完成对相应目标模型的加载,使用图像校准模块模型或材质参数进行调整。

③材质纹理映射

将纹理图与材质数据库中的材质对应,从而将三维模型赋予相应的材质属性参数。在

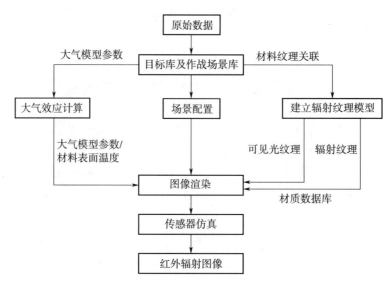

图 5 - 10　红外辐射仿真软件模块及数据处理流程

图像生成模块运行时，通过将映射的结果进行红外辐射纹理渲染，完成可见光纹理与红外特征纹理转换。红外图像纹理通过图像来描述场景辐射能量分布。红外仿真时提前设定模型材质属性，通过图像生成模块调用相应材质的红外发射光谱，计算装备目标的红外辐射能量。

④工作场景库

地面背景辐射：地面背景辐射由两种机理产生，一是反射光辐射，其中包括天空散射的阳光辐射，这部分辐射主要集中在 3 μm 的近红外区；二是地面背景本身辐射，它的辐射主要在 4 μm 区域。

场景三维模型：场景库包含沿海、城市、沙丘、山地、沼泽戈壁等多种典型特殊工作场景，可与其他通用格式如 Openflight 进行转换。特殊工作场景的场景库特性与三维模型类似，如几何属性、层次结构、纹理及红外特性。与三维模型库不同，特殊工作场景库的几何特性不是直接由建模工具逐块生成，而是通过数字高程图转换，且纹理处理也不尽相同，如图 5 - 11 所示。

细节层次模型：特殊工作场景的三维几何模型就是用许多个三角形面元构成物体的外观轮廓。随着面元数目的增加，场景中的每一帧都要对这些三角形进行渲染着色，因此，所需要的计算量也就急剧上涨，这样实时性就会变差，甚至不能满足要求。细节层次技术的运用在两者之间寻求一个折中的解决途径。

地形处理算法：当一个地形面积很大，精细程度很高时，计算机读取数据和显示数据延迟会很长，分块存储机制允许将该地形分割为若干个小地形进行处理和管理，减少对机器硬件的需求。分块的大小和多少要根据计算机的处理能力和地形的复杂程度来确定。

经过以上处理建立特殊工作场景，然后，对这个地形进行测试调整和优化。如果地形太粗糙，可以增加多边形的数量，如对纹理进行校正，对文件坐标进行转换，对 LOD 进

图 5-11　场景三维模型地形及纹理

行测试，如果运行不够流畅，可以减少三角形数量，减小分块大小等。

⑤大气效应计算

大气计算模块可算出大气透射率、大气背景辐射、太阳或月亮的直接辐射等参数，直接使用预先设置的这些参数可加速仿真速度，实现实时仿真。大气计算模块根据用户定义的参数产生大气数据，在运行时图像生成模块利用该数据来决定全天的大气质量和材料的温度。

⑥场景想定编辑

为便于对场景进行选择和配置，可通过场景编辑模块对预处理数据进行管理，并对目标特性数据、大气特性数据进行管理，即对目标模型加载位置、相应时间、运动轨迹等数据进行场景编辑操作。如图 5-12 所示，可通过 XYZ 坐标系预设置目标模型在场景中的位置；并将目标模型与既定轨迹相关联，设置目标模型在场景中的运动方式；支持扩充预处理数据种类与数量。

场景编辑模块在 2D 场景的基础之上，以友好的图形化界面实现 3D 场景目标模型的运动状态及场景内相关参数的调整。

⑦图像生成

根据目标区域的温度、湿度、风速、能见度等环境数据，仿真生成不同时间、不同气候、不同季节情况下的目标红外影像。基于 P. Jacobs 模型的红外图像生成模块可对目标模型进行逐波段影像计算。

根据合成的目标与环境红外图像对红外隐身效果进行定性或定量评估。

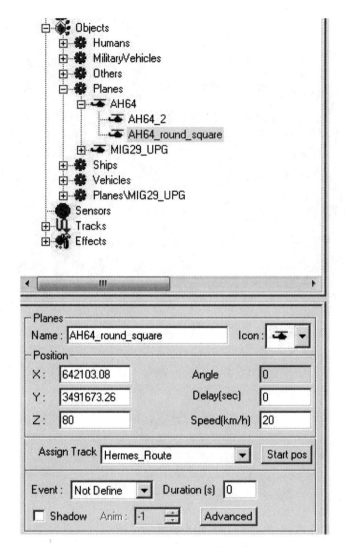

图 5-12　目标模型位置、运动轨迹等参数设置

5.2.3　雷达隐身伪装效果仿真验证技术

（1）导弹武器装备雷达特征等效模拟方法

目标的雷达特征等效模拟方法一般有以下三种。

①缩比模型测试法

由于全尺寸模型的目标测量存在场地占用大、模型制备复杂、耗时等困难，因此建立缩比模型进行测试。对于理想导体目标，缩比关系比较明确，尺寸 $1 : s$ 的缩比模型的 RCS 与 $1 : 1$ 真实尺寸目标 RCS 的关系如下

$$\sigma = \sigma' + 20\lg s \text{(dB)} \qquad (5-1)$$

由理想金属导体和无耗介质组成的电磁系统，可以由一般缩比理论相似条件得出模型与原型之间各物理量的对应关系，见表 5-3（ s 为缩比倍数）。

表 5 - 3　无耗电磁系统缩比条件

物理量	原型系统	模型系统
几何尺寸	l	$l' = l/s$
波长	λ	$\lambda' = \lambda/s$
频率	f	$f' = fs$
介电常数	ε	$\varepsilon' = \varepsilon$
电导率	ρ	$\rho' = \rho s$
磁导率	μ	$\mu' = \mu$
天线增益	g	$g' = g$
散射截面	σ	$\sigma' = \sigma/s^2$

有耗电磁系统的缩比条件中，电极化损耗系数 δ_e、磁损耗系数 δ_m 不变。缩比模型表面的粗糙度要求、测量误差等可参见相关规范。

缩比模型的测试频率 f' 是实际测试频率 f 的 s 倍。如果 s 取 10，则 $f' = 10f$。如果目标实际在 Ku 波段或更高频段应用，则缩比目标的测试频率在太赫兹波段，在常规的雷达测试暗室里，实现太赫兹波段的测试还有困难。另外，非均匀介质以及磁性材料由于散射特性较复杂，其电磁缩比关系尚无通用理论。

②通过物理复现模拟目标重点部分的目标特征

物理复现模拟目标特征，前提是对目标的雷达特征已知，常用于假目标或靶标建设。例如用该方法模拟某靶船的目标特征，靶船的物理尺寸和真实目标相当，模拟器只要用散射量级较高、成本较低的角反射器组合系统，便会在雷达成像仪系统中复现舰船的主要雷达特征。

③对目标模型的雷达散射截面进行仿真计算预估

决定目标雷达散射截面的变化因素主要有：目标材料的电磁参数、目标的几何外形、目标被雷达波照射的方位、入射波长以及入射场的极化形式和接收天线的极化形式。基于以上因素，建立雷达波从发射天线到目标的相互作用，再到接收天线的计算模型，通过求解方程，得到目标的雷达散射截面值。

（2）导弹武器装备雷达特征仿真计算方法

根据导弹武器装备雷达隐身设计需求，利用仿真手段分析多工况条件下典型装备目标的雷达散射特性，评估导弹武器装备采取雷达隐身措施前后，导弹武器装备的雷达散射特征变化。

严格说来，电磁散射的理论建模需要在麦克斯韦方程组基础上，结合边界条件建立封闭的解析表达式。因为解析解的求解非常困难，因此提出了很多工程计算方法，可根据目标的结构形式和尺寸选择不同的仿真方法。

以矩量法（MoM）、时域有限差分法（FDTD）和有限元（FEM）等为代表的数值方法在计算复杂目标电磁散射和辐射时，具有精度高、适应性强等优点，但是对于电大尺寸复杂目标的电磁散射分析，用传统的数值方法求解时，内存及时间消耗异常庞大。

以物理光学法（PO）、物理绕射理论（PTD）、射线弹跳法（SBR）等为代表的高频渐近方法在（超）电大尺寸复杂目标电磁散射分析、大规模散射特性计算、实时（准实时）散射特性计算、特征信号控制的设计与优化等方面表现出非常明显的优势：计算效率高，内存消耗极低，对计算机硬件要求低，对优化设计、散射机理分析等优势明显，缺点是计算精度较数值法低、材料处理能力不理想等，但通过合适的处理和近似，高频方法可以满足大多数实际工程需求。

对目标模型的雷达散射截面进行仿真计算的流程如图 5-13 所示。

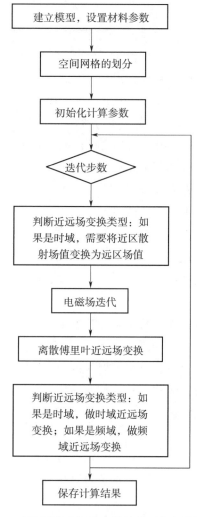

图 5-13　对目标模型的雷达散射截面仿真计算流程图

由于导弹武器装备尺寸远大于电磁波波长，选择高频方法能够快速、准确计算出目标 RCS 结果。根据不同状态 RCS 测试曲线，可分析比较导弹武器装备不同状态下的雷达散射特征。以某型地面车辆为例，其 RCS 曲线分布如图 5 - 14 所示，由图可见除正侧面、车头正面外，其余角度的 RCS 值均低于 30 dBsm。

图 5 - 14　某型车辆的 RCS 曲线分布图

（3）导弹武器装备雷达伪装效能仿真系统

导弹武器装备雷达伪装效能仿真系统主要用于导弹武器装备在背景环境中的雷达散射特性仿真，仿真结果指导雷达隐身伪装设计，满足目标装备与背景雷达散射特征要求。导弹武器装备雷达散射特征仿真系统满足的功能如下：

1）提供多种核心算法求解器，解决电大问题雷达散射特性仿真。提供多种核心算法求解器，矩量法（MoM）、多层快速多极子方法（MLFMM）、物理光学法（PO）、一致性绕射理论（UTD）、有限元（FEM）、平面多层介质的格林函数，以及它们的混合算法来高效处理各类不同的问题。

2）提供二次开发算法。提供循环和分支控制语句，能够输入自定义的函数或进行计算过程的程序化运行；支持多种硬件和软件平台，供客户二次开发进行数据处理。

3）支持多种仿真结果输出：包括雷达散射截面积、一维雷达特征像、二维 SAR 成像等。

导弹武器装备雷达伪装效能仿真系统以研究团队自研和常用商业软件较多，对国内导弹武器装备雷达伪装效能仿真系统调研情况见表 5-4，所调研的仿真系统标记为 RAD-1、RAD-2、RAD-3。

表 5-4　导弹武器装备雷达伪装效能仿真系统情况

序号	项目	RAD-1	RAD-2	RAD-3
1	计算频率范围	全波算法部分支持 100 MHz 到 100 GHz，高频算法模块支持频率到 60 GHz	全波算法部分支持全波段，高频算法模块支持频率到 50 GHz	计算频率范围可以从 100 MHz 到 100 GHz
2	计算内核成像是否考虑多次散射效应	考虑多次散射效应，可以计算二次三次反射		考虑到多次散射效应，最高到 100 次
3	目标回波模拟能力	不支持大俯冲角下的强地杂波仿真，支持 1～5 级海况的海面，植被覆盖地面、水泥路面等的目标回波模拟能力		支持大俯冲角下的强地杂波，1～5 级海况，植被覆盖地面、水泥路面等的目标回波模拟能力
4	模型库模块参数	模型库模块包含 20 多种装备模型，无背景模型，不包含分组纹理信息	模型库模块包含 30 多种装备模型，无背景模型，不包含分组纹理信息	模型库模块包含 40 多种装备模型和背景模型，包含分组纹理信息
5	装备与背景模型合成	支持装备模型与环境背景模型的三维合成		
6	一维距离像输出	支持一维距离像的计算输出	无	支持一维距离像的计算输出
7	机载弹载平台轨迹输入	无	无	支持机载弹载平台的轨迹输入
8	具备障碍物分析能力，可自动计算遮挡面元	不支持遮挡计算		具备障碍物分析能力，可自动计算遮挡面元
9	具备条带、聚束、扫描、前视成像等多种工作方式的模拟能力	仅支持 ISAR 成像		具备条带、聚束、扫描、前视成像等多种工作方式的模拟能力

续表

序号	项目	RAD-1	RAD-2	RAD-3
10	SAR 成像算法包含 CSA、RMA、PFA	仅支持 ISAR 成像		SAR 成像算法包含 CSA、RMA、PFA
11	系统支持高性能 GPU 多核计算	无		系统支持高性能 GPU 多核计算

5.2.4　导弹武器隐身伪装效能评估仿真实例

5.2.4.1　光学隐身伪装效能评估仿真实例

以导弹武器装备所加装伪装网为例，开展光学隐身伪装效能评估计算仿真。伪装面网涂覆有可见光、近红外兼容迷彩涂料，其颜色特征应与作战背景匹配，同时具有良好的近红外反射特性，与绿色植被的光谱反射特性相符。

（1）目标可见光亮度计算

目标与背景的亮度对比度为

$$K = \frac{|Y_t - Y_b|}{\max(Y_b, Y_t)}$$

式中　Y_t 和 Y_b ——目标与背景的亮度。

亮度对比度阈值是指刚好能把目标从背景中区分出来时所需的最低亮度对比值。Wald 定律描述了背景亮度 Y_b、对比度阈值 K_v 与人眼所能探测的目标张角 α 之间的关系

$$Y_b \cdot K_v^2 \cdot \alpha^x = 常数$$

式中，x 的值在 0～2 之间变化。对于体积较小的目标，$\alpha < 7\phi$，则 $x = 2$。

（2）目标颜色与光谱特性

根据第 2 章式（2-1）～式（2-5）计算色坐标和色差。

（3）光线大气传输影响因素

考虑大气环境影响，根据式（2-6）～式（2-8）计算目标与背景的大气透射率、视亮度参数。

（4）迷彩斑点设计

根据 4.3.1 节的方法设计迷彩斑点。

（5）评估计算方法

判读航空、卫星等遥感照片，仍然是当前获取军事情报的主要手段，这里以地面目标遥感图像的识别概率来表征目标的可见性，为伪装效果评估提供量化方法，识别概率越小，表明目标伪装得越好。地面装备目标的尺寸与周围地物无太大差异，具备特殊的形状，可作为解译的重要标志；几何和亮度上的明确性可以帮助提高人工地物的识别概率。一般地，地面装备目标的简单识别模型的数学表示如式（5-2），简单地物通常是复杂地物的元素，复杂地物之间存在着简单地物的多重联系。

$$P = \exp\left[-\left(B\frac{A}{L}\right)^2\right] \tag{5-2}$$

式中，B、L、A 共同描述了图像上地物的性质。B 为地物识别系数，L 为地物尺寸，A 为遥感图像的解像力。

被识别地物的尺寸 L 的确定方法：只要在遥感图像上还能分解出地物目标的最大元素（以最大尺寸表征的元素），地物目标就可能被识别，地物目标在细部上有差异时，L 应该使用细部的最大尺寸。假设拍摄了一个 30 m×40 m 的目标，得到解像力分别为 7 m 和 20 m 的两张图像，第一张图像上可以识别成目标的长度和宽度，第二张图像仅能得到地物长度的信息，第二张图像严重减小了目标的识别概率。

简单地物形状的识别系数 B 的确定方法有如下三种：一是可以通过试验方式找到研究地物的识别曲线的种类，然后，以此为基础计算各类地物的形状识别系数，这种方法要求必须具备大量不同比例尺图像的解译结果，实施代价非常高；二是根据两种比例尺图像的解译结果来确定识别系数，通过多组多次计算获取多个 B 值，并取其数学期望，这种方法比较简单可靠；三是可以基于对人工地物的几何尺寸相互关系，利用经验公式计算。一般地，一些简单人工地物的形状识别系数见表 5-5，可用于简单预测地面装备目标识别概率。

表 5-5　简单人工地物形状识别系数

地物形状	形状识别系数值	B 的平均值
圆	0.97	
长方形	1.45	
正方形	1.72	1.43
拐角	1.58	

这里，我们根据第二种方法，通过两种比例尺图像的解译结果来确定识别系数 B，计算公式如下

$$B = \frac{L_1 \sqrt{(-\ln P_1)} + L_2 \sqrt{(-\ln P_2)}}{A_1 + A_2}$$

当系数 B 变化时，理论识别曲线变化的性质。$0 \leqslant L \leqslant A$ 的一段正是找出地物的区间，继续下去是识别空间。如果 $B=0$，对所有的 A 和 L 来讲，识别概率都等于 1。在同等条件下，随着 B 的增大，识别概率将减小。

如果考虑气象条件和环境因子对可见光目标的影响，对地面目标物的可见光评估主要用探测概率来统计，探测概率可表示为发现概率和识别概率的乘积。在地面车辆目标伪装效能的实际应用过程中，探测概率影响因子包括地面背景、能见度、观察距离、观察时间等。以在太阳高度角为 45°，能见度为 1.5 km，观察距离为 0.5 km 的条件下，处于上述不同地面背景，特征尺度为 3 m，反射率为 0.09 的橘黄色地面车辆目标，特征尺度为 5 m，反射率为 0.5 的褐色涂料钢材目标为研究对象，计算裸眼无助目视观察时的可见光探测概率，见表 5-6。分析表中数据可见，处于不同地面背景上的目标的探测概率随着目标与背景之间固有亮度对比度的增大而增大；且同一背景下，当目标为褐色涂料的钢材时，目标的探测概率远比橘黄色地面车辆目标大。

表 5 - 6　不同目标在不同地面背景下的可见光探测概率

背景	橘黄色地面车辆		背景	褐色涂料钢材	
	目标/背景固有亮度对比值	探测概率 $p/\%$		目标/背景固有亮度对比值	探测概率 $p/\%$
绿色植被	0.13	2.51	绿色植被	5.25	100
少量植被	0.00	0.38	少量植被	4.56	99.81
泥沙	0.55	88.14	泥沙	1.50	99.67
沙	0.67	89.43	沙	0.85	99.61
沥青公路	2.00	99.06	沥青公路	15.67	100
田野	1.25	91.18	田野	11.50	100
积水泥泞	0.80	89.57	积水泥泞	9.00	99.98
光泽地面	0.55	88.14	光泽地面	1.50	99.67

在能见度分别为 1.5 km、5 km、10 km 的条件下，对处于不同背景上的地面车辆目标进行裸眼无助目视和 8 倍镜有助观察时，可见光探测概率随着距离的变化情况如图 5 - 15 所示。

通过对不同地面背景上地面车辆目标的可见光探测概率随观察距离的变化图，形成如下结论：

1) 不管是低能见度条件下还是高能见度条件下，探测概率随观察距离的显著增大而减小；低能见度条件相比于高能见度条件，减小的趋势更加迅速。

2) 低能见度条件下，使用 8 倍镜并不能显著改善观察者对远处地面目标的探测概率。而在高能见度条件下，使用 8 倍望镜则能显著改善探测概率。

3) 当背景为沥青公路时，由于目标/背景固有亮度对比度远比背景为绿色植被时大，在同一能见度条件下，探测概率明显增大，且使用 8 倍镜辅助观察，更能提升对远处目标的探测概率。

5.2.4.2　红外隐身伪装效能评估仿真实例

采用导弹武器装备红外伪装效能仿真系统，对导弹武器装备在背景环境中的红外伪装效能进行仿真，指导伪装设计，满足目标与背景辐射温度差要求。可用于生成多种气象条件下、多种背景、多种干扰条件下不同波段的红外图像，并支持输出数字、模拟信号，为红外图像模拟器提供数据源。通过对生成图像的光谱分析，研究影响红外成像系统的各种因素，从而减少外场测量，减少费用，节省研发时间。以某装备车辆为例，建立装备目标的三维模型，对纹理图片进行处理，最终生成不同背景下不同波段的装备红外图像。

（1）建立装备三维模型

通过 3DMAX 软件建立装备三维模型，如图 5 - 16 所示。

确认装备仿真图像帧频信息，如图 5 - 17 所示。图中横轴为场景中面元数量，纵轴为仿真帧频，分辨率为 1 280×800。

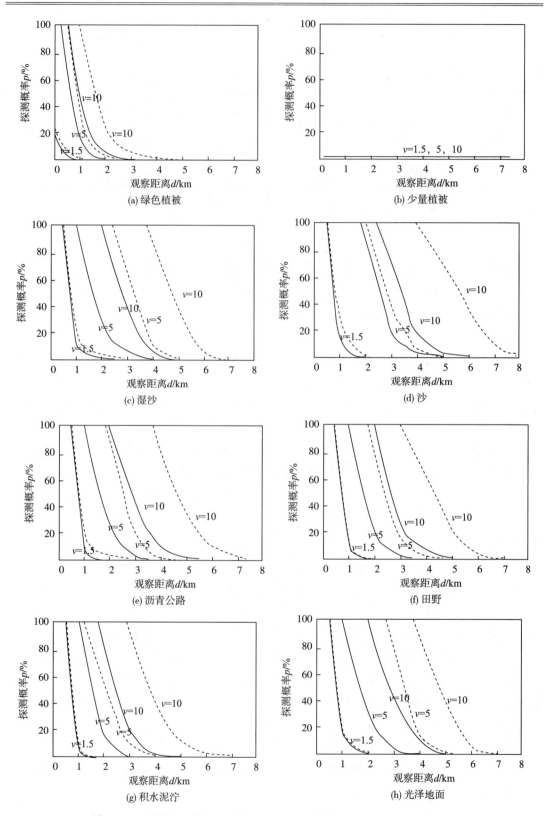

图 5 - 15　不同地面背景上目标的可见光探测概率随观察距离的变化图

图 5 - 16　装备三维模型多方位视角示意图

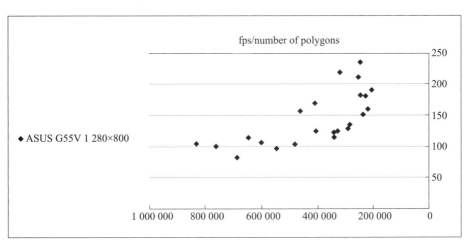

图 5 - 17　仿真帧频信息

（2）装备三维模型材质属性分类

通过对装备纹理图片进行材质分类，将不同区域与软件材质库相关联。其中发动机区域因为有内热源所以单独进行处理，如图 5 - 18、图 5 - 19 所示。

图 5 - 18　装备可见光纹理和材质分类示意图

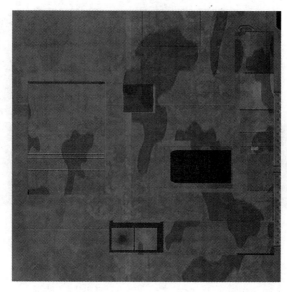

图 5 - 19　装备热源部位可见光纹理示意图

（3）装备三维模型导入目标模型库

将预先建立的装备三维模型拷贝至目标模型库文件夹下，并通过定义配置文件的形式将其导入目标模型库。

（4）目标各部位热交换的计算

仿真模拟计算目标各部位热交换计算场景包括尾焰效果与环境的热交换及目标发动机与环境的热交换等。可设置如发动机热量累计时间、发动机与地面热量交互时间等影响累计热量计算的多种参数。图 5 - 20、图 5 - 21 为目标累计热量计算参数设定界面，以及目标与环境热交换模拟结果示意图。

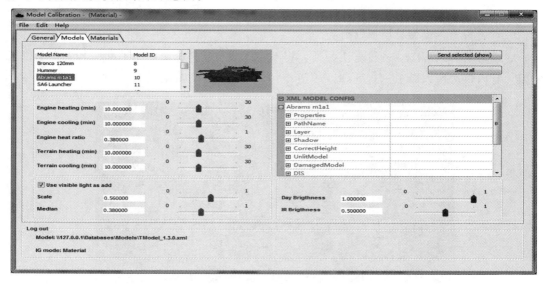

图 5 - 20　累计热量计算参数设定界面

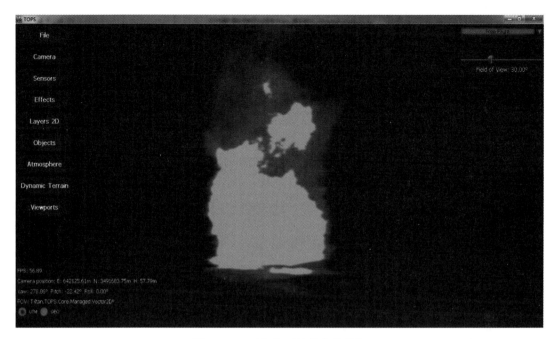

图 5 - 21　目标与环境热交换模拟

（5）大气环境仿真

计算模拟地理位置信息、海拔、气象、日期等大气环境参数对装备红外辐射特征的影响，考虑大气传输特性、大气背景红外辐射特性和天空散射特性等影响因素，并对环境的各种参数进行实时调整，输出既定环境下的动态红外图像。

大气环境参数设置界面如图 5 - 22 所示。

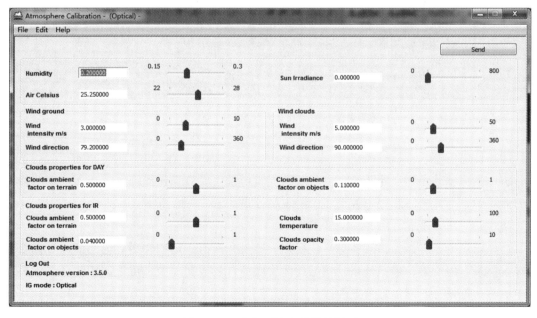

图 5 - 22　大气环境参数设置界面

（6）气候及环境因素对场景的影响

仿真全天 24 小时光照、气候及环境因素对场景的影响，真实再现各种自然现象和天气条件，如雨、雾、霾、闪电、容积云等。图 5-23 采集了凌晨 2 点、正午 12 点同一场景的红外辐射特征图像。

图 5-23　凌晨 2 点（左）和正午 12 点（右）不同时间同一场景红外模拟图像

（7）动态阴影效果

仿真因太阳辐射角度不同引起的建筑物、目标物体、云层等模型在地面上阴影效果的实时变化，且可以开启/关闭阴影效果。图 5-24 为场景中云层阴影效果关闭和开启不同状态的红外辐射特征图像。

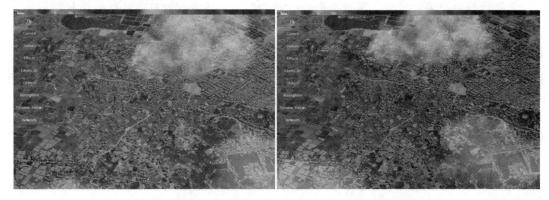

图 5-24　云层阴影效果关闭和开启状态的同一场景的红外模拟图像

（8）日照仿真

仿真模拟可见光到红外波段，太阳观瞄实时场景生成效果，体现太阳在不同探测器下的成像效果。可见光、红外中波下的太阳观瞄效果如图 5-25 所示。

（9）红外图像生成

计算场景中各目标的辐射效果，包括热量反射和散射、地面辐射、内热源、目标在地面辐射背景下的效果，累积效果。在已经配置好的背景数据库中，可以调用装备三维模型并生成不同背景、不同传感器下的红外图像，图 5-26、图 5-27 为某装备目标在林地和陆地背景中的可见光和对应红外图像生成效果图。

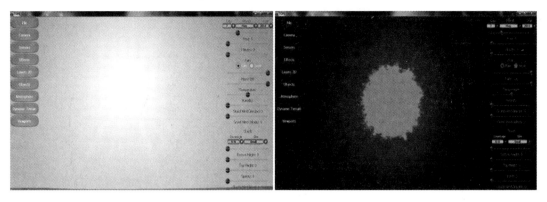

图 5 - 25 可见光、红外中波下的太阳观瞄效果

图 5 - 26 装备林地背景可见光图像和红外图像

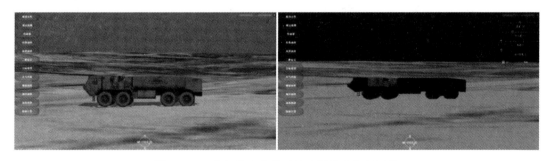

图 5 - 27 装备陆地背景可见光图像和红外图像

5.2.4.3 雷达隐身伪装效能评估仿真实例

雷达隐身伪装效能评估仿真系统，用于生成装备目标的 RCS 和雷达 SAR 图像特征，以某复杂大场景电磁特性成像仿真系统为例，介绍雷达隐身伪装效能评估仿真方法，解决复杂场景中雷达电磁特征成像散射计算问题，该仿真软件模块关系如图 5 - 28 所示。

（1）装备雷达隐身伪装效能评估仿真流程

利用射线跟踪算法内核，结合电磁散射的高频渐进计算方法，实现复杂场景电磁散射计算，计算电磁波与一个通过物理属性定义特征的 3D 场景交互作用，相同的数学模型可适用于地面、海面和空中目标。射线跟踪模块的参数定义可分为目标 RCS（雷达散射截

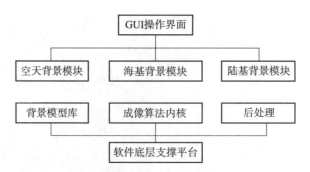

图 5-28　雷达隐身伪装效能评估仿真系统的模块原理关系

面）计算和 SAR（合成孔径雷达）成像回波计算。各模块功能介绍如下：

①GUI 操作界面

GUI 操作界面是复杂大场景电磁特性成像系统的输入输出操作交互界面，如图 5-29 所示，可实现系统计算模块的指令交互传递，采用简单易用的模块功能操作配置，界面专业、易用性强。

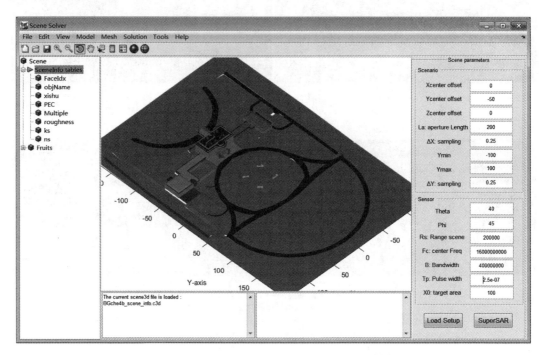

图 5-29　复杂大场景电磁特性成像系统操作交互界面

目标成像和 RCS 的计算坐标系关系如图 5-30 所示，通过俯仰角 theta 和方位角 phi 表达坐标关系。从 Z 轴正方向向 X 轴正方向旋转形成 0°～180°的俯仰角，从 X 轴正方向向 Y 轴正方向旋转形成 0°～360°的方位角。

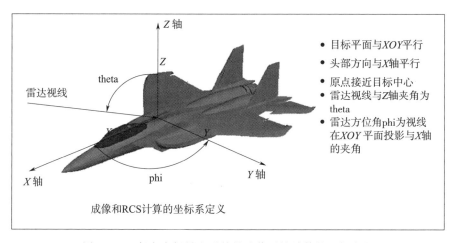

图 5 - 30　复杂大场景电磁特性成像系统计算的坐标定义

②前处理模块

复杂大场景电磁特性成像系统的前处理模块，用于装备模型与环境背景模型的导入、检查及装备背景合成，如图 5 - 31 所示。

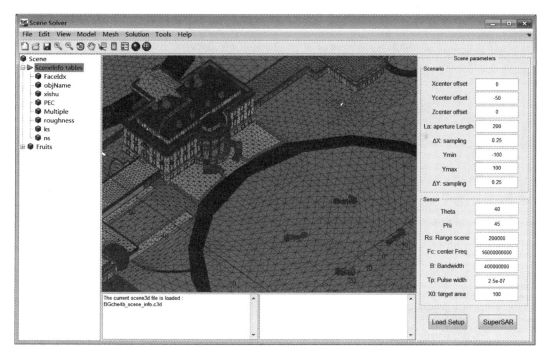

图 5 - 31　复杂大场景电磁特性成像系统前处理模块

复杂大场景电磁特性成像系统的前处理模块可以构建复杂的装备和环境背景模型，包括模型目标及背景环境的合成。

③后处理模块

复杂大场景电磁特性成像系统的后处理模块，将系统的回波仿真内核数据进行后处理输出，可以输出各种指标曲线、云图、一维距离像、二维像、三维像等，二维像包括 ISAR 像和 SAR 像等各种多样化的显示输出，三维像包含装备环境的综合立体化图像输出，如图 5 - 32～图 5 - 34 所示。

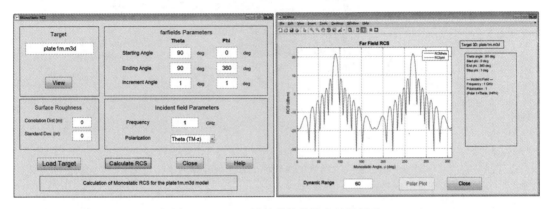

图 5 - 32　RCS 计算模块设计和结果展示

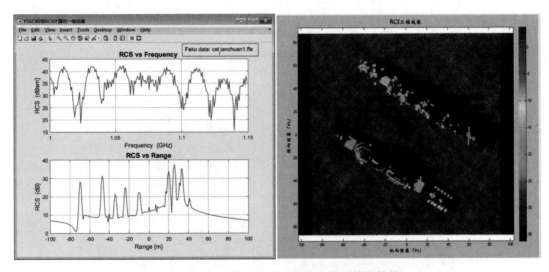

图 5 - 33　一维距离像和二维像后处理输出结果

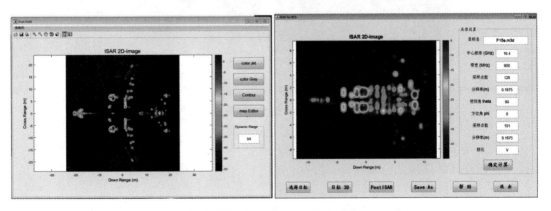

图 5 - 34　目标的二维 ISAR 成像

④陆基背景模块

根据场景成像需要，设置成像计算参数：频率和范围、雷达视线、成像点数、不同类型路基地面对象材料的反射系数设置等，计算出目标与陆基复合的场景散射回波，并且能将结果保存为 SAR 文件，由雷达图像生成软件处理，获取符合目标与场景对象散射特征的雷达图像，如图 5 - 35 所示。

图 5 - 35　装备陆地背景成像设置

（2）装备雷达隐身伪装效能评估仿真算例

①机场算例

陆基场景计算模块采用一个陆基模型作为环境输入，对几何建模进行分组处理，将装备目标模型与环境模型进行三维合成，如图 5 - 36 所示。

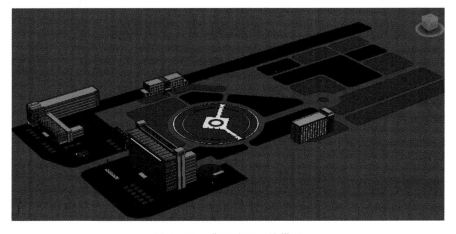

图 5 - 36　典型陆基三维模型

仿真模型导入原景观模型的草坪和水泥地面、建筑物几何对象，并且按反射属性重新分组，不同颜色分别对应不同的几何对象，如图 5-37 所示。

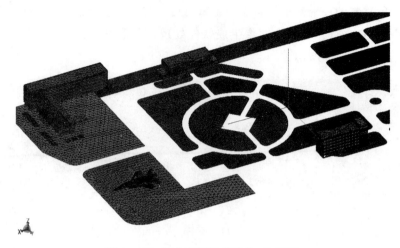

图 5-37　划分成网格模型的 3D 视图

成像计算设置状态输入为：频段、带宽、下视的 theta 角、原始分辨率，考虑到窗函数、下视角、地距分辨率等，SAR 图像仿真结果如图 5-38 所示。

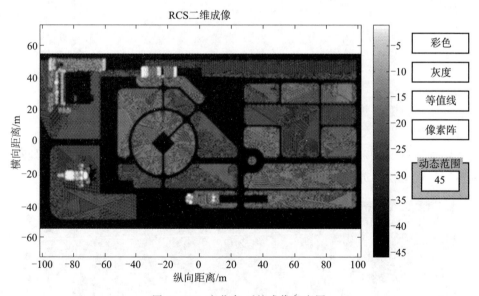

图 5-38　方位角 0°的成像灰度图

陆基背景二维图像的形状和大小与几何对象特征吻合，地面图像区域的反射强度和反射属性设置有关。建筑与设备对地面的遮挡效应明显可见。

②某导弹武器发射系统算例

场景仿真模型主要为某地面建筑和草坪、道路，以及某导弹武器发射系统的雷达车 1 部、发射车 2 部、电源车 1 部，如图 5-39 所示。雷达探测方向为 theta 入射角 40°（即雷达俯仰角为 50°，与 xoy 地平面的夹角），雷达带宽 800 MHz；距离分辨率为 0.187 5 m；合成孔径分辨率也为 0.187 5 m；视景范围为 200 m×200 m；距离向和孔径向采样间隔都为 0.125 m；成像计算后的原始图像为 1 602 点×1 602 点；方位角 phi 为 135°。

爱国者发射阵地由 7 辆车构成，包括指挥车、电源车、雷达车和发射车，按特定位置摆放。本次仿真包括 1 辆电源车、2 辆发射车、1 辆雷达车共 4 辆车。

图 5-39　某导弹发射武器系统电源车、发射车、雷达车

4 辆车如图 5-40 所示摆放，计算区域为 100 m×100 m，中心频率为 16 GHz，带宽分别为 300 MHz 和 800 MHz。

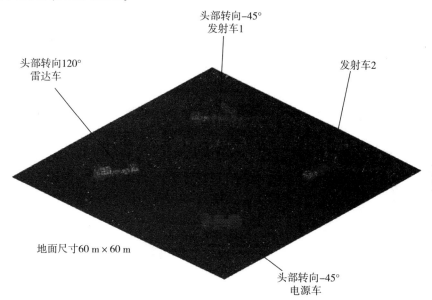

图 5-40　导弹发射武器系统发射阵地模型

不同带宽探测下，导弹发射武器系统 SAR 成像结果如图 5-41、图 5-42 所示。

③巡航导弹算例

使用 WIPL-D Pro CAD 软件，创建导弹复杂的 3D 几何模型，封闭面采用相同网格划分保证几何建模的准确性。

导弹涂覆雷达吸波材料前后的仿真模型如图 5-43 所示，隐身伪装措施施加前，导弹表面材质选择金属 PEC，隐身伪装措施施加后，导弹表面材质选择介电型雷达吸波涂料，可选择性地涂覆一层或两层雷达吸波材料，分别仿真频率在 3 GHz 的雷达散射特征。

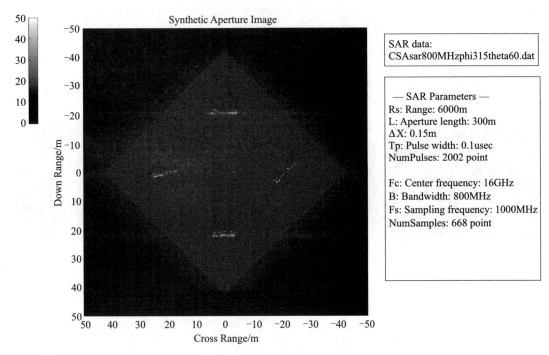

图 5 - 41　导弹发射武器系统发射阵地 300 m 成像

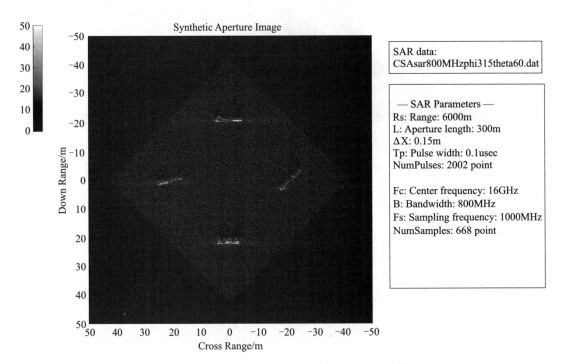

图 5 - 42　导弹发射武器系统发射阵地 800m 成像

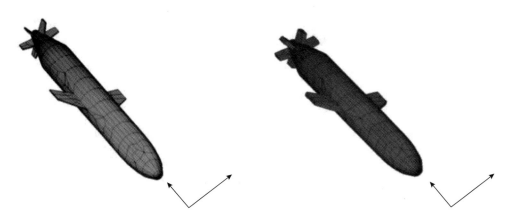

图 5-43　导弹伪装措施施加前（金属材质）模型和施加后（介电型雷达吸波涂料）模型

表 5-7 为三种材料类型仿真所占内存和时间。

表 5-7　仿真所需计算机内存和模拟时间

材料类型	占用内存/GB	时间/s
PEC	1.1	36
一层介质材料	10.2	420
两层介质材料	97.6	4 011

图 5-44 比较了三种不同模型仿真后获得的雷达散射截面（RCS 值）。从仿真数据可见，涂覆介电型吸波材料后，导弹 RCS 值明显降低，且涂覆两层介质材料后，导弹的 RCS 进一步降低。

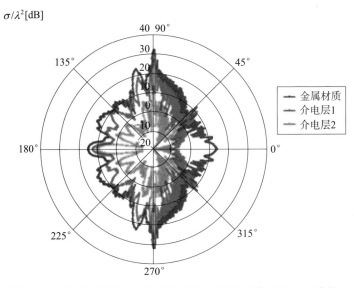

图 5-44　导弹涂覆雷达吸波材料前/后的雷达散射特征（见彩插）

5.2.4.4　基于多波段图像的装备伪装效能仿真技术

基于多波段图像的装备伪装效能仿真系统，用于建立伪装效能仿真评估模型，并能够基于模型开展识别概率的仿真计算，基于多波段图像的装备伪装效能仿真的重点在于目标检测，其所涉及多波段图像主要包括光学、近红外、中远红外和雷达波段的图像。

目标检测也叫目标提取，是一种基于目标几何和统计特征的图像分割，它将目标的分割和识别合二为一。其任务可分为两个关键的子任务：目标分类和目标定位。目标分类任务负责判断输入图像中是否有感兴趣类别的物体出现，输出一系列带分数的标签表明感兴趣类别的物体出现在输入图像的可能性；目标定位任务负责确定输入图像中感兴趣类别的物体的位置和范围，输出物体的包围盒，或物体中心，或物体的闭合边界等，通常方形包围盒是最常用的选择。

（1）常见的目标检测仿真算法

从过去十多年来看，实现目标检测的算法大体上可以分为基于传统手工特征的时期以及基于深度学习的目标检测时期，如图 5 - 45 所示为目标检测发展历程图。从技术发展上来讲，目标检测分别经历了"包围框回归""深度神经网络兴起""多参考窗口""难样本挖掘与聚焦"以及"多尺度多端口检测"几个里程碑式的技术进步。

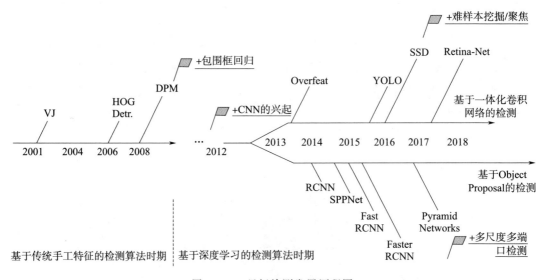

图 5 - 45　目标检测发展历程图

早期的目标检测算法大多基于手工特征构建，由于缺乏有效的图像特征表达方法，人工需要尽其所能设计更加多元化的检测算法以弥补手工特征表达能力的缺陷，同时由于计算资源的缺乏，需要寻找更加精巧的计算方法对模型进行加速。以 Viala - Jones 检测器、HOG 行人检测器和可变形部件模型（DPM）为代表，多基于 Harr 特征、HOG 特征等，着重解决人脸、行人检测的问题，检测在速度和准确性上都取得很好的效果。这些经典的传统检测算法，极大地推动了人脸检测的商业化的进程，同时这些检测器中提出的思想深刻地影响可见光目标检测领域，直到今天依然很重要，例如混合模型、难样本挖掘、包围框回归、上下文信息利用等。

在 2011—2013 年，目标检测算法经历了短暂的停滞时期，传统的目标检测算法及策略已经难以满足目标检测中数据处理的效率、性能、速度和智能化等各个方面要求，大多在底层特征表达基础上构建复杂的模型以及更加复杂的多模型集成来缓慢地提升检测精度。2012 年卷积神经网络在 Image net 分类任务中取得了巨大的成功，同时随着 GPU 硬件技术的飞跃发展，计算机处理大数据能力大幅度提升，Girshick 等人在 2014 年率先提出区域卷积网络目标检测框架，自此目标检测领域开始快速发展。深度学习通过对大脑认知能力的研究和模仿以实现对数据特征的分析处理，具有强大的视觉目标检测能力，成为当前目标检测的主流算法。

随着深度学习算法的改进和硬件条件的优化，近年来，各种应用场景和领域的深度学习目标检测方法层出不穷，这些方法主要分为两类：

1）Two‐stage 检测算法。这种算法将检测问题划分为两个阶段，首先产生候选区域（region proposals），然后对候选区域分类（一般还需要对位置精修），该算法的典型代表是基于 region proposal 的 R‐CNN 系算法，如 R‐CNN，Fast R‐CNN，Faster R‐CNN 等。

2）One‐stage 检测算法。这种算法不需要 region proposal 阶段，直接产生物体的类别概率和位置坐标值，比较典型的算法如 YOLO 和 SSD。

这两种算法的区别如下：Two‐stage 检测算法因先定位后识别的框架，最后的检测效果很大程度上依赖于目标定位是否准确，目标是否完全从背景中准确地分割出来，且分离式的定位识别大大降低了检测的实时性；而 One‐stage 检测框架是针对目标分割算法与卷积神经网络模型的统一结合，其将多尺度的定位和识别融合在一起进行统一训练和检测，对于整个检测框架的实时性有了显著改善，为模型的小型化以及在嵌入式设备中的应用提供条件。

（2）基于多波段图像的装备伪装效能仿真系统

目前，为满足装备伪装效能评估速度、精度上的要求，一般需要在 one‐stage 检测框架的基础上，融合现有的多种深度学习框架和传统检测方法的优势，对网络进行改进和优化。开展伪装效能评估仿真包括如下三个方面：

① 算法上增强模型的自适应特征表达

目标检测技术用于军事伪装目标的检测，传统的目标特征提取方法大多基于人为设计，需要设计者具备专业领域的先验知识，面对复杂背景中目标特征提取新任务时，人为设计特征困难较大，加之不同的装备应用场景差异较大，同一动作之间也可能具有很大的相异性，导致通常训练的样本库无法覆盖各种类型的动作需求；另外，复杂背景在动作过程中光照、天气等发生变化都会对特征提取算法的选择和算法的计算结果产生很大的影响；视频采集条件等其他因素也会对目标检测产生影响，如摄像头晃动等。随着神经网络的重新崛起，利用神经网络从数据中学习特征成为突破传统手工设计特征局限性的可行途径，诸如深度神经网络、卷积神经网络（CNN）等深度学习方法能够挖掘出数据的多层表征，而高层级的表征能够反映数据更深层次的本质，进而弥补传统手工特征提取的不足。

深度卷积神经网络的特征检测通过训练数据来进行学习，避免手工显式提取特征；另外，同一特征映射面上的神经元权值相同，网络可以权值共享并行学习，降低网络的复杂性，将多维的图像数据直接输入到网络中，从而避免特征提取和分类过程中数据重建的复杂度。

② 数据上增强小目标检测能力

当目标和成像系统的距离比较远时，在检测的成像平面中仅表现为一个或几个像素的面积，称之为小目标，这时的目标一般缺乏尺寸、形状、纹理等信息。当所检测的地面装备等目标处于战场背景下，距离图像采集设备较远，非常符合小目标检测的特点。

而深度学习方法在深层卷积后会丢失细节信息，所以小目标检测往往更依赖浅层特征，因浅层特征有更高的分辨率，但对语义区分较差。因而，要检测小目标既需要一张足够大的特征图来提供更加精细的特征和更加密集的样本，也需要足够的语义信息来与背景区分开。例如 SSD 算法在兼顾目标检测精度和实时性方面取得了不错的效果，同时具有较好的实时性；Faster RCNN 算法通过 RPN 层输出特定尺度的特征图，在目标检测的时候不足以提供充分有效的信息；SSD 算法针对不同的特征图对应不同尺度大小的目标进行检测，而特征图之间缺乏融合，导致对小目标检测效果不理想。

针对深度学习网络在小目标检测问题上的缺陷，首先采用多种方法尽量增加小目标图像的数据集，并对深度学习网络进行修改，使得深层网络和浅层网络并行，保留浅层的小目标特征直接参与目标的识别和定位，提升网络对小目标的感应区域的上下文信息，目前最常用的方式是采用一种结合特征融合的新型特征抽取方式，用以提升目标检测的精度，算法总体网络框图如图 5-46 所示，基础网络与 SSD 算法类似，在特征图检测的时候，结合 DSSD 算法的特点，实现特征图的融合，不同特征图之间的融合采用反卷积操作，为增强特征图的上下文信息，分别采用 7×7 和 9×9 的卷积神经网络对融合后的特征图进行核对，并将通过各个卷积得到的特征图进行 Concat 运算，得到最终各个层的特征图，通过不同特征及上下文信息的融合，使得原本的特征图信息更加充分，提升目标特征的表达能力。

特征融合网络框架如图 5-46 所示，原始特征图进行 3×3 卷积操作和 Relu 非线性化操作，与上一层反卷积得到的大小一致的特征图进行加操作，实现不同特征图之间的融合，融合后的特征图分别经过 3×3、7×7 和 9×9 的卷积进行处理，充分提取融合后的特征图的上下文信息，最后通过 Concat 操作将不同卷积得到的特征信息进一步合并，并得到最终的特征图，利用该特征完成最终的目标分割和偏移量回归。

对于特别远距离的目标，可以通过雷达先监测到移动目标，并用传统简单的图像处理方法锁定目标位置，后续通过速度等信息推算出目标类别，有效提高目标检测的速度。

③ 硬件上多传感器数据融合协调

虽然通过视觉系统可以实现对战场环境进行检测，但单一的视觉系统容易受到天气和光线的影响，图像质量的降低会影响算法对远处车辆这种小目标的检测；另外，远距离目

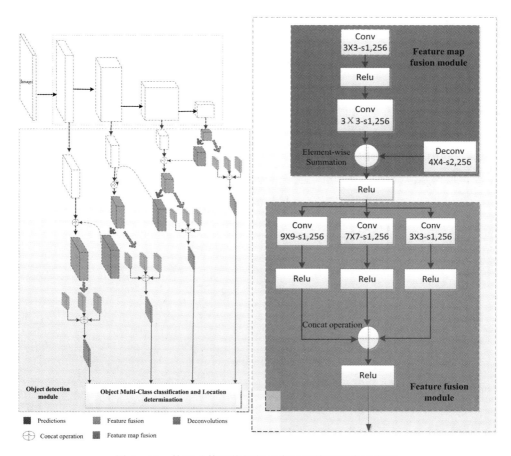

图 5-46　算法总体网络框架示意图和特征融合示意图

标特征信息少，差异小，容易将相似的背景环境误判为目标，因而，可以采用多种传感器融合的方法，增强对具有移动性的待检测目标的检测准确性。

　　雷达波具有波长短，穿透能力强的特点，几乎不受气象条件的影响，且探测性能稳定，测量精度高，实时性强。可将雷达与可见光摄像机空间上的数据融合，可以实现世界坐标系、图像坐标系和雷达坐标系的统一，将雷达检测到的方位信息反馈到可见光相机获得的图像上，进而有效获取目标信息。因此，可建立各个坐标系，并且推导出各坐标系之间的几何变换关系，同时统一传感器之间的采集时间，才能实现雷达和可见光相机间的数据融合，进而实现对目标的全方位信息获取。

　　为解决多传感器数据在空间和时间上的融合难点，首先需要调整雷达的工作频率以适应战场环境目标检测，分析雷达和可见光相机之间的关系，研究并构建两者之间坐标系的投影转换模型，对传感器的空间位置进行合理匹配，从而简化后续的多传感器标定和数据融合难度。

　　通过对精确制导雷达进行改造，使其工作在高频率上，并在结构尺寸的约束下，实现更窄波束及更高的增益，获得更高的距离分辨率、方位分辨率和距离性能，提升目标信噪比，同时，使探测系统与其他电磁系统互不干扰，以适应战场环境的目标检测。通过对各传感器的位置结构进行优化设计，确定雷达与可见光相机之间坐标系的投影关系，在实现系统中，数据融合的过程实质是从不同坐标系转换的过程，如图 5 - 47 所示。

基于雷达和可见光相机的特点，研制两者能够同时探测和成像的特定材料及尺寸的靶标，基于射影几何和齐次坐标变换理论，构建基于雷达和可见光相机的主动立体视觉三维测量模型，采用基于简单几何模型，构建坐标系 $o_w x_w y_w z_w$ 中的点到 $o_v x_v y_v z_v$ 以及 $O_R(\rho, \theta)$ 的投影模型，在此基础上，研究多传感器视觉三维测量的标定方法和测量精度评价方法。常用的数学优化方法，如非线性优化算法、卡尔曼滤波法、粒子滤波等将作为主要手段，以探索出最佳标定方法，实现多传感器之间的数据融合。

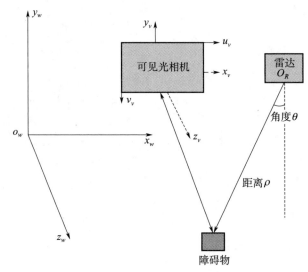

图 5 - 47　用于多波段数据融合的各坐标系示意图

$o_w x_w y_w z_w$ —世界坐标系；$o_v x_v y_v z_v$ —可见光相机坐标系；

$O_R(\rho, \theta)$ —雷达极坐标系；$o_v u_v v_v$ —可见光相机成像坐标系

多传感器数据采集的频率往往不一致，雷达的数据采集频率远高于可见光，故多传感器采集的数据信息很可能不是同一时刻的，考虑数据采集的实时性，需要采取多传感器协同工作机制，实现数据的同步，通过构建多线程同步，分别构建雷达数据接收线程和可见光相机图像采集线程，确保雷达与可见光相机采集数据的时间一致，实现多传感器数据时间上的同步。

（3）装备伪装效能仿真流程

装备伪装效能仿真流程主要包括模型识别和图像识别。

模型识别一般包括网络爬虫模块、模型样本管理模块、集成图像识别模块。网络爬虫模块通过自定义方式，设定爬取地址、筛选条件，获取图片数量、时间，输入筛选条件（类别），获取图片数量，并展示爬取结果，批量删除爬取图片确认样本，自动添加到确定目录；模型样本管理模块实现样本类别维护、批量导入样本，批量删除样本图片、展示样

本；集成图像识别模块处理模型样本获取模型参数信息，并对模型信息查询、导入和导出。

图像识别一般分为图片上传模块、图片清晰化处理模块、集成图像识别模块、结果展示模块。图片上传模块实现图像分片上传，并能实现断点续传；图片清晰化处理模块实现图像经均一化处理以提高信噪比；集成图像识别模块清晰化处理图片，上传到图像识别系统，获取图像分类结果、识别概率；结果展示模块可将原始图片压缩获取缩略图，删除原始图片，并能关联处理图片和缩略图。装备伪装效能仿真流程见表 5-8。

表 5-8 装备伪装效能仿真流程表

序号	系统	功能模块	子模块	功能描述
1	模型识别	网络爬虫模块	自定义爬虫	设定爬取地址,筛选条件,获取图片数量,获取时间
			默认网络爬虫	默认地址,输入筛选条件(类别),获取图片数量
			获取图片筛选	爬取结果展示,批量删除爬取图片,样本确认,自动添加到确定目录
		模型样本管理模块		样本类别维护、批量导入样本,批量删除样本图片、样本展示
		集成图像识别模块	集成	处理模型样本获取模型参数信息
			模型信息维护	模型信息查询,导入、导出
2	图像识别	图片上传模块		图像分片上传、断点续传
		图片清晰化处理模块		图像经均一化处理以提高信噪比
		集成图像识别模块		清晰化处理图片上传到图像识别系统,获取图像分类结果、识别概率
		结果展示模块		考虑上传图片较大,保存较多原始图片占用较大服务器存储空间,图像识别完成,将原始图片压缩获取缩略图,删除原始图片,关联处理图片和缩略图

5.3 伪装效果试验检测技术

通过开展样件级和导弹武器装备级的光学特性、雷达散射特性和红外辐射特征测试，可以确定导弹武器装备光学特性、雷达强散射源和红外辐射特征，验证系统导弹武器装备隐身伪装措施，用于评估导弹武器装备隐身伪装效果。

5.3.1　光学隐身伪装效果试验检测技术

5.3.1.1　光学隐身伪装效果试验检测方法

光学隐身伪装效果试验主要的检测指标参数包括：对抗波段、目标与典型背景优势颜色的色差、目标与背景平均亮度对比、迷彩各颜色斑块间的亮度对比、目标与已有同类目标图像相似度、空中光学图像识别概率。

（1）样件级光学隐身伪装效果试验检测

以目标所在地域的公路、草地、沙地或林地为背景，使用数码相机在不同距离，拍摄隐身伪装样机及背景照片，监测样件在典型背景中的实际隐身效果。使用光谱仪测试导弹武器装备表面不同部位以及背景地物的光谱反射率，转换得到系统与背景目标的三刺激值 X/Y/Z、色品坐标、亮度对比和色差这些光学特性参数，比较分析样件表面与背景之间的亮度和色度差异。详细测试方法参考 GJB 5250A—2021《目标与环境光学特性测试通用要求》。

（2）装备级光学隐身伪装效果试验检测

以公路、草地、沙地为背景，使用数码相机在不同距离处，拍摄导弹武器装备表面及背景的照片，可作为可见光隐身整体效果评估的依据。并测试导弹武器装备表面不同部位与背景在 350～2 500 nm 的光谱反射率，测量各色迷彩图案的颜色和亮度对比值。比较分析装备表面与背景之间的亮度和色度差异。测试方法参考 GJB 5010.2—2003《伪装遮障设计定型试验规程　第 2 部分光学伪装性能试验》。

（3）基于光学图像的目标探测概率计算

基于光学遥感成像模拟的伪装效果检测方法，对高分辨率卫星图像进行分类，通过地物光谱数据库进行反射率转换，获得地面反射率图像；利用大气辐射传输软件 MODTRAN 对图像进行大气修正，结合遥感器辐射定标系数及传感器调制传递函数（MTF），最终得到遥感器输出图像，分析仿真过程中的输出图像，采用目标检测算法得到各种情况下的探测概率。

5.3.1.2　光学隐身伪装效能评估试验

（1）试验方法

评估天基侦察卫星和空基侦察飞机对装备车辆的侦察威胁，可通过调用国内军用或民用的系列侦察卫星，搭载高精度的光学侦察传感器的遥感飞机或无人机，对地面装备进行光学特征摸底测试，研究不同背景、不同时段、不同光照条件下车辆装备的被识别概率。

一是侦察路线策划。在飞机的有效工作时间内，确定飞机满足测试空域、高度、幅宽等需求的飞行路线；根据设定的测试区域范围，即可计算各卫星的过境时间、视角、视矩、高度、地面采样大小等，围绕卫星过境时间安排工作日的航空成像工作。

二是车辆装备目标特征测试方案策划，测试方案尽量覆盖多种状态，包括多种车辆、多种背景环境、多种典型使用工况、多种目标特征。

三是试验实施，按试验大纲规定的方法步骤进行卫星或飞机（有人或无人）遥感拍照。

（2）试验数据处理

对所获取的卫星或空中飞机拍摄的图像进行目标检测，人工判图方法可参考 GJB 5010.2—2003《伪装遮障设计定型试验规程　第 2 部分光学伪装性能试验》。测试数据处理及评定的主要工作包括如下内容：

第一阶段对重点目标区域挑选，完成重点目标区图像的判读和目标初步检测，主要包括：对目标区图像中的各种状态目标进行判读和比对；利用增强、分解等方法对图像进行处理，实现目标增强，进一步判读；对目标特性、可检测性进行初步评估。

第二阶段完成图像的系统性处理和优化，主要包括：对成像场景进行系统拼接；对车辆目标、建筑目标、植被目标等混淆目标进行特征计算，并设计目标辨识算子和检测算法；形成图像目标可检测性报告。

5.3.2　热红外隐身伪装效果试验检测技术

5.3.2.1　热红外隐身伪装效果试验检测方法

红外隐身伪装效果试验主要的检测参数包括：对抗波段、伪装表面与背景平均辐射温差绝对值，热源表面平均温度与同侧车辆表面平均温度之差，伪装表面与背景平均辐射亮度对比，目标与已有同类目标图像相似度，空中红外图像识别概率。

（1）样件级热红外隐身伪装效果试验检测

选取公路、草地、沙地典型背景的场地，将待测隐身伪装样机停放于选好的测试地点，架设红外热像仪，在样机热源启动后，对待测隐身伪装样机及所在区域进行红外特征测试。

对样机开展加装伪装措施前后的中波红外和长波红外成像测试，获取待测样机中波和长波红外图像。确定待测样机红外热源。目标红外特性测试方法详见 QJ 20656—2016《隐身目标动态红外特性测试方法》、QJ 20657—2016《隐身目标红外特性地面静态测试方法》。

中波热像仪和长波热像仪如图 5-48 所示。

图 5-48　中波热像仪（左）和长波热像仪（右）

分析样机伪装前后的中波和长波红外图像，得出样机辐射温差和辐射亮度对比度随时间变化情况，对比研究样机伪装前后辐射特性变化情况。

（2）装备级热红外隐身伪装效果试验检测

对导弹武器装备开展加装伪装措施前后的中波和长波红外成像测试，获取导弹武器装备中波和长波红外伪装前后、冷热状态情况下 24 h 红外图像，确定导弹武器装备红外热源。测试方法详情可参考 GJB 5010.4—2003《伪装遮障设计定型试验规程　第 4 部分中远红外伪装性能试验》。

分析导弹武器装备不同状态中波和长波红外图像，得出导弹武器装备平均辐射温差和辐射亮度对比度随时间变化情况，对比研究导弹武器装备伪装前后辐射特性变化情况。

导弹目标冷态状况下的红外测试方法与地面设备目标的红外测试方法一致。导弹目标尾焰主要通过两种方式实现，一种方式是通过红外加热模块的方式模拟实现，该方法主要针对尾焰温度较低的导弹目标（低于 200℃）；另外一种是直接通过靶场演习试验，在真实环境中获取导弹目标的红外辐射特征。

（3）基于红外图像的目标探测概率计算

目标红外探测概率可用下式表示

$$P_{\mathrm{SNR}_P} = \frac{1}{\sqrt{2\pi}} \int_{-\infty}^{\frac{\mathrm{SNR}_P - \mu}{\sigma}} \mathrm{e}^{-(x^2/2\sigma^2)} \, \mathrm{d}x \tag{5-3}$$

式中　P_{SNR_P}——可察觉信噪比为 SNR_P 时的目标探测概率；

　　　μ——均值；

　　　σ——标准偏差，其值为 1.0。

综合考虑热像仪各组成部分的性能，可以推导出显示器上目标与背景之间的可察觉信噪比为

$$\mathrm{SNR}_P = \frac{1.51\Delta T \left[T_c F\right]^{1/2} Ys}{\mathrm{NETD}_R \rho^{1/2} \left[f_r \beta\right]^{1/2}} \tag{5-4}$$

式中　ΔT——目标与背景之间的温差；

　　　T_c——人眼有效积分时间，其值为 0.2 s；

　　　F——热像仪扫描帧速；

　　　s——系统正弦调制传递函数；

　　　f_r——目标基本频率；

　　　β——系统空间分辨率；

　　　NETD_R——探测系统噪声等效温差。

对于多元探测器系统有

$$\mathrm{NETD}_R = \frac{\mathrm{NETD}}{n}$$

式中　NETD——单元探测器噪声等效温差；

　　　n——探测器数目。

系统的噪声等效带宽为

$$\rho = \frac{\int_0^\infty g^2 \cdot r_c^2 \cdot r_m^2 \operatorname{sinc}^2(f/2f'_r)\mathrm{d}f}{\Delta f_R} \tag{5-5}$$

式中　γ_c——电子放大器及视频处理器的调制传递函数；

　　　r_m——监视器调制传递函数；

　　　f_r——目标基本频率，单位为 Hz；

　　　g——系统增益；

　　　Δf_R——系统噪声带宽。

5.3.2.2　红外隐身伪装效能评估试验

红外隐身伪装效能评估试验采集的数据主要包括装备车辆的红外辐射图像，并可根据红外辐射图像数据，计算获取装备整车辐射温度平均值和发动机热源区域平均值。试验根据装备使用冷热待机的工况开展，每个工况分 24 小时，测试每间隔 2 小时发动机工作前后 4 个测试方位角的红外辐射特性，4 个测试方位角一般选取 0°、90°、180°、270°，以车辆前进方向为方位角 0°方向，分析处理车辆红外辐射特性随测试时间、测试角度的变化情况，为车辆提供红外辐射特性数据支撑，并为车辆伪装隐身方案设计提供参考。根据设备放置平台的不同，可以在地面和空中平台分别测试装备红外辐射特性。以某装备隐身伪装效能评估测试为例，展示红外隐身伪装效能评估试验的有效性。

（1）试验方法

装备红外性能测试试验选取试验场区内现有地貌背景，将装备停放在距离测试设备一定距离的位置，测试设备（中、长波热像仪）通过高空作业车或无人机挂载的方式，保证架设在与装备呈一定角度的位置，在底盘发动机、上装柴油发电机组启动前（冷机）和启动后 30 min（热机），对装备及背景进行红外性能测试。伪装前和伪装后两种状态，分两个昼夜完成测试，一个昼夜时间内，每隔 1～2 小时进行一个周期试验数据采集。同时用点温计对装备表面温度进行测量。红外辐射特性测试系统原理图如图 5-49 所示。

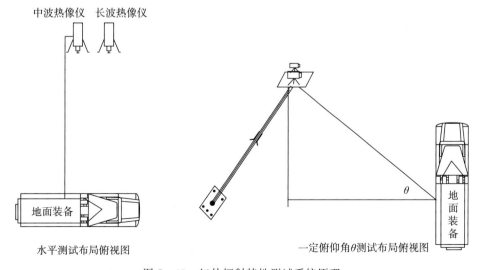

图 5-49　红外辐射特性测试系统原理

（2）试验数据处理

本次测试俯仰角固定为 $10°$，分别在 $0°$、$90°$、$180°$、$270°$ 方位角下，测试了装备在冷态和热态（仅模拟装备启动）的红外辐射特性，背景温度为测试视场内植被温度，装备裸车中波红外辐射特性分析数据介绍见表 5 - 9～表 5 - 12（以测试方位角 $270°$ 为代表展示）。

表 5 - 9　装备裸车冷态中波红外辐射特性随时间变化

测试状态 时间	平均辐射温度/℃		辐射温差/℃
	装备裸车冷态	背景	
T_1	35.79	28.21	7.58
T_2	29.31	26.57	2.74
T_3	15.36	13.14	2.22
T_4	12.75	10.60	2.15
T_5	10.54	9.40	1.14
T_6	20.62	20.66	−0.04

表 5 - 10　装备裸车热态中波红外辐射特性随时间变化

测试状态 时间	平均辐射温度/℃		辐射温差/℃
	装备裸车冷态	背景	
T_1	35.85	28.67	7.18
T_2	29.22	24.54	4.68
T_3	16.24	11.58	4.66
T_4	13.65	11.20	2.45
T_5	11.68	8.76	2.92
T_6	23.09	23.02	0.07

表 5 - 11　装备伪装冷态中波红外辐射特性分析

测试状态 时间	平均辐射温度/℃		辐射温差/℃
	装备裸车冷态	背景	
T_1	31.71	29.07	2.64
T_2	32.05	30.21	1.84
T_3	20.23	16.86	3.37
T_4	13.6	9.83	3.77
T_5	9.42	7.74	1.68
T_6	16.50	16.10	0.40

表 5 - 12　装备伪装热态中波红外辐射特性随时间变化

测试状态　　时间	平均辐射温度/℃		辐射温差/℃
	装备裸车冷态	背景	
T_1	32.86	30.67	2.19
T_2	30.88	27.81	3.07
T_3	21.09	15.18	5.91
T_4	16.27	11.65	4.62
T_5	13.96	12.42	1.54
T_6	18.62	17.08	1.54

装备伪装前、后中波红外辐射特性随时间变化情况汇总如图 5 - 50 所示。

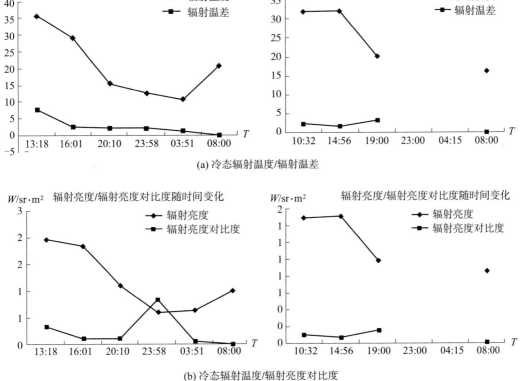

(a) 冷态辐射温度/辐射温差

(b) 冷态辐射温度/辐射亮度对比度

图 5 - 50　装备冷态伪装前后辐射特性对比

根据上述红外辐射特性数据分析，无论是冷态还是热态，装备伪装后与背景之间的平均温差得到了有效抑制，具体平均温差分析见表 5 - 13。

表 5 - 13　装备伪装后冷态、热态中波红外辐射特性

测试方向角/(°)	目标平均辐射温度/℃	背景平均辐射温度/℃	辐射温差/℃
270	19.53	17.72	1.81
270	20.90	18.43	2.47

由于在本次测试过程中，天气由晴天转至阴天，导致背景温度稍降低，但伪装前后与测试时的背景温度比较仍有一定的参考价值。

伪装后，装备典型发热部位（发动机、排烟管、进气格栅）的热辐射特征完全被覆盖；伪装表面与背景的平均辐射温差绝对值不大于4℃。

5.3.3　雷达隐身伪装效果试验检测技术

5.3.3.1　雷达隐身伪装效果试验检测方法

雷达隐身伪装效果试验的检测指标参数包括：对抗波段、目标强散射源与弱散射源的散射强度相关性、目标 RCS 值、目标与已有同类目标图像相似度、SAR 图像的识别概率。

（1）样件级雷达隐身伪装效果试验检测

将待测隐身伪装样机（样品）停放于指定测试位置，并调整好车的姿态，分别测试各特征方位角、波段的雷达散射特征。材料反射率测试方法详见 GJB 2038—2011《雷达吸波材料反射率测试方法》，目标 RCS 测试方法详见 GJB 5022—2001《室内场缩比目标雷达散射截面测试方法》。图 5 - 51 为采用弓形法测试某雷达吸波材料样件反射率的示意图，实验室背景安装吸波材料消除背景影响，主要设备包括圆弧形支架、试验品放置台、发射/接收天线、网络分析仪。

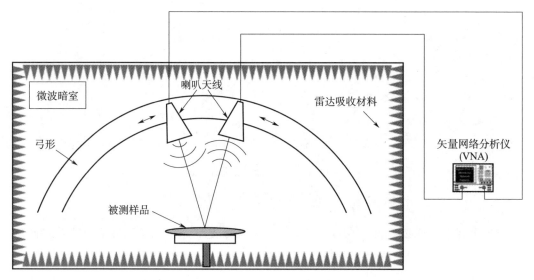

图 5 - 51　采用弓形法测试某雷达吸波材料反射率示意图

（2）缩比模型雷达隐身效果检测试验

利用缩比模型进行目标的雷达散射特性和隐身效果检测是隐身和反隐身设计中常用的一种试验。利用该试验可以对非合作目标和合作目标的雷达散射特性进行摸底试验研究。

试验方法：根据微波实验室最大可测量目标尺寸确定缩比模型的比例，利用透波泡沫支座支承缩比模型，目标 RCS 测量采用自由空间反射的相对标定法进行测量，利用二维成像测量模型的强散射区。

下面介绍某缩比导弹发射车模型实测示例。

某缩比试验测试方案：车辆模型缩比 1∶10，按金属模型和涂覆吸波涂料后的模型进行先后测量，频率范围 2.6～18 GHz（扫频和点频），重点测量部位角度：车辆的头部、尾部、顶部、正侧面、45°，极化方式：HH，VV。

主要试验测量设备：矢量网络分析仪、发射机、接收机、天线、目标方位控制系统、数据处理计算机等。

试验主要步骤：

1）测量微波暗室的背景响应；

2）测量标准金属球获得定标参考体的响应；

3）按试验方案测量目标响应，经数据处理得到目标 RCS 曲线；

4）进行二维成像测量，获得目标的雷达二维图像。

试验结果如图 5 - 52 ～图 5 - 56 所示（数据分析和雷达隐身效果评估从略）。

（3）装备级雷达隐身伪装效果试验检测

将导弹武器装备停放于指定测试地点，并调整好车的姿态方位角为 0°、90°、180°、270°，分别测试各特征方位角在 Ka，Ku，X，C，S，L 等波段的 RCS 值，开展二维雷达成像，得到散射热点图像。测试状态包括导弹武器装备加装隐身伪装措施前后两种状态。

地面装备级测试方法可参考 GJB 5010.3—2003《伪装遮障设计定型试验规程　第 3 部分雷达伪装性能试验》。导弹等飞行器雷达散射截面测试方法可参考相关试验规范和国军标。

装备不同角度姿态下的 RCS 值，通过散射截面测试仪测试获取。图 5 - 57 为散射截面测试仪测量系统电气及结构布局示意图。

散射截面测试仪主要由天馈系统（包括天线、前馈、功放），发射组合、本振组合、接收机、频率综合器、波形产生器、控制组合、A/D 采集主控计算机等部分组成，如图 5 - 58 所示。天线包含发射天线和接收天线；频综器包含信号频综、发射和接收本振频综及波形产生器等；发射组合包括信号上变频、滤波、放大、射频信号调制、发射信号产生，输出信号直接驱动大功率放大器；接收机包括接收机限幅保护、镜像抑制、放大、下变频到中频输出至中频接收机。

天线的作用是集中微波能量进行发射和接收，当天线波束对准被测目标后，通过天线接收目标回波。某 L、Ka 波段测试天线性能主要技术指标见表 5 - 14，几何关系如图 5 - 59 所示。

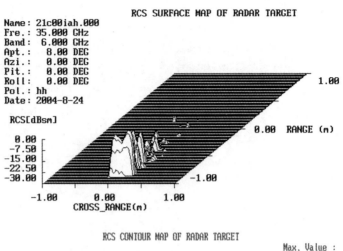

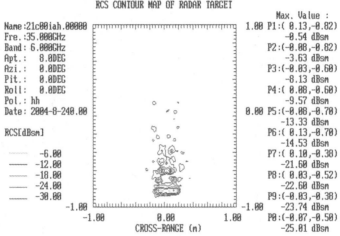

图 5-52　模型平放状态 0°入射的二维成像图（HH）

表 5-14　L、Ka 波段天线设计主要指标

天线波段	天线类型	天线口径/m	3 dB 宽度/(°)	天线增益/dB
L	缝隙阵天线	1.0	≥10	≥15
Ka	喇叭天线	0.2	≥10	≥15

　　频综器即频率综合器，产生系统所需的波形信号和各种频率的本振信号。它以高稳晶振作为振荡源，通过频率变换产生发射和接收本振信号及发射的基带信号。本振信号通过 PDRO、DDS、梳状波方式产生，该信号共分两路，分别用于发射信号上变频和接收射频信号下变频的本振信号。

　　发射机将频率综合器产生的基带信号和本振信号进行上变频、滤波、放大、脉冲调制后，输出小功率发射信号至行波管或者功率放大器进行大功率推动发射。由于该链路覆盖多个波段且有一定的带宽，故发射机链路中需要通过多波段切换和宽带滤波等。

　　接收机接收来自天线组件的回波信号，经限幅、衰减、放大、下变频、滤波后形成中

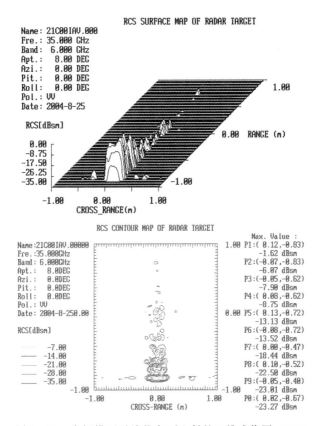

图 5-53　车辆模型平放状态 0°入射的二维成像图（VV）

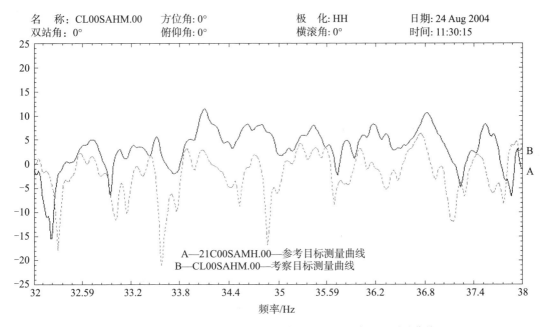

图 5-54　模型立放时正对车头的扫频（8 mm 波段）测量曲线

目标RCS曲线

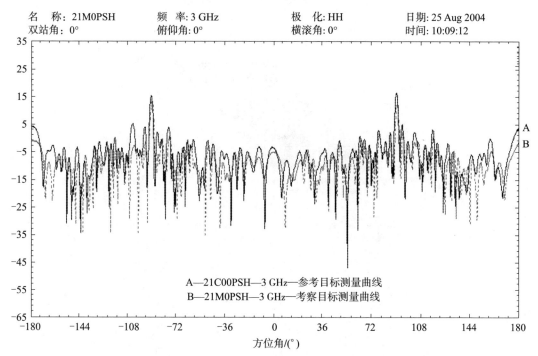

图 5 - 55　模型立放时点频测量曲线（频率：3 GHz、极化：HH）

目标RCS曲线

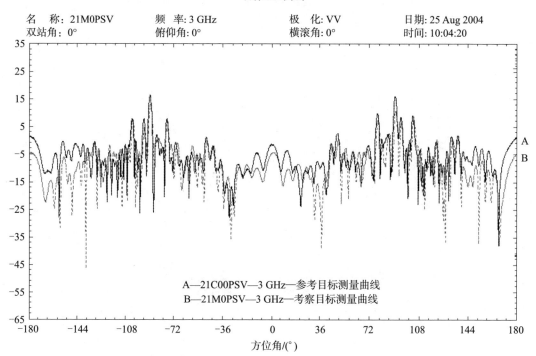

图 5 - 56　模型立放时点频测量曲线比较（频率：3 GHz、极化：VV）

图 5 - 57　散射截面测试仪电气及结构示意图

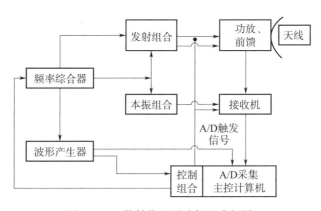

图 5 - 58　散射截面测试仪组成框图

频信号，数控衰减器控制信号幅度以限制每一级信号线性放大，数控衰减器控制信号幅度以限制每一级信号线性放大，确保信号输入 ADC 采样的准确性。接收机包括 LNA（低噪声放大器）、混频器、滤波器、中频放大器等电路。

　　系统控制软件主要实现对系统频综控制，同时控制发射和接收的信号的同步及回波信号的数字化接收。通过数据记录、存储、分析，完成对回波信号的采集存储，并能够通过

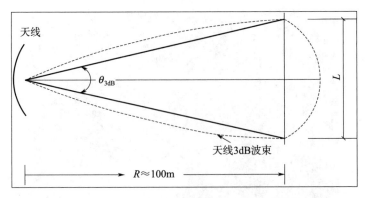

图 5 - 59　计算天线波束横向展宽尺寸示意图

软件设定触发方式、采集率、采集通道数以及记录方式和显示记录状态等。

（4）基于雷达图像的目标探测概率计算

根据雷达的实际，确定虚警概率 P_t

$$P_t = 1 - I\left[\frac{y_b}{\sqrt{N}}, N - 1\right] \tag{5-6}$$

由上式和信噪比表示的雷达方程（以单基地雷达为例）

$$R_{\max} = \left[\frac{P_t G^2 \lambda^2 \sigma_t D}{(4\pi)^3 k T_0 B_0 F_n (\text{SNR})_0 L}\right]^{1/4} \tag{5-7}$$

式中　$R_{\max}$——雷达对目标的最大探测距离；

　　　P_t——发射功率；

　　　G——天线增益；

　　　λ——雷达波长；

　　　σ_t——被探测目标的后向散射截面；

　　　D——输入信号的时宽带宽积；

　　　k——玻耳兹曼常数；

　　　T_0——接收机的等效噪声温度；

　　　B_0——接收机的等效噪声带宽；

　　　F_n——接收机的噪声系数；

　　　$(\text{SNR})_0$——信噪比；

　　　L——损耗因子。

雷达发现概率

$$P_d = \exp(-\sqrt{MK}\sigma_t) \int_\beta^\infty U \exp\left(-\frac{U^2}{2}\right) \cdot I_0(U \cdot M^{1/4}\sqrt{2K\sigma_t}) \mathrm{d}U \tag{5-8}$$

雷达发现目标的概率可用脉冲积累数 M，雷达各参数的参量 K 以及被探测目标的后向散射截面 σ_t 描述。当目标 RCS 服从某一标准分布时（如对数正态分布或瑞利分布），由 RCS 值利用雷达方程可确定信噪比，进而根据信噪比与检测概率关系曲线，估算出雷达发现目标的概率。

5.3.3.2　一种合成孔径雷达目标隐身伪装效能评估试验方法

这里介绍萨博集团技术人员提出的一种在合成孔径雷达图像中评估伪装材料伪装效果的方法（参考 Saab Barracuda AB 2015《合成孔径雷达图像中静态网伪装效果评估》），他们针对标准化的目标进行伪装，利用合成孔径雷达融合技术将伪装目标的 ISAR 数据和 SAR 杂波数据相结合，通过图像数据分析，确定目标与背景的对比度，从而确定伪装的有效性，评估目标在背景中的伪装效能，测试目标为 STANDCAM 装甲车辆和静态伪装网。

（1）试验方法

ISAR 的测量是由瑞典国防研究局在雷达测试场（Lilla Gara）进行的。天线架设在地面上方约 1.6 m 处（图 5-60），并在距离天线 163 m 处架设转台，作为被测区域。试验所提供的数据是在带宽为 1.5～10 GHz 下测量的。最大测试分辨率为 0.1 m。

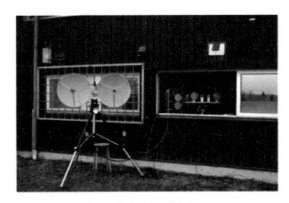

(a)X波段天线安装在三脚架上　　　　　　(b)STANDCAM位于距天线163 m的转台上

图 5-60　ISAR 测量场地设置

①测试对象

本次测试对象为 STANDCAM（图 5-61），左侧是履带式，右侧为轮式。STANDCAM 的设计类似于现代装甲装备，尺寸稍小。然而其雷达截面积峰值为 30 dBsm。

图 5-61　轮式目标侧面图和履带式目标侧面图

②伪装措施

试验所使用的伪装网根据目标尺寸制作（同型号）。伪装网被固定在木架及玻璃纤维增强塑料支撑杆上（图 5 - 62），木架延伸到转台之外，玻璃纤维增强塑料支撑杆被用来架设伪装网。杆子的位置由转台上的木质材料决定。

图 5 - 62　木质支撑结构被用作伪装网和支撑杆建立固定点

图 5 - 63 显示了计算机辅助设计环境设置和现场试验期间的设置之间的比较。

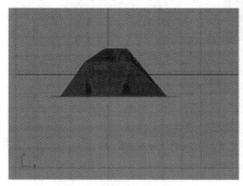 

(a)计算机辅助设计绘图　　　　　　　　(b)试验期间实物设置状态

图 5 - 63　计算机辅助方法设计的伪装网

（2）试验数据处理

图 5 - 64 为测试对象的雷达散射截面分析结果，以及 STANDCAM 在伪装前后的 ISAR 数据图像。目标特征外形轮廓、履带或车轮清晰可见，通过伪装后，其 RCS 值显著降低，雷达散射特征也明显减弱。

考虑到用于伪装评估的机载合成孔径雷达试验既复杂又昂贵，采用压缩感知方法，从相同的视角以试验数据信息为输入，模拟不同背景中相同车辆的雷达散射特征，进而评估

Configuration:	GEN-NAT-MEDEL
Fitername HH:	KAL-Gen-nat-medel-X-HH-0dx
Fitername VV:	KAL-Gen-nat-medel-X-VV-0dx
Date:	2014-04-29
Band:	X(10GHz)
Polarisation:	VV/HH

Average RCS Reference(HH):	14.6 dBsm
Average RCS Target(HH):	4.6 dBsm
Average RCS Reduction(HH):	10.0 dB
Peak RCS Reduction(HH):	27.0 dB
Average RCS Reduction(VV):	13.3 dBsm
Average RCS Target(VV):	5.5 dBsm
Average RCS Reduction(VV):	7.8 dB
Peak RCS Reduction(VV):	17.0 dB

(a) 伪装目标的可见光照片和统计数据

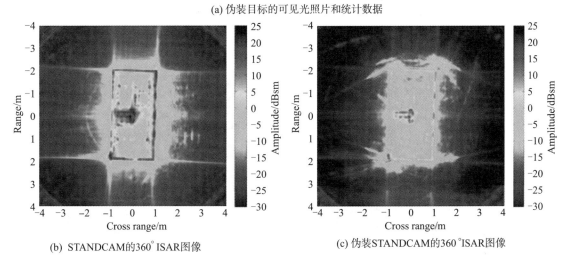

(b) STANDCAM的360°ISAR图像　　　　　　(c) 伪装STANDCAM的360°ISAR图像

图 5-64　ISAR 测量结果（见彩插）

目标的伪装性能。即，将目标的 ISAR 图像分解成散射体，将已测量的背景分解成散射体，散射体的集合随后被用于创建目标、背景和阴影的混合。该方法包括以下步骤：

1）从 ISAR 测量中提取目标特征，如图 5-65 所示；

2）从合成孔径雷达测量中提取杂波；

3）创建杂乱的背景，如图 5-66 所示；

4）创建阴影和衰减，如图 5-67 所示；

5）结合杂波和目标特征，如图 5-68 所示；

6）添加合适的噪声等级。

合成孔径雷达数据的分辨率为 0.3 m，图 5-69 中的上框被识别为树冠，下框是草。树的后向散射系数比树高大约 10 dB。

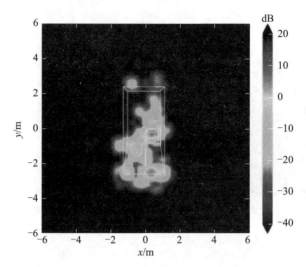

图 5 - 65　ISAR 数据中提取目标特征（见彩插）

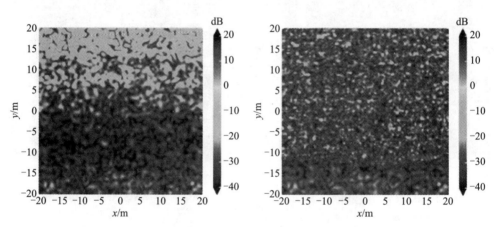

图 5 - 66　合成背景雷达数据图像生成（见彩插）

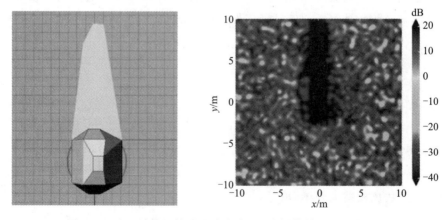

图 5 - 67　3D 计算机辅助设计的雷达阴影图像效果（见彩插）

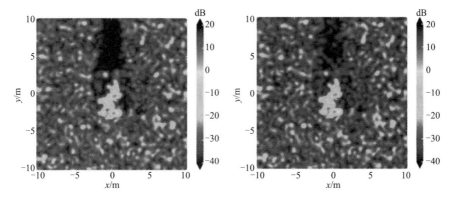

图 5 - 68　目标与背景中雷达散射特征数据模拟（见彩插）

图 5 - 69　地面合成孔径雷达图像提取不同类型背景（箭头标出一片树叶和草地）（见彩插）

　　将 ISAR 数据重新采样到 1 m 的分辨率，合成孔径雷达图像如图 5 - 70 所示，在上述定义的两个杂波水平的背景下，模拟目标伪装前后状态的雷达散射特征。提取目标的雷达散射截面，计算两幅图像中背景的对比度，该值作为有效性的值。很明显，图 5 - 70（a）和（b）中，低杂波下，目标与背景的对比度太高判定为无效伪装，但是在高杂波环境下，对应落叶乔木，伪装网非常有效。

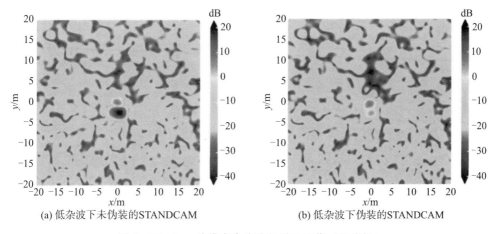

(a) 低杂波下未伪装的STANDCAM　　　　　　　(b) 低杂波下伪装的STANDCAM

图 5 - 70　1 m 分辨率合成孔径雷达图像（见彩插）

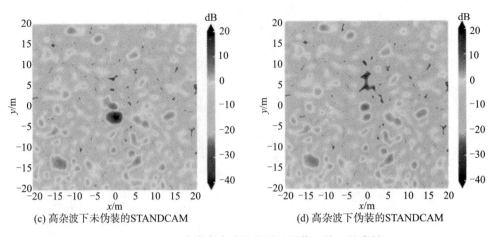

(c) 高杂波下未伪装的 STANDCAM　　　　　(d) 高杂波下伪装的 STANDCAM

图 5-70　1 m 分辨率合成孔径雷达图像（续，见彩插）

分辨率为 0.3 m 时，伪装前后的 STANDCAM 合成孔径雷达图像差异较大（图 5-71），可以看到，目标周围有一个阴影，这是由伪装网对电磁波的衰减作用引起的，并且，可以从车辆中分辨出单个强散射体。

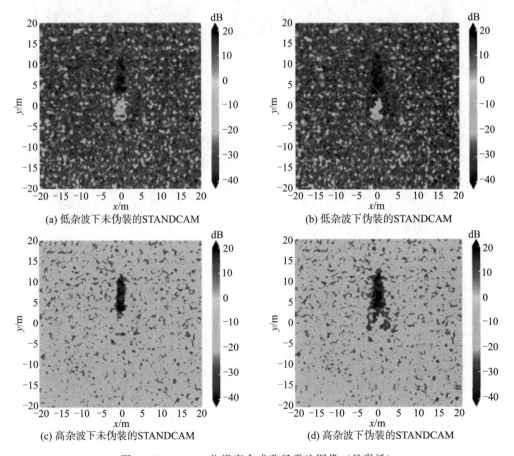

(a) 低杂波下未伪装的 STANDCAM　　　　　(b) 低杂波下伪装的 STANDCAM

(c) 高杂波下未伪装的 STANDCAM　　　　　(d) 高杂波下伪装的 STANDCAM

图 5-71　0.3 m 分辨率合成孔径雷达图像（见彩插）

5.3.4　多波段隐身伪装效果评估技术

5.3.4.1　地面车辆目标的多波段隐身伪装效果评估试验测试方法

　　为评估导弹武器地面装备在不同使用工况下的隐身伪装效果，对导弹武器装备施加隐身伪装措施前、后的状态开展试验测试。主要方法是租用遥感卫星及遥感飞机服务，搭载高精度光学、红外、雷达和高光谱侦察传感器，对导弹武器装备车辆进行多波段目标特征测试，计算导弹武器装备典型工况下被识别概率。武器系统地面装备伪装效能评估试验示意图如图 5-72 所示。具体步骤为：

　　1）导弹武器装备预先放置在飞机或卫星经过的路径上；

　　2）飞机或卫星平台分别搭载光学、红外和雷达传感器载荷在测试场地上空开展侦察测试，获取目标的光学、红外、雷达目标特性图像信息；

　　3）邀请经过训练的目标特性判读员，对所探测到的天基/空基侦察图像资料进行人工判读和识别，得出多波段图像中目标被发现概率和识别概率。

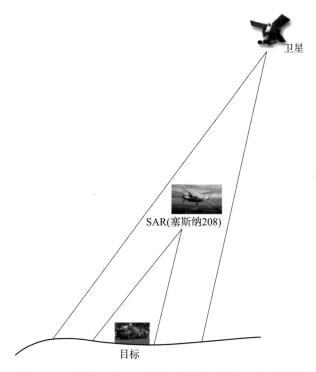

图 5-72　武器系统地面装备伪装效能评估试验示意图

5.3.4.2　多波段隐身伪装效果评估计算

　　（1）装备光学伪装效能评估试验

　　无人机搭载特定分辨率的数码相机，或调用特定分辨率的光学侦察卫星，拍摄装备加装伪装前、后，于不同背景、使用工况下的光学照片，计算装备在伪装前、后的光学图像识别概率。计算方法参见 5.2.4.1 节。

（2）装备红外伪装效能评估试验

无人机搭载中波和长波红外热像仪，调用特定分辨率的红外侦察卫星，拍摄装备伪装前、后，于不同背景、作战工况下的红外辐射特性照片，计算装备在伪装前、后，于不同背景、工况下的红外图像识别概率。

根据大量的试验和相关研究可知，热红外侦察条件下，典型目标识别概率大概服从正态分布特征，正态分布模型可由下式表示：

$$p = \frac{1}{\sqrt{2\pi}\,\sigma} \int_{-\infty}^{\Delta T'} \mathrm{e}^{-\frac{(x-u)^2}{2\sigma^2}} \, \mathrm{d}x \qquad\qquad (5-9)$$

式中　$\Delta T'$——目标与背景被系统所探测的温差；

　　　x——伪装后目标表面的平均辐射温度；

　　　u——伪装前目标表面的平均辐射温度；

　　　σ——伪装后目标表面辐射温度值的方差。

在计算红外识别概率中，需要注意成像传感器的特征参数和目标与背景的辐射温差参数。其中，热成像仪的最小可分辨温差（MRTD），同时反映了系统温度灵敏度和空间分辨率，引入了系统各环节对仪器性能的影响，并且与目标的正确判读概率相联系，因而能够全面代表系统探测能力。

系统所给定的 MRTD 值是在对线状目标的探测概率为 90％ 的条件下确定的，不同探测概率条件下使用 MRTD 必须进行不同探测概率水平间换算。根据 90％ 探测概率要求的换算系数，K 为 1.5，则 MRTD 的均值 U（50％ 探测概率水平下）为：$U = \mathrm{MRTD}/K$。X 为与 K 相对应的探测概率水平所要求的临界值，即标准正态分布函数的上限值。

由于 MRTD 是与正确的判断概率相联系的，因而热成像系统对目标与背景的温差 ΔT 是一个遵从正态分布的随机变量，是与一定的探测概率相联系的。当目标与背景的温差 ΔT 减小至 MRTD 以下时，热成像系统就不能有把握地探测出目标与背景的差别。实际应用中，目标与背景被系统所探测的温差 $\Delta T'$ 要进行修正，即

$$\Delta T' = \frac{\Delta T}{K} \sqrt{\frac{7}{m}}$$

其中

$$m = 2nL/H$$

式中　n——视觉探测等级所要求的线对数，即发现为 1，识别为 4；

　　　L——实际目标的长度；

　　　ΔT——辐射温度差。

空间分辨率和垂直视场将根据热成像仪的指标给出相应参数。由上述可知，当明确热成像仪性能参数，目标与背景辐射温差等参数后，可以采用上述公式计算伪装目标在热成像仪探测条件下的识别概率。

（3）装备雷达伪装效能评估试验

无人机搭载雷达 SAR 特征成像设备，调用特定分辨率的 SAR 特征成像卫星，拍摄装

备伪装前、后，于不同背景、作战工况下的 SAR 特征成像照片，计算伪装前、后，装备在不同背景、工况下的 SAR 图像识别概率。

　　由于目标姿态的微小变化和背景地物的微弱运动，再加上面目标可近似地看成是多个点目标微波散射的相量叠加，因此目标和背景的 RCS 往往表现出变化起伏的特性，所以说雷达目标的检测是一个概率问题。雷达目标的检测概率与背景的散射特性有关，相同的目标在不同的背景下雷达的检测概率有显著差异。检测概率计算的前提是已经掌握了背景和目标的雷达散射特性，然后根据相关模型计算检测概率，雷达检测概率的计算主要涉及两方面的问题：一是目标雷达散射截面和背景后向散射系数的概率密度分布函数，二是检测阈值的确定，二者确定后即可计算出目标发现概率，同时还可计算出虚警概率，前者涉及目标 RCS 和背景杂波的统计特性研究，后者涉及阈值的确定方法问题。雷达识别概率密度函数为

$$p = \frac{1}{\sqrt{2\pi}\,\sigma} \int_b^a \mathrm{e}^{-\frac{(t-u)^2}{2\sigma^2}} \, \mathrm{d}t \qquad\qquad (5-10)$$

　　背景的雷达散射特性的影响因素：背景地物的分布和地形起伏均会对雷达后向散射特性造成重要影响，引起测量值的波动。根据相关文献资料，背景后向散射系数的主要变化范围为：林地型背景后向散射系数介于 $-12 \sim -8$ dB；草原型背景的后向散射强度仅次于林地型背景，后向散射系数在 $-18 \sim -10$ dB；荒漠型背景的后向散射系数多为 $-30 \sim -20$ dB；戈壁型背景的后向散射系数介于 $-21 \sim -16$ dB 之间；雪地型背景的后向散射系数一般为 $-7 \sim -3$ dB；对于建筑物背景，其后向散射系数可达 $-10 \sim 0$ dB。背景杂波的统计模型有多种，其中高斯统计模型便于计算，表达式如下：

$$f(x) = \frac{1}{\sqrt{2\pi}\,\sigma} \mathrm{e}^{-\frac{(x-u)^2}{2\sigma^2}}, \sigma > 0$$

　　装备目标的雷达散射特性的影响因素介绍如下：由于目标在背景中的姿态是随机的，因此对于敌方雷达探测来说，目标的方位角、俯仰角也是随机的，则目标的雷达散射截面也是随机变化的。统计函数可用来描述目标雷达散射截面的变化规律，理论上，只要获得目标各个方位角和俯仰角的雷达散射截面值，就可以根据 RCS 的变化范围和方差，建立 RCS 的统计函数模型。首先可通过试验所获取的图像信息，测量目标不同工况下的 RCS，根据这些数据可以拟合出与数据最吻合的概率密度分布函数。某些概率密度分布函数的表达式复杂，需要采用编程计算，如果对精度要求不高的情况下，可采用高斯分布函数进行计算。由于背景后向散射系数为单位面积的 RCS，因此，目标 RCS 应转化为单位占地面积的 RCS，即用目标 RCS 除以目标的平面面积。根据实验数据，假设某目标伪装前平均散射值 u（单位面积）为 -0.54 dB，主要变化幅宽 12.62 dB；设目标 RCS 统计函数为高斯分布，动态范围置信度为 80%，则方差 σ 为（12.62/2.6）db＝4.85 dB，相应的概率密度函数为

$$f(x) = \frac{1}{4.85\sqrt{2\pi}} \mathrm{e}^{-\frac{(x+0.54)^2}{2 \times 4.85^2}}, \sigma > 0 \qquad\qquad (5-11)$$

式中　　x ——伪装后的 RCS 平均散射值。

经典检测理论，首先确定一个较低的虚警概率，再根据噪声的统计分布函数确定检测阈值，雷达对空监视往往杂波很小，噪声主要来源是器件的热噪声，因此，即便是虚警概率非常小（小于10^{-8}）确定的检测阈值，计算出来的发现概率依然很大（高达99%），能够满足使用要求，但对地杂波强烈环境下的目标检测，不可能出现虚警概率小，且发现概率高的情况，这涉及虚警概率的取值问题。根据杂波的统计特性，研究杂波的主要变化范围（如80%）以确定检测阈值，此时背景回波高于或低于检测阈值的概率（即虚警概率）为10%，类似于恒虚警检测，虚警概率值也可以根据需要适当调整。因此，根据背景的主要变化范围，确定恒虚警值（10%），然后确定相应的检测阈值，并根据目标的统计特性计算识别概率是一种相对较好的办法。

若背景的后向散射系数主要变化范围为$-12\sim-8$ dB，由于目标比背景散射强，可以-8 dB 为检测阈值，当目标强度高于-8 dB 时，即目标可被雷达检测。则目标被雷达检测的概率为93.8%，计算公式如下

$$p=\int_{-8}^{\infty}\frac{1}{4.85\sqrt{2\pi}}\mathrm{e}^{-\frac{(x+0.54)^2}{2\times4.85^2}}\mathrm{d}x \qquad (5-12)$$

目标散射强于背景，虚警概率为10%，目标弱于背景-12dB 的可能性很小，概率忽略不计。对于道路、机场等雷达回波弱于背景的目标检测概率，其在林地背景中的检测概率可按照下式计算

$$p=\int_{-\infty}^{-8}\frac{1}{4.85\sqrt{2\pi}}\mathrm{e}^{-\frac{(x+0.54)^2}{2\times4.85^2}}\mathrm{d}x \qquad (5-13)$$

基于所获取的装备光学、红外和雷达伪装效能评估试验数据，分析装备的综合识别概率。

实际战场中，对手的侦察手段往往包括光学、红外、雷达等探测方式，通过不同探测方式之间的相互佐证、相互支持，实现对目标的精准识别。

一般而言，如果采用某种手段已经初步识别了目标，接下来就是各种手段相互佐证确认目标，从实战角度考虑，应取多种手段中最大的识别概率，来评定伪装效果。

因而，定义综合识别概率来衡量目标的伪装效果

$$p_d=\max(p_1,p_2,\cdots,p_i) \qquad (5-14)$$

式中　p_i——第i种探测手段的识别概率。

（4）多波段隐身伪装效果评估案例

下面根据不同的侦察场景，采用上述方法，对装备目标在背景中的伪装能力进行评估。装备目标尺寸约为 11 m×3 m×3 m，假定不同的预设场景，利用评估模型计算目标识别概率，评估分析伪装能力，被识别概率越低，则伪装能力越强。

选取常用的三种类型场景进行伪装能力评估分析，包括晴朗白天、夜间/多云天气条件、战前侦察场景。

①晴朗白天侦察

假定不同的侦察场景和条件如下。

侦察方式：侦察主要手段为可见光和雷达；可见光传感器数量多、装备先进、探测能力较强，雷达侦察手段可用的传感器数量少、装备先进程度一般、侦察能力一般。则从侦察能力而言，可见光探测侦察权重更大，设为 0.7，雷达探测能力为 0.3。

侦察能力：可见光探测方面，光学传感器拍摄照片的比例尺为 1∶10 000，航空照片分解力为 100，判读时照片放大倍数为 1，大气消光系数、摄影摄像反差系数为 1.6。雷达探测方面，在林地背景中，检测阈值可设为 −5dB。

目标伪装前后的特性：伪装前目标与背景的亮度对比 $r_0∶r_b$ 为 1.25，目标的平均散射系数为 20 dB，波动范围为 20 dB。通过施加伪装网、迷彩涂料、伪装遮障等伪装措施后，目标与背景的亮度对比 $r_0∶r_b$ 为 1.05，目标的平均散射系数为 0 dB，波动幅宽为 20 dB。

根据上述相关参数进行伪装能力识别概率计算可知：伪装前，光学识别概率约为 80.5%，雷达识别概率约为 99%，综合识别概率为 99%。伪装后，光学识别概率约为 37.2%，雷达识别概率约为 74.2%，综合识别概率为 74.2%。伪装后目标的被识别概率大幅降低，伪装能力得到显著提升。

②夜间/多云天气条件侦察

与白天侦察方式不同，夜间/多云天气条件侦察主要是红外和雷达侦察识别，假定不同的侦察场景和条件如下。

侦察方式：侦察主要手段为红外和雷达；红外传感器数量多、装备先进、探测能力较强，雷达侦察手段可用的传感器数量也较多、装备先进、侦察能力强，则从侦察能力而言，两者的权重可视为相等，均为 0.5。

侦察能力：红外探测方面，最小可分辨温差（MRTD）为 1.6。雷达探测方面，在林地背景中，检测阈值可设为 −5 dB。

目标伪装前后的特性：伪装前目标与背景的温差 ΔT 为 6 ℃，目标的平均散射系数为 10 dB，波动幅宽为 20 dB。通过施加伪装网、迷彩涂料、伪装遮障等伪装措施后，目标与背景的温差 ΔT 为 4 ℃，目标的平均散射系数为 −5 dB，波动范围为 20 dB。

根据上述相关参数进行伪装能力识别概率计算可知：伪装前，红外识别概率约为 99.3%，雷达识别概率约为 97.4%，综合识别概率为 99.3%。伪装后，红外识别概率约为 74.4%，雷达识别概率约为 50.0%，综合识别概率为 74.4%。伪装后目标的被识别概率大幅降低，伪装能力得到显著提升。

③战前侦察

为了充分了解战场的情况，战前往往动用各种手段进行反复侦察，假定不同的侦察场景和条件如下。

侦察方式：侦察主要手段包括可见光、红外、雷达；三种传感器数量多、装备先进、探测能力都较强，假定三者的权重分别为 0.4，0.3 和 0.3。

侦察能力：可见光探测方面，光学传感器拍摄照片的比例尺为 1∶10 000，航空照片分解力为 100，判读时照片放大倍数为 1，大气消光系数、摄影摄像反差系数为 1.6。红外探测方面，最小可分辨温差为 1.6。雷达探测方面，在林地背景中，检测阈值可设为 −

5 dB。

　　目标伪装前后的特性：伪装前目标与背景的亮度对比 $r_0 : r_b$ 为 1.25，目标与背景的温差 ΔT 为 6 ℃，目标的平均散射系数为 10 dB，波动幅宽为 20 dB。通过施加伪装网、迷彩涂料、伪装遮障等伪装措施后，目标与背景的亮度对比 $r_0 : r_b$ 为 1.05，目标与背景的温差 ΔT 为 3 ℃，目标的平均散射系数为 −5 dB，波动幅宽为 20 dB。

　　根据上述相关参数进行伪装能力识别概率计算可知：伪装前，光学识别概率约为 80.5%，红外识别概率约为 74.4%，雷达识别概率约为 97.4%，综合识别概率为 97.4%。伪装后，光学识别概率约为 37.2%，红外识别概率约为 40.2%，雷达识别概率约为 50.0%，综合识别概率为 50.0%。伪装后目标的被识别概率大幅降低，伪装能力得到显著提升。

5.4　国外导弹武器装备隐身特性测试技术

　　目前目标的 RCS 测试主要采取靶场和实验室环境。

　　靶场测试环境为进行导弹飞行试验的实际环境，结合导弹飞行试验进行，地舰面光学、红外和雷达测试设备可部署在发射场首区和导弹落区，必要时利用卫星载荷对导弹进行跟踪探测。对地空、空空导弹，可利用机载测试设备进行目标动态特性测试。

　　这里实验室环境指专用的雷达隐身测试环境，包括室内测试和外场测试两种，其中室内测量在微波暗室中进行，室外测量一般在外场专用试验场进行。

　　国外对装备及所处背景的测试和表征研究较多，且对测试场的建设起步早，并广泛应用于各装备目标特征信号的测试，同时还在不断地改进和完善。建设 RCS 测试外场，不仅推进了测试技术的发展，而且带动了武器装备隐身设计、验证以及隐身材料应用等其他方面的发展，在高新隐身武器的研发及改进方面具有不可替代的作用。

5.4.1　国外微波暗室目标特性测试

　　微波暗室为室内 RCS 测试提供了良好的平台，通过在暗室内合理布置吸波材料降低背景反射电平，并使测试能够在可控的环境中进行，减小了环境的影响，还提高了研究的保密性。

　　微波暗室主要采用矩形和锥形结构暗室设计。锥形暗室的使用条件受到暗室的交叉极化特性、场幅度均匀性的严重影响，只能做单端测量；并且，由于空间传输损耗与自由空间不一样，因而，只能用比较法测量天线增益，不利于暗室内空间的有效利用及功能扩展，多种不利条件的限制，使锥形暗室不适合作为散射测量用。矩形暗室相比锥形暗室具有通用性强，干扰小等优点，被大量采用。

　　美国空军贝尼菲尔德微波暗室（BAF）位于加利福尼亚州爱德华兹空军基地（图 5-73），是一个测试与评估射频电子战系统的先进安装型测试设施，由美国空军第 412 试验联队电子战大队第 772 试验中队负责该设施的运营和维护。BAF 尺寸为 80 m×76.2 m×21.3 m（长×宽×高），全封闭的射频屏蔽环境可模拟露天靶场测试环境。BAF 能够测试几乎所有的美国及盟友的军用飞机（包括导弹），包括 B-2 轰炸机、F-35、F-22、

F/A-18、F-15 攻击机/战斗机、C-17 运输机、KC-46A 加油机、AH-64 攻击直升机、英国"台风"和"狂风"战斗机等。BAF 相比于露天靶场测试的优势在于：一是 BAF 提供了便于可重复测试的条件，二是 BAF 保密环境可以安全地对装备进行近实战模式测试，三是在 100 MHz～18 GHz 频率范围内 BAF 射频屏蔽大于 l00 dB，不受电磁辐射限制。

　　为了准确展示作战环境，BAF 有一个直径 24.5 m、承重 175 t 的转台，两个 40 t 的起重机提吊测试飞机。机组人员可以坐在飞机里，像飞行中一样操作系统；另外，BAF 还提供了各种供电、冷却（风冷和液冷）和液压设施，以满足不同飞机的多种测试需求。暗室里布满各种传感器系统，这些传感器系统通过光纤连接，以避免不必要的射频辐射干扰测试环境，可以实时提取所有总线的数据并进行监测。

图 5-73　美国空军贝尼菲尔德微波暗室测试场景

　　为研究武器系统装备在电子战中如何进行实战环境测试，采用战斗电磁环境模拟系统模拟真实电子战/信息作战任务环境，模拟器可以产生几乎所有射频威胁系统或己方射频辐射源的信号，包括许多在露天靶场中没有的威胁。另外，BAF 提供多种不同类型的测试平台安装接口，可以在 100 MHz～40 GHz 的频率范围内同时收集 16 个天线的振幅和相位数据，天线的相对和绝对增益可以通过比对法或跟踪法进行测量。

　　BAF 还部署了一套通信、导航和识别（CNI）系统，主要由联合通信模拟器和数据链组成，联合通信模拟器可以模拟敌方和己方的射频信号，并可以选择性地从 GPS 转发系统或高级全球导航模拟器（AGNS）接入 GPS 信号。

5.4.2　外场目标特性测试

（1）纽波特测试场

　　纽波特测试场修建在美国罗姆的山顶上，属于美国空军研究实验室，战机的全尺寸模型被放置在柱子顶端，柱子上的战机模型可以通过俯仰或方位变换，呈现多个不同方向上的状态改变，用于测量获取飞机及天线在不同方向上的辐射水平。如图 5-74 所示为纽波特测试场实景图。

图 5-74　纽波特测试场实景图

美国大多数的现役战机定型前，曾在纽波特测试场开展过测试，如 A-10 攻击机、B-1B 战略轰炸机、F-22 战斗机、F-16A/C 战斗机、F-15A/C/E 战斗机和 KC-135 空中加油机。纽波特测试场内一共有 8 个高度不同的柱子，据统计，一架 F-35 战斗机要完成天线测试，需飞行 2 h 左右。而在纽波特测试场全尺寸模型只需 8 min。测试时，为能更准确地测试装备的散射特性，通过精确控制支撑柱上的俯仰和方位调控装置，改变飞机的俯仰和方位姿态，最大限度模拟飞机不同作战状态下的隐身水平，如图 5-75 所示。

图 5-75　测试场内精确控制飞机俯仰和方位姿态开展测试

（2）海伦达尔测试场

海伦达尔（Helendale）RCS 测试场是 20 世纪 80 年代洛克希德·马丁公司建设的，地处美国加利福尼亚州西南部的莫哈韦沙漠，该测试场前身为二战时期海伦达尔机场，位于海伦达尔莫哈韦河西侧，占地约 9 mile^2。海伦达尔测试场建筑布局及天线阵列如图 5-76 所示。

海伦达尔测试场采用低散射支架技术和精确定标技术，背景散射较低，可以充分保证测试结果的精度。在 2005 年海伦达尔测试场进行了隐身无人机 X-47B 全尺寸模型的测试。如图 5-77 所示为 X-47B 隐身无人机全尺寸模型在海伦达尔测试场进行测试。

（3）泰昂测试场

泰昂（Tejon）测试场是 20 世纪 80 年代由诺斯罗普·格鲁曼公司建立的。它位于加利福尼亚州的泰昂牧场，总面积超 1 400 英亩。测试场由两个室外雷达散射截面试验场和

图 5-76　海伦达尔测试场建筑布局及天线阵列

图 5-77　X-47B 隐身无人机全尺寸测试模型

两个新建的室外天线试验场构成，泰昂测试场及天线阵列如图 5-78 所示。

图 5-78　泰昂测试场及天线阵列

　　泰昂测试场主要进行雷达散射截面、天线的测试与评估，测试场的 RCS 模型车间曾经建造全尺寸的 Ho-229 战轰原型机模型。该模型 2009 年年初在泰昂测试场进行过测试，如图 5-79 所示为 Ho-229 全尺寸模型在泰昂测试场进行测试的场景和 ISAR 图像数据信息。

　　（4）格雷巴特测试场

　　格雷巴特 RCS 测试场与海伦达尔测试场一样，同为二战时期的旧机场改造而成。位于加利福尼亚州旧金山附近的帕尔姆达尔，测试场面积为 4.5 mile²，主要用于装备目标

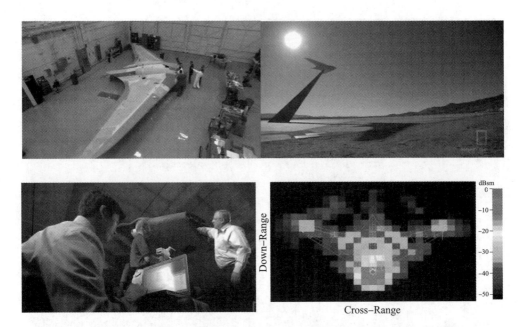

图 5 - 79　Ho - 229 全尺寸模型在泰昂测试场进行测试及 ISAR 图像（见彩插）

RCS 测量。该测试场开展过 F - 117A 隐身飞机的测试。如图 5 - 80 为格雷巴特 RCS 测试场场景布置图。20 世纪 90 年代，格雷巴特 RCS 测试场被通用原子航空系统公司（GA - ASI）收购，改为设计和制造无人机（UAV），如 MQ - 1 捕食者、MQ - 9 收割机等。

图 5 - 80　格雷巴特 RCS 测试场

（5）波德曼测试场

波德曼（Boardman）RCS 测试场位于俄勒冈州波德曼，是波音公司的大型室外测试场，与海伦达尔测试场、泰昂测试场一起，构成了最有名的美国大型军工企业大型测试场。2001年，科曼奇直升机在波德曼测试场完成了RCS测试。如图5-81为卫星拍摄波德曼测试场及测试场天线阵列。

图5-81　卫星拍摄波德曼测试场及测试场天线阵列

国外对测试外场的建设起步早，并广泛应用于各兵种武器目标特征信号的测试，同时还在不断改进和完善。建设RCS测试外场，不仅推进了测试技术的发展，而且还带动了武器装备隐身设计、验证及隐身材料应用等方面的发展，在高新武器的研发及改进方面起到举足轻重的作用。

（6）美陆军精密武器测试场

美陆军精密武器测试场位于新泽西州皮卡汀尼兵工厂（Picatinny Arsenal）内，该测试场由一幢支撑建筑和一座测量塔构成，此测量塔有效高度126 m，两部外置升降机可作为传感器测试的支撑平台，如图5-82所示。测量塔可自动采集地面信息和气象条件特征，并描绘装备目标和背景的目标特征。精密武器测试场内的传感器及性能参数见表5-15。

图5-82　精密武器测试场内的测量塔

表 5 - 15　精密武器实验室传感器及性能参数表

传感器	性能指标	示意图
高光谱传感器	中波(3~5 μm)、长波(7.7~11.5 μm)光谱分辨率:0.25~150 cm^{-1},内置两个黑体	
红外与可见光传感器	安装短(1 μm)、中(3~5 μm)和长(8~14 μm)波长红外传感器系统,以及可见摄像头。系统瞄准和聚焦通过网络实现实验室远程控制,二维转台确保视向可以平移/倾斜到不同距离目标区域	
雷达传感器	精密武器测试场测量塔系统约于 2011 年加入了雷达传感器,主要传感器的波段为 35 GHz 和 95 GHz	
中波红外成像偏振计	采用分孔径(DOA)中波红外成像偏振计,镜头系统第一组单元是标准中波红外物镜,物镜在视场光阑上形成目标图像。第二组光学器件是分孔径光学器件,位于低温腔内	
长波红外成像偏振计	由 Polaris 传感器技术公司开发的基于微测热辐射计的旋转减速器偏振计。工作时按时间顺序捕获 12 幅图像,每一幅图像都在旋转减速器的不同方向上	

美国陆军装备研究与工程中心精选一批偏振、高光谱和宽带传感器,解决测试场复杂

气象条件下的数据采集和综合数据库建库问题，标准的气象测量设备如温度、湿度、风速、风向和气压传感器，可以自动记录存储气象信息，精密武器测试场的先进气象传感器包括光学雨量计、雨滴谱仪、雪深度计、土壤钵和云幂测量仪。这些传感器装配设置为自动数据采集系统，能够在复杂气象条件下，自动进行校准和数据采集，如图 5 - 83 所示。

图 5 - 83　测试设备调试及气象环境参数监测系统

2008 年至 2013 年，美国陆军装备研发与工程中心和美国陆军联合开展的合作研究项目（SPICE 试验），使用高光谱与偏振传感器连续采集 1～2 年时间内导弹武器装备目标和背景的特性数据，构建装备目标与环境背景特性数据库，为导弹武器装备特性理论建模、设计仿真、效能评估提供基础支撑。

（7）美国移动式雷达特性测试系统

美国移动式雷达特性测试系统 BlueMax G6 由 Star Dynamics 公司开发，操作方便，功能强大，广泛应用于航空、航天等多领域的武器系统研制测试工作。系统可固定在测试车辆平台或导轨上进行二维扫描，以满足室内、室外、动态、静态等多种测量要求。图 5 - 84 所示为 BlueMax G6 雷达特性测试系统及其固定车辆平台。

图 5 - 84　BlueMax G6 雷达特性测试系统及其固定车辆平台

　　BlueMax G6 是一种高性能的宽带宽中频测试系统，脉冲重复频率达 2 MHz，具有多门选通、多接收通道和极高的灵敏度，适用于数据吞吐量大或采样率要求高的测试情况。如图 5 - 85 为 BlueMax G6 测试天线及数据处理系统示意图。

图 5 - 85　BlueMax G6 测试天线及数据处理系统

　　BlueMax G6 雷达特性测试系统功能包括：实时成像、自动校准、同步测量单/双静态、通用诊断，适用于复杂环境、快速全极化矩阵测量、基于移动目标（地、空）的动态 RCS 测量，功能特点见表 5 - 16。

表 5 - 16　BlueMax G6 雷达特性测试系统功能特点

系统特点	技术内容	备注
雷达技术性能	BlueMax G6 是中频脉冲测试雷达，可用的 RCS 测试范围为 0.1～18 GHz，使用固态或 TWTA 发射机，先进的宽波段接收机，灵敏度达到 85 dBm，瞬时动态幅宽 70 dB，系统频率范围可扩展到 30 MHz～95 GHz	发射机具有脉冲到脉冲极化切换功能，两个独立接收通道可同时执行共同和交叉极化测量，且每个通道可支持四个距离波门
扩展及可定制性	BlueMax G6 能够满足大多数定制需求，包括：与现有目标位置接口集成、增加频率覆盖范围、传输功率更高、增加天线测试功能	系统在 XY 扫描仪上操作，安装在卡车或拖车上，能够更好发挥作用
用户界面	BlueMax G6 用户操作界面(UI)友好、功能强大，满足室内外应用以及静态、动态测量要求。UI 可控制系统的设置、采集和数据查看	采集过程中实时绘图多种采集控制和校准数据采集，实时和后处理校准
操作与可重复性功能	BlueMax G6 支持超过 10 种采集模式，包括 ISAR、扫描、窄带、触发、多普勒频率和天线模式。每个采集方式可以根据波形、脉冲、运动和校准的设置而不同	包括频率、定时脉冲、收发包、距离波门、接收通道、极化、目标校准、背景降噪、实时绘图
内置诊断功能	为保证系统健康和最小故障时间，BlueMax G6 包含一套实时、定期诊断测试模块	数字位测试有助于对线路可更换单元(LRU)进行故障排除

续表

系统特点	技术内容	备注
标准功能	经过 30 年发展和改进,BlueMax G6 具备以下成熟的标准功能:极高的 RCS 测量系统的数据吞吐量,最小数据采集时间;适应性广,能够根据响应的变化更新测量系统参数;性价比高;在航空、航天行业广泛使用	具有可编程频率、相位、振幅、脉冲等;通过先进的数据质量监控提高数据可靠性

BlueMax G6 雷达特性测试系统的主要功能性能指标见表 5－17。

表 5－17　BlueMax G6 系统主要功能性能指标

测试功能	性能指标	测试功能	性能指标
频率范围	0.1 ～ 18 GHz（可扩展 30 MHz～95 GHz）	相位编码	Lintek,圆形,双相,固定,自定义
接收通道	同时多通道	数据采集	
TX/RX 极化	HH,VV,HV,VH	检测方法	I,Q
同时波形	32 个同步,独立波形	A/D 转换	16 位
RF 性能		存储速度	10 Mb/s
接收机噪声带宽	1～300 MHz,步长为 8 MHz	输出数据格式	I,Q
接收机灵敏度	－85 dBm(BW＝100 MHz,单脉冲)	最大频率	128 K
动态范围	70 dB(单脉冲)	每秒采样率	大于 2 百万次
噪声因数	＜4 dB	采集计算机	
分辨率	0.001 dB, 0.01°	硬件	高端电脑
频率波形	顺序,自定义,跳跃,抖动	实时显示(2－D,3－D,极化,像素、瀑布图、全点图)	RCS vs.（AZ, EL, Time）Phase vs.（AZ, EL, Time）RCS vs. Fine Downrange RCS vs. 多普勒频率/速度
复杂波形	脉冲调制,脉冲压缩	数据存储	SCSI 存储(HD, 光纤),以太网, SATA, FibreXtreme

（8）意大利 IDS 公司 RCSMS 测试系统

RCSMS 测试系统由意大利 IDS 公司研制,是一种低成本、灵活、可移动的测量系统,可对全尺寸目标进行精确 RCS 评估。测量在室内室外均可进行。RCSMS 是利用平面扫描仪定位的近场测量系统,能提供与传统近场和远场范围相当的灵敏度和精度。RCSMS 测试系统构成及各部分功能如表 5－18 和图 5－86、图 5－87 所示。

表 5－18　RCSMS 测试系统构成及各部分功能表

组成部分	功能
射频和天线	由矢量网络分析仪和专用的雷达天线组成,前者用于产生和获取 RF 信号,后者用于传输不同带宽信号
天线定位器	2D 宽平面扫描仪,用于在平面和垂直方向上定位 TX/RX
目标定位器	低 RCS 支持和旋转定位

续表

组成部分	功能
采集控制软件	用于硬件控制,实时配置和数据存储
后处理软件	用于图像生成和 RCS 评估

图 5 - 86　RCSMS 测试系统主要组成

图 5 - 87　RCSMS 测试系统实际运行环境图及现场测试示意图

CSMS 测试系统的技术规格和技术指标见表 5 - 19。

表 5 - 19　CSMS 测试系统的技术规格和技术指标表

技术规格		技术指标
测量系统功能	频率范围	1～40 GHz 相参
	TX / RX 极化	HH,VV,HV,VH(一次一个)
	测量范围	从几米到几百米
	分辨率(范围和跨距)	低至 5 cm,具体取决于频段和扫描长度

续表

技术规格		技术指标
射频性能	波形（VNA）	具有 PRF 捷变的阶梯式 LFMCW
	NERCS（噪声等效 RCS，或目标距离处的最小可检测 RCS）	＜－50 dBsm @ 35m，Ku 和 Ka 频段 ＜－60 dBsm @ 35 m，L，S，C 和 X 频段
	发射功率	高达 40 dBm
	具有 20 dB 信噪比（SNR）的最小可测量 RCS	－35 dBsm @ 35m，相对于接收机噪声干扰信号具有约±1dB 的精度
脉冲操作	脉冲重复频率（PRF）	高达 50 MHz
	范围波门脉冲宽度	5 ns～80 μs，步长为 5ns

RCSMS 测试系统主要特征见表 5 - 20。

表 5 - 20　RCSMS 测试系统主要特征表

系统主要特征	特征描述
可确保 RCS 测量精度和灵敏度符合隐身平台要求	支持客户分析和测量低可观测航空目标
从 SAR 到 ISAR，结合天线和目标移动的实际情况	为客户保障近场条件下扫描采集模式的最大灵活性
后处理软件可在杂乱环境中进行精确背散射测量	生产现场，实验室或部分消声环境（最小目标位移）
硬件具备高稳定性和高速性	可在几十分钟内得到杂波控制区域的可靠雷达信号测量值

如图 5 - 88 所示为全尺寸飞机 RCS 仿真及测试曲线对比图像。

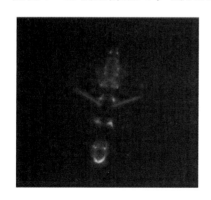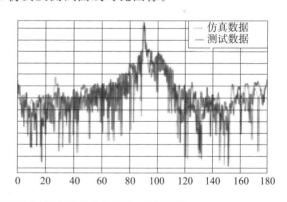

图 5 - 88　全尺寸飞机 RCS 仿真及测试曲线对比（见彩插）

参 考 文 献

［1］ 桑建华.飞行器隐身技术［M］.北京：航空工业出版社，2013.

［2］ 李洪兴."朱姆沃尔特"级导弹驱逐舰：未来型隐身战舰，无任务战舰［J］.现代军事，2017，（2）：22－23.

［3］ 徐洪敏，郑威，王小兵，等.雷达吸波结构材料及新型吸收剂的研究进展［J］.宇航材料工艺，2014（06）：1－4.

［4］ SIKDER SUNBEAM ISLAM，M R I F MOHAMMAD TARIQUL ISLAM. A dual－polarizedmetamaterial－based cloak. materials Research Bulletin，2017，（part _ P3）.

［5］ 陈秦，翁小龙.外军装备目标特性信号测试设备及其特性研究［J］.表面技术，2013，42（6）：92－96.

［6］ 高超，等，飞行器 RCS 近场测试技术研究进展与工程应用［J］.航空学报，2016，37（3）：749－760.

［7］ 顾乃威，王丽伟，苗艳红，等.地面设备隐身伪装评估方法研究［J］.导弹与航天运载技术，2016，（6）：85－89.

［8］ FALCONERD G. Extrapolation of Near－field RCSmeasurements to the far Zone［J］. IEEE Trans on AntennasPropagat，1988，36（6）：822－829.

［9］ 阮颖铮.雷达截面与隐身技术［M］.北京：国防工业出版社，1998.

［10］ 董志明，郭齐胜，黄玺瑛.战场环境建模与仿真［M］.北京：国防工业出版社，2011.

［11］ 常霞.蜂窝吸波材料等效电磁参数及反射系数的研究［M］.成都：电子科技大学，2014.

［12］ 胡杰，路远，候典心，等.红外伪装技术研究进展［J］.激光与红外，2018（07）：803－808.

［13］ 张凤国.可见光——红外隐身材料的制备与性能研究［M］.武汉：华中科技大学，2006.

［14］ 张牧阳.螺旋聚硅烷基复合材料的制备及其辐射性能研究［M］.南京：东南大学，2018.

［15］ 刘剑.飞行器红外隐身性能评估系统研究［M］.南京：南京理工大学，2017.

［16］ 邢欣，曹义，唐耿平，等.隐身伪装技术基础［M］.长沙：国防科技大学出版社，2016.

［17］ 俄军将合围基辅，机械化纵队绵延 60 公里.科罗廖夫.2022－03－01 16：30：08.

［18］ 最新卫星照片显示俄罗斯 64 公里长装甲车队正向基辅挺进［Z］. www.weibo.cn / detail/ 4742143060741240

［19］ 美国卫星又在拍照，63 公里长俄军队不见了，如何避开卫星的侦察［Z］.趣味探索.2022－03－14 06：50：52

［20］ 刘强.克里米亚大桥爆炸现场卫星图曝光：桥面受损明显，火焰升腾黑烟滚滚.海外网，2022.

［21］ 美国发布四张高清卫星图像，展示了克里米亚大桥爆炸后的受损情况.环球时报新闻.2022－10－09 13：18：11.

［22］ 世界最大的微波暗室——美国空军贝尼菲尔德微波暗室［Z］.测试技术.

［23］ 世界级战机测试设施，还真是第一次见［Z］.测试设施.

［24］ 美国隐身特性测试外场（之二）［Z］.隐身院原创视频.

［25］　美国隐身特性测试外场综述．隐身院原创．

［26］　美军光谱与偏振成像采集试验（SPICE）研究（之一）——测试场及测试系统概述［Z］．原创 38 期．

［27］　国外武器装备隐身性能测试与评估系统专题研究（一）．原创．

［28］　BlueMax G6 Instrumentation Radar System，Datasheet，STAR DYNAMICS．

［29］　IDSIngegneria Dei Sistemi S. p. A.．RCSMS Overview

［30］　FALCONERD G．Extrapolation of Near – field RCS Measurements to the far Zone［J］．IEEE Trans on AntennasPropagat，1988，36（6）：822 – 829．

［31］　阮颖铮．雷达截面与隐身技术［M］．北京：国防工业出版社，1998．

［32］　浅析光学测试系统在隐身方向的应用——高光谱成像．隐创 33 期．

［33］　张云飞，胡梦玥，赖德雄，等．飞行器红外暴露距离及探测概率仿真研究［J］．系统仿真学报，2016，28（2）：441 – 448．

［34］　WIPL – D 软件仿真计算带涂层的隐身导弹和战机，允若科技，等离子体，2020.09.17．

［35］　巡航导弹建模以及散射仿真分析，Ethan Li，CST 应用 41，OPERA 仿真专家之路 2020 – 08 – 03．

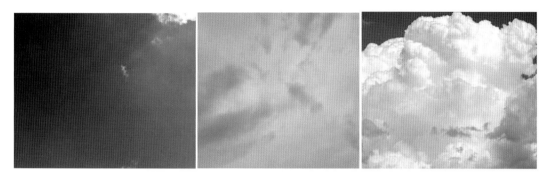

图 2-5 天空背景不同的颜色（蓝色、灰色、白色）（P48）

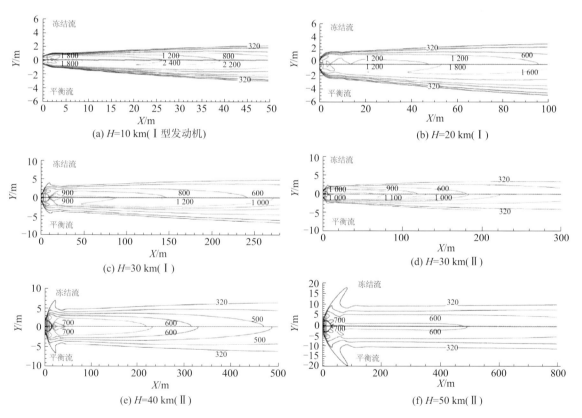

(a) H=10 km（Ⅰ型发动机）

(b) H=20 km（Ⅰ）

(c) H=30 km（Ⅰ）

(d) H=30 km（Ⅱ）

(e) H=40 km（Ⅱ）

(f) H=50 km（Ⅱ）

图 3-10　不同高度下发动机的喷焰温度等值线计算结果（P145）

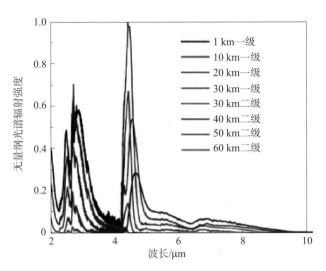

图 3-11　一二级发动机喷焰在不同高度上无量纲光谱辐射强度（P145）

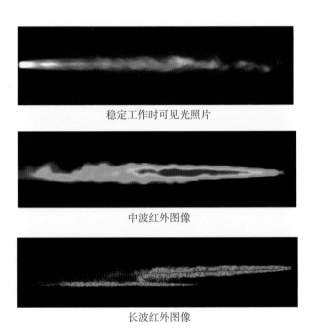

稳定工作时可见光照片

中波红外图像

长波红外图像

图 3-12　固体火箭发动机喷焰图像（地面试验）（P146）

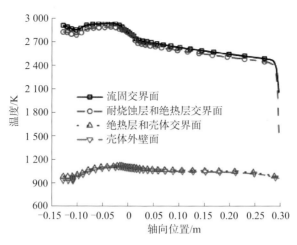

图 3-15 喷管的温度分布曲线 (P147)

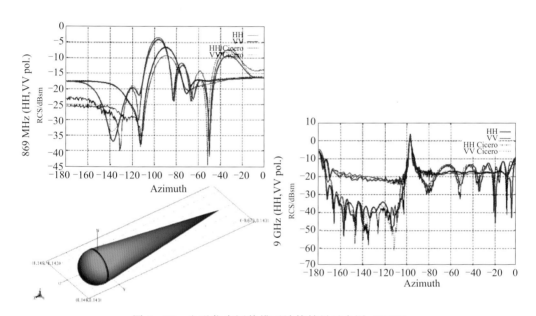

图 3-53 电磁仿真评估模型计算结果示意图 (P181)

图 4-13 萨博公司"梭鱼"多光谱伪装系统 (P220)

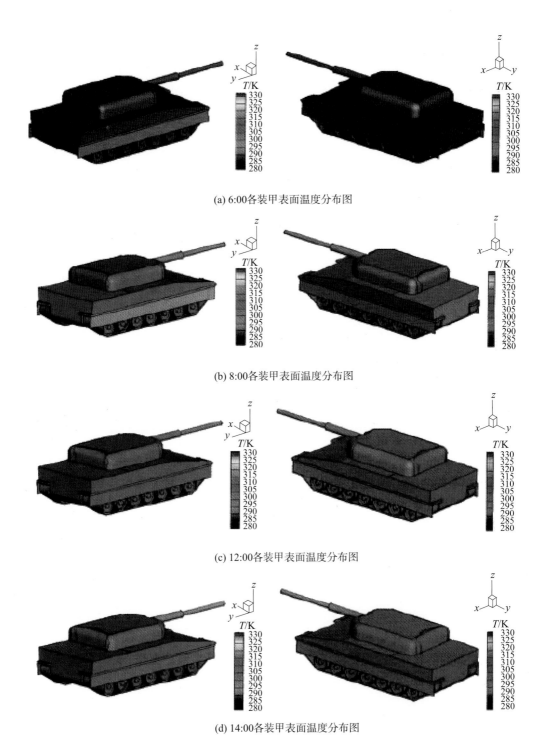

(a) 6:00各装甲表面温度分布图

(b) 8:00各装甲表面温度分布图

(c) 12:00各装甲表面温度分布图

(d) 14:00各装甲表面温度分布图

图 4 - 14　不同时刻装甲车表面温度分布示意图（P222）

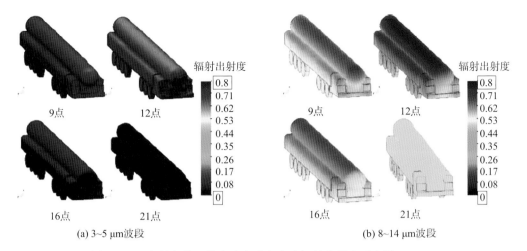

(a) 3~5 μm波段　　　　　　　　　　　　(b) 8~14 μm波段

图 4-15　发射车静止状态稳态波段半球辐射出射度示意图 (P223)

图 4-17　热源部位红外热图 (P223)

图 4-27　轮式车辆活动痕迹彩红外图像特征 (P230)

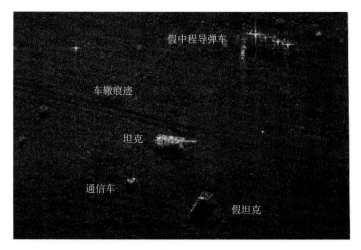

图 4-28 车辆活动痕迹 SAR 图像 (P230)

图 5-8 伪装目标与环境的融合模拟 (斜上 60°观察方位) (P263)

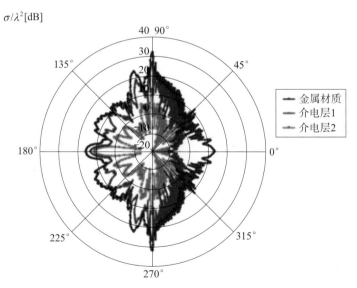

图 5-44 导弹涂覆雷达吸波材料前/后的雷达散射特征 (P289)

Configuration: GEN-NAT-MEDEL
Fitername HH: KAL-Gen-nat-medel-X-HH-0dx
Fitername VV: KAL-Gen-nat-medel-X-VV-0dx
Date: 2014-04-29
Band: X(10GHz)
Polarisation: VV/HH

Average RCS Reference(HH): 14.6 dBsm
Average RCS Target(HH):   4.6 dBsm

Average RCS Reduction(HH): 10.0 dB
Peak RCS Reduction(HH):   27.0 dB

Average RCS Reduction(VV): 13.3 dBsm
Average RCS Target(VV):   5.5 dBsm

Average RCS Reduction(VV): 7.8 dB
Peak RCS Reduction(VV):   17.0 dB

(a) 伪装目标的可见光照片和统计数据

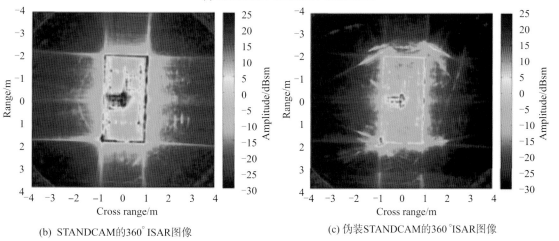

(b) STANDCAM的360°ISAR图像　　　　　(c) 伪装STANDCAM的360°ISAR图像

图 5 - 64　ISAR 测量结果（P311）

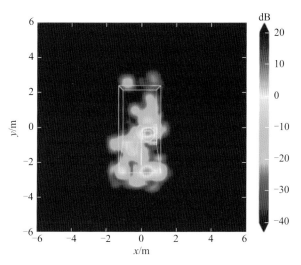

图 5 - 65　ISAR 数据中提取目标特征（P312）

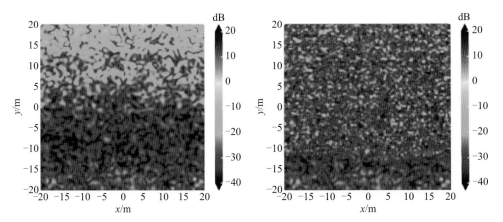

图 5-66　合成背景雷达数据图像生成（P312）

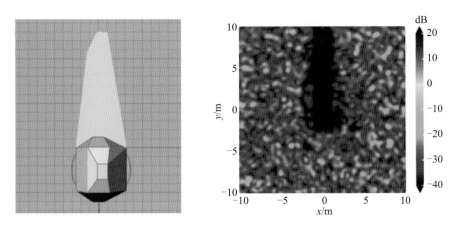

图 5-67　3D 计算机辅助设计的雷达阴影图像效果（P312）

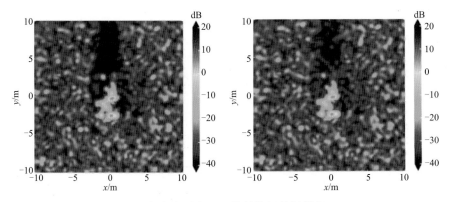

图 5-68　目标与背景中雷达散射特征数据模拟（P313）

图 5-69　地面合成孔径雷达图像提取不同类型背景（箭头标出一片树叶和草地）（P313）

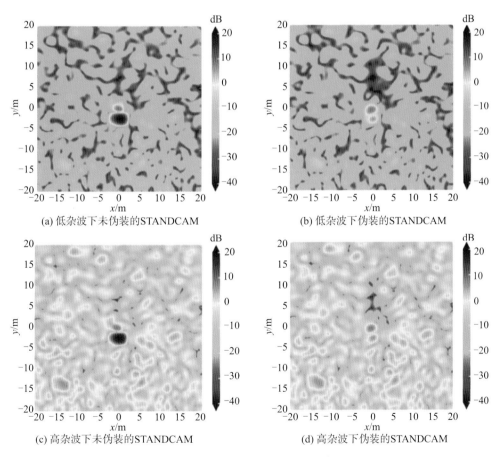

(a) 低杂波下未伪装的STANDCAM

(b) 低杂波下伪装的STANDCAM

(c) 高杂波下未伪装的STANDCAM

(d) 高杂波下伪装的STANDCAM

图 5-70　1 m 分辨率合成孔径雷达图像（P314）

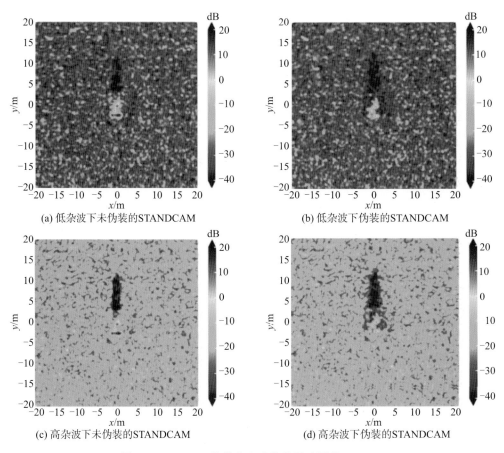

(a) 低杂波下未伪装的STANDCAM   (b) 低杂波下伪装的STANDCAM

(c) 高杂波下未伪装的STANDCAM   (d) 高杂波下伪装的STANDCAM

图 5-71   0.3 m 分辨率合成孔径雷达图像 (P314)

图 5-79   Ho-229 全尺寸模型在泰昂测试场进行测试及 ISAR 图像 (P324)

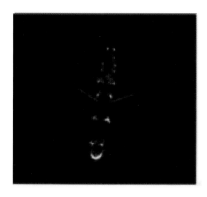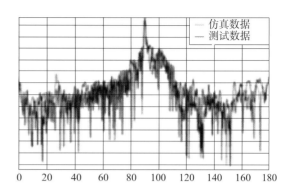

图 5-88 全尺寸飞机 RCS 仿真及测试曲线对比（P331）